国家科学技术学术著作出版基金资助出版

西部地区再开发与"三线"工业遗产再生

——青海大通模式的探索与研究

Redevelopment of the Western China and Regeneration of "Sanxian" Industrial Heritage-Study and Exploration on Datong Mode of Qinghai Province

左　琰　朱晓明　杨来申　著

Zuo Yan　Zhu Xiaoming　Yang Laishen

科　学　出　版　社

北　京

内 容 简 介

青海省聚集了国家"三线"时期许多国防军工企业,如今大部分都废弃亟待转型利用。本书以青海光明化工厂(705厂)及其附属厂为主体对象,以2014年青海大通工业遗产再生设计营的成果整理为基础,以点带面深入剖析了西部"三线"地区工业遗产特别是青海"三线"军工遗产的历史意义和保护价值,通过学者和当地政府及民间力量的多方合作下的新"三线"建设的实践与思考,探索在西部开发新战略下青海"三线"工业遗产在当代城镇化建设中的命运和出路。

本书可供西部"三线"地区城镇建设的决策部门、建筑遗产保护管理者、建筑师、规划师和广大学生等参考。

图书在版编目(CIP)数据

西部地区再开发与"三线"工业遗产再生——青海大通模式的探索与研究 / 左琰,朱晓明,杨来申著. —北京:科学出版社,2017.3
ISBN 978-7-03-051606-0

Ⅰ.①西… Ⅱ.①左… ②朱… ③杨… Ⅲ.①工业建筑–改造–研究–大通回族土族自治县 Ⅳ.①TU270.7

中国版本图书馆CIP数据核字(2017)第018030号

责任编辑:许　健
责任印制:谭宏宇 / 封面设计:姜新璐

科学出版社 出版
北京东黄城根北街16号
邮政编码:100717
http://www.sciencep.com

南京展望文化发展有限公司排版
苏州越洋印刷有限公司印刷
科学出版社发行　各地新华书店经销

*

2017年3月第 一 版　开本:787×1092　1/16
2017年3月第一次印刷　印张:20
字数:380 000

定价:178.00元
(如有印装质量问题,我社负责调换)

作者简介

左 琰

同济大学建筑与城市规划学院教授、博士生导师,中德联培博士,中国城市科学研究会历史文化名城委员会工业遗产学部委员,中国建筑学会室内设计分会理事。长期从事建筑遗产保护和室内设计的教研以及工程实践,发表建筑与室内学术文章近70篇,著作有《德国柏林工业建筑遗产的保护与再生》(2007)、《西方百年室内设计1850—1950》(2010)、《上海弄堂工厂的死与生》(2012)、《城市与建筑的人文悦读》(2015)等。主持国家自然科学基金一项,参与和主持的工程实践项目有上海外滩9号修复改造工程、上海吴淞小白楼保护性改造、陕西西乡鹿龄寺及其周边环境保护与再生、同济大学闻学堂设计等。

朱晓明

同济大学建筑与城市规划学院教授、博士生导师。长期致力于我国建筑遗产保护利用的教学、研究和实践。目前正在主持国家自然科学基金,在湖北、山东、陕西、宁夏、大运河沿线及上海等地持续开展"156项目""三线"建设、近现代建筑遗产的建造技术演进研究。著有《当代英国建筑遗产保护》《一个皖南古村落的历史与现实》《勃艮第之城——上海老弄堂生活空间的历史图景》等著作。

杨来申

中国建筑学会室内设计分会(CIID)青海专委会主任,青海蓝野环境艺术设计有限公司负责人。籍贯山东,生于上海,"老三届"下乡知青。1976年回城参加工作,定居江苏镇江。20世纪80年代初就读于南京师范大学,90年代初去青海发展至今。主持多个文化建筑室内外环境设计项目,代表作有青海省藏文化博物院(青海藏医药博物馆)等。

序一

20世纪60年代初,为应对国际环境挑战,保障国防安全,国家决定实施"三线"地区大建设战略。此时期在青海开始大力发展重工业基地和国防军工企业,在工业强县大通县留下了一批为国家核工业发展做出巨大贡献的现代工业遗产建筑群,这些承载着几代人梦想、奋斗和记忆的历史空间在产业转型和城市发展中逐渐被人遗忘,亟待抢救性保护与再利用。

同济大学的左琰教授与其团队长期致力于工业遗产保护和再生研究,2014年由她参与策划举办的青海大通工业遗产再生设计营,邀请了国内著名高校的近十位工业遗产保护专家及研究生,对青海"三线"建设时期的国防军工遗产——青海光明化工厂(705厂)的保留与再生进行了扎实的现场调研、档案收集和概念设计。这本书就是基于设计营的成果扩展和深化而来。设计营期间还展开了多种形式的学术论坛及与当地政府部门的专题座谈,这些活动的开展将大大提高青海省人民政府和当地民众对工业遗产特别是"三线"军工遗产价值的认识,并将其再生纳入到新的城镇发展规划中去,探索促进西部经济发展和保存"三线"历史记忆相结合的妥善举措。这种整合政府、学界和社会力量的创新思维和实践模式成为该书的最大亮点和价值。

这本书的两个关键词"西部'三线'地区开发"和"现代工业遗产再生"是当前国家提出"一带一路"的西部开发战略的重要组成部分,青海大通工业遗产再生设计营从规模、专业性、社会影响力等方面在青海历史上尚属首次。因此该书的出版将积极推动学术成果向可实施性转化,对在新型城镇化背景下更好地推进工业遗产保护与再生具有实践参考意义。该书图文并茂,论述翔实,资料丰富可信,处于该领域国内领先水平。

是为序。

中国科学院院士、同济大学教授

常 青

2016年8月

序二

这是一本首次记述中国西北地区青海工业遗产情况的论著。一次集结全国多所高校师生的青海实践活动演变成的一批老师、学者的思考和接连几年的牵挂；一个案例的剖析，揭开了一个几乎被人遗忘的历史篇章；一个看似普通的基地教学工作营，引出了一连串不为人知的故事。

当我拿到左琰等三位老师主笔的《西部地区再开发与"三线"工业遗产再生——青海大通模式的探索与研究》的书稿时，真没想到两年前几所著名高校师生与地方政府的互动竟然变成了这样一部内容丰厚、著述严谨的科学著作，从青海历史和中国军工产业讲起，涉及了青海工业发展史、工业遗产保护、青海光明化工厂（705厂）再生，以及重要事件回顾、人物访谈等诸多方面的内容。当我迫不及待地读完了全书之后，也陷入了沉思。

遗产保护是个难处多多的大课题。作为地处边远、经济欠发达地区的工业遗产，要不要保护、如何保护，历来有两种近乎对立的看法，更不要说实施了。众所周知，工业遗产承载着的真实和完整的工业时代的历史信息需要保护，尤其"三线"建设作为中国工业发展史中一个短暂但极为特殊的片段，其遗存更值得保护，但事实上它正在被人们当作产业转型或经济发展的废弃物而予以清除。正如左琰老师所说的：

> "我们一直在问'三线'遗产的真正价值是什么？是这些衰败的旧工业遗址吗？它们在许多人眼里是丑陋的、残破的，因为他们的人生从未与它们交集过，他们之间没有感情！"

核心是认识问题。当第二次世界大战时期美军对日本本土进行轰炸前，特别请了中国建筑史学家梁思成先生在地图上圈出日本的历史文化遗产保护地以进行避让。国际工业遗产保护联合会（TICCIH）于2003年7月的《下塔吉尔宪章》指出：人类的早期历史是依据生产方式的根本变革方面的考古学证据来界定的。这些具有深远意义的变革的物质见证，是全人类的财富，研究和保护它们的重要性必须得到认识。工业遗产应当被视作普遍意义上的文化遗产的整体组成部分。对废弃的工业区，在考虑其生态价值的同时也要重视其潜在的历史研究价值，其保护计划应同经济发展政策，以及地区和国土规划整合起来。对于特殊生产过程的残余、遗址的类型或景观应当被慎重地评价,因其所产生的稀缺性增加了其特别的价值,早期和最先出现的例子更是如此。

705,就是这样一个具有特殊价值的工业遗存的代号。从这个点上可以让我们看到"三线"建设的端倪和核工业发展的坎坷。对于当时经济发展十分落后的青海来说,"三线"建设给青海带来了资金、技术、设备、人才,以及工业发展的快速进步和部分城镇的一时繁荣,但20世纪80年代快速的退出也让青海工业经历了一次潮起潮落的阵痛。浓缩到705厂,几千人规模的工厂一夜凋敝,一部可歌可泣、艰苦奋斗的发展史因保密而不被人知晓。为了应对当时复杂的国际斗争环境,加快进行"三线"建设,国家实行的高度集权的建设管理方式不仅取得巨大成果,而且后期也给地方的国民经济建设模式,以及城市规划与地方发展带来了深刻影响。当我们把相距西宁市百公里之外的海晏221厂和核爆轰试验场作为爱国主义教育基地时,是否想过这个距西宁市40 km的705厂也曾是当时核工业建设的重要组成部分,也曾为中国的核工业发展做出过巨大贡献。当浏览清华大学、同济大学、天津大学等多所高校老师指导学生为705厂再生所做的方案汇报时,不禁让人疑问这种行动能否阻止705厂遗址被拆的命运?能否唤起人们对这类具有特殊遗产价值的工业遗产的关注?

遗产保护的难处在于城乡建设中几乎成为习惯的大拆大建,在于房地产开发的强势,也在于人们对自己的文化历史乃至自己过去的建设成果的淡漠与轻视。当社会风行以大为美、以洋为美、以怪为美、以贵为美、喜新厌旧的时候,遗产这类老的、旧的、土的东西自然被一些人瞧不上眼,当这些人在文化上丧失了自信、缺乏自尊和自觉的时候,忘却历史也是很自然的事情。

可喜的是学校师生们的这次保护遗产的行动得到了地方政府的积极响应。正如该书中所写的,705厂所在的青海大通县人民政府十分重视这次活动,县领导全程跟踪指导服务;省市建设主管部门、文物管理部门派员介绍情况并参加讨论;青海两个地方高校主动派学生参与实践;705厂老职工的回忆和期盼等。尽管这次师生们做出的遗产地保护方案和地方振兴计划未必能很快实施,但它像一块石头扔进了一个长期风吹不到的平静的池塘,激起的波浪和涟漪会很快向四周散布开来。

希望大家不要忘了工业遗产、"三线"建设和我国早期的核工业基地,不要忘记那些不该忘记的"三线人"。

希望705早日重生!

青海省人民政府参事
青海省住房和城乡建设厅原副厅长、巡视员

李 群
2016年8月于西宁

前言

　　西部地区的经济发展由于受自然、历史、社会等因素的长期影响较东部地区相对落后，因此加速西部地区的发展在我国始终有着战略上的重要意义，它是缩小地区差距，改善生态环境，保持国民经济持续健康发展，保持社会稳定、民族团结和边疆安全的重要保证。

　　20世纪60年代，国家为了应对复杂的国际政治局势，以及发生大规模军事冲突的可能性，在中国广大的西部地区建设了许多工业基地。青海的军事工业、核工业以52、56、221、701、704、705、706、805、806、535等工厂为代表，这些企业为中国第一颗原子弹、第一颗氢弹的实验成功做出了巨大的贡献，青海工业强县大通县就留下了这样一批"三线"军事工业遗产。90年代，这些"三线"军工厂大都转产改制，留下了一批旧厂房处于弃置状态。这些承载着几代人梦想、奋斗和记忆的历史空间在产业转型和城市发展中逐渐被人遗忘，亟待抢救性保护与再利用。

　　2011年，作为青海工业强县的大通县启动了东部新城建设，主要以科技、文化、体育、教育、旅游、休闲等现代服务业为发展方向，着力打造宜居、宜游、宜商、可持续发展的现代化新城，实现省委、省政府关于"大通要在全省东部城市群建设中发挥领跑作用"的总体要求。然而由于这些军工企业都属于国防保密工业，加上区位分散隐蔽、停产废弃多年，许多人并不了解它们的真实面容和历史价值。

　　2013年11月，由中国建筑学会室内设计分会（CIID）青海专委会杨来申主任的引荐，同济大学左琰教授与日本建筑师学会前会长乔治国广教授第一次前往青海大通县，为县政府各级领导和西宁的师生们举办了一场关于工业遗产保护和再生的大型论坛演讲，并考察了老爷山下闲置多年的青海光明化工厂（705厂）——昔日生产核工业原料的重水生产企业。学术讲座设在可容纳400余人的县城最大的报告厅，县政府对此高度重视，派出了县委常委、宣传部长孙桂萍来主持演讲，会场人头攒动，反响热烈，大家对工业遗产保护和利用这个理念都感到新鲜和振奋。

　　为了进一步推动705厂的转型和盘活，使之带动其所处的东部新城的经济和城市发展，2014年7月由左琰教授和杨来申主任发起并联合大通县人民政府举办了一次针对705厂再生的设计工作营，邀请到了清华大学、同济大学、天津大学、东南大学、哈尔滨工业大学等国内著名高校的专家学者和学生集聚大通县，在短短的8天时间里在厂区展开了现场记录和调研，并根据当地城市经济和生态环境的发展特点为政府出谋划策。作为我国第一个自主研发生产重水的大型企业，705 厂昔日的辉煌已经不再，其遗产价值在快速的城镇化进程中尚未被充分认识。设计营期间，学者和政府充分沟通，对 705 厂的历史地位和再生价值有了更深的认识。设计营因结合了高校和政府的资源优势不仅在规模、方式、专业性和社会影响力等方面都在青海建设史上尚属首次，还在城镇化发展背景下更好地推进工业遗产保护与再生实践上具有较好的实践参考意义。

　　本书聚焦西部地区 "三线" 工业遗产再生，是当前国家提出 "一带一路" 的西部开发新战略中的重要组成部分。"一带一路" 的中心在西部，"三线" 建设与 "一带一路" 地理分布极为相近乃至重合，通过 "一带一路"，"三线" 地区将打破地区的局限性，不同类型的城镇将被重新定位，西部地区又一次站在了历史复兴的交叉点上。

　　本书由青海大通工业遗产再生设计营的成果扩展和深化而来。设计营通过整合政府、学界和社会的多种力量，将 "三线" 工业遗产再生纳入到新的城镇发展规划中，探索促进西部经济发展和保存 "三线" 记忆相结合的创新实践模式，成为本书的亮点和价值。希望本书的出版有助于学术成果向实施性转化，为青海 "三线" 工业遗产保护利用和西部再开发建设贡献一份力量。

　　本书为国家自然科学基金（项目编号 51278341 与 51478318）的研究成果之一。

目录

上篇

历史研究:
"三线"建设及"三线"工业遗产

第 1 章

"三线"建设的历史使命
与"三线"遗产价值评析

"三线"建设又名"支内",是中国面对国际冷战格局在特殊历史时期推行的一项国家战略决策,它是以"备战"为目的,围绕以四川为中心的中西部13个省、自治区开展的一次史无前例的人力、物力大转移。其运动推进之快、规模之广和急如星火之势在世界范围内也极为罕见。一、二、三线,按我国地理区域划分,沿海地区为一线,中部地区为二线,后方地区为三线,分大三线和各省份各自为战的小三线(图1.1)。从1964年开始,1964年、1969年为两个快速推进的时间节点,持续至1979年,在长达15年内,国家共投入了近2052亿元巨量资金,占同期全国基建投资额的39%,最高时期近一半[1]。近千万的工人、干部、科研人员、解放军将士、难以计数的民工,在318万km²,约占国土总面积1/3的广袤西部地区进行了高强

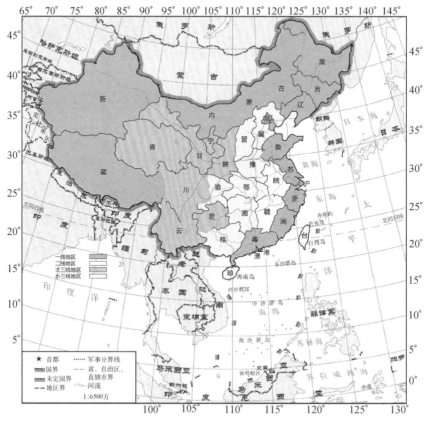

图1.1　我国一、二、三线地区分布

度、爆发式的工业开发和基础设施建设,旨在形成工业和国民经济的纵深配置,形成战时的战略后方。

1.1　"三线"建设的时代背景

新中国成立后的15年国内国际形势颇为动荡。1953～1957年,我国"一五"及苏联援助的156项目取得了斐然的成绩,初步形成了重工业体系构架。然而持续3年的赶英超美,全民大炼钢铁,继而1960年中苏交恶,经济开始大滑坡,包括南京长江大桥在内的一批建设停顿。国家大幅度压缩基建投资规模,采取"调整、巩固、充实、提高"的八字方针,使投资重新恢复到与国力相适应的水平上。

鸟瞰世界格局,20世纪60年代战争疑云密布,美国和苏联两个超级大国自第二次世界大战结束至1991年苏联解体,开启了长达半个世纪的以核威胁为关键词的冷战格局。早在1950年1月18日,中国和越南正式建交,当时还没从解放战争中恢复,经济严重困难的中国开始帮助越南的救国事业。1963年刘少奇访问越南时对胡志明表示,假如美国来犯,你可以将中国当作自己的后方。1964年8月2日美国在北部湾(又名东京湾)武装挑衅,对越南北方进行海上袭击,战火威胁到了我国广西边境,此是"三线"建设决定的转折点。1965年3月8日美国第一海军陆战队在越南岘港登陆。这场战争被称为美国的"边疆之战",而此"边疆"指的是第二次世界大战后代表资本主义和社会主义的美苏两大冷战阵营激烈交锋的边界,战争也引发了全球反战运动的高涨。

1.1.1　20世纪60年代的日本和美国

第二次世界大战结束后,无论战胜国还是战败国都面临战后重建的任务,很多国家经历了严重的住房短缺,至20世纪60年代初,美国和日本度过了低速经济增长阶段,到达经济快速发展和社会普遍富足的黄金期。

1960年前后,日本重工业发展,加速了东京、大阪、名古屋、北九州四大沿海工业基地的形成,也导致了严重的地区不平衡。第二次世界大战后,日本极力推出民主化改革,特别是尊重宗教、集会、言论和出版的自由,这对日本现代化进程影响重大。在各地的压力下,当局开始逐渐转变思路,将国土开发的目标定位于缩小收入、地区差别,以及国土的均衡发展上,制订了全国综合开发计划(1960～1968年),按照发展时序重点形成了21个"工业整治特别区域"[2]。1965年后日本经济过关斩将,连下三城:1966年超过法国,1967年超过英国,1968年又超过了西德,成为当时仅次于美国的世界第二经济大国。1964年世界聚焦东京奥运会,由日本现代建筑的领军人物丹下健三主持设计的代代木国立综合体育馆,成为民族形式与大跨度结构结合的巅峰之作,其先进技术与朴素的美学思想至今在国际建筑界独领风骚(图1.2)。日本经过十几年经济高速增长后,于1969年制订了"新全国综合开发计划"。全国的大型基础设施、产业建设、自然保育、历史文化遗产保存、传统手工艺品产业振兴等成为重点,为实现高福利社会、创造丰富的自然和人文环境进一步打下了扎实的基础。

　　国际博览会是工业社会发达国家展示经济实力和技术成果的重要场所,1964～1965年纽约世界博览会是为纪念纽约建城300周年而举办,主题是"通过理解架起和平之桥",其标志性构筑物是一个由美国钢铁公司建造的高53 m、直径达36 m的地球模型"优尼球体",象征着世界和平。此外美国著名建筑师伊姆斯夫妇和埃罗·沙里宁联合设计的IBM国际机器展厅吸引了众多目光,信息技术和计算机化成为博览会中的又一亮点(图1.3)。此时正处于第三次科技革命蓬勃发展的时期,生产手段和经营管理的现代化、电子化不仅在生产领域、流通领域逐步普及,而且开始进入政治和社会生活领域,它为美国联邦政府的干预政策提供了现代化的技术手段。20世纪60年代美国在工业、农业、交通、贸易等领域的经济指

图1.2　东京1964年奥运会海报　　　　图1.3　1964年美国世博会IBM报道

标均居世界之首,与此同时兴起的第三产业由 1950 年国民经济中的比重 45% 上升为 1970 年的 65.8%[3]。1962 年《寂静的春天》出版,反思 "向大自然宣战" 的传统思维,并首次大声疾呼高速发展对环境的危害无法弥补。钢产量不再是考察一个国家工业化水平的核心指标,美国许多钢铁厂已逐步转产或技术更新,高速发展带来了国民经济各部门结构的深刻分化,出现了朝阳部门和夕阳部门。1964 年,约翰逊继肯尼迪被刺杀后就任美国总统,提出了美化生存环境的 "伟大社会计划" 和加强教育、保障人民生活的 "向贫穷开战计划",憧憬美好、追求共同理想的愿望伴随巨大的产业转型阵痛给美国民众带来了刻骨铭心的冲击。

1.1.2 对冷战形势的审视

冷战对垒的核心是美苏,赫鲁晓夫将 1961 年的德国柏林称为世界上最危险的地方,美苏历史上首次近距离荷枪实弹,虽然剑拔弩张,但并未兵戎相见,双方不轻易使用武力特别是核武器。因此,冷战一个最基本的特征是:它既是战争,也是和平。东西方包括战场上的较量不断,但美苏从未发生直接的对抗[4]。中国是一个泱泱大国,与十多个国家接壤,地缘战略环境异常复杂,历代政府都要面对来自边境的战争威胁。冷战和核武器的巨大破坏性在西方催生了 "震慑" 这一概念,在西方人看来,20 世纪 60 年代冷战期间中国的军事行动令人难以置信。美国前国务卿基辛格博士是中美建交的见证者,1973 年诺贝尔和平奖获得者,其在 89 岁高龄完成了《论中国》,书中精辟地论述道:

"中国自认为是防御的举动可能会被西方世界视为侵略性的,而西方的震慑行为则可能被中国解读为对它的包围,冷战期间,美中两国就此纠缠不休。"[5]

在基辛格看来,在当时错综复杂的国际环境下,中美关系还未发展到彻底破裂而两败俱伤的地步,即便今天中国学者对中外不断解密文献的解读结果也往往结论相左[6]。

中苏在新中国成立后度过了一段 "蜜月期",此后关系发生了逆转,赫鲁晓夫上台后两国在边境上的冲突增加,苏联由原先的盟友转变为敌对国,迫使我国政府做出了加强国防力量的备战决策。"三线" 建设的两个关键时间节点都与国际形势动荡有关,美越战争对我国造成的威慑力引发了 1964 ～ 1965 年第一个 "三线" 建设高潮点,而苏联则是真正的心头大患,其一举一动都需要高度警惕。1968 年 4 月捷克进入 "布拉格之春" 的政治、经济改革阶段,试图打破以苏联为中心、高度集权的政经体制。同年 6 月苏联闪电出兵捷克,以维护华沙条约组织社会主义阵营

的完整性。随着苏联在中蒙边境线上陈兵百万加之珍宝岛武装冲突,中苏关系在
1969年进一步恶化,巨大的边境威胁使得"三线"建设达到了第二个高潮点。这
与国人严正捍卫国家领土完整的信念相连,与国内外政治、经济、军事变幻莫测的
矛盾相连,正如基辛格所言:

> "毛泽东的信念来源于意识形态、传统以及中国人的民族精神,其中最为重要
> 的是他对中国人民的韧性、能力和凝聚力的信心。事实确实如此,无论世界风云如
> 何变幻,中国人民都能坚持其民族精神不坠。"[5]

1.2 "三线"建设的决策动因

1.2.1 以备战为根本任务,也有助于促进边远地区经济发展

> "我想美国可能会和中国打仗,这个可能我们必须考虑。但是我们不会屈服!
> 如果美国对中国使用核武器,中国军队就必须从边境地区撤到内地。必须把敌人
> 引到中国纵深地带,好紧紧钳制住美国军队……"
>
> ——摘自苏联领导人葛罗米柯回忆录[5]

这份谈话发表于1958年,从中可以看出毛泽东的战略对策依然是人民战争,
他构想在中国内地构筑一道无形的长城,一切工业发展以保证中国的生存为重。
没有重工业就无法保卫国家,必须赶快在战争腹地发展重工业,这件事做迟了就要
失败。1965年9月12日,国家计划委员会(以下简称国家计委)制定出《关于第
三个五年计划安排情况的汇报提纲(草稿)》,从发展农业、解决人民吃穿用的方
针转变为一个以国防建设为中心的备战计划,开篇"方针、任务"指出:

> "加快三线建设是毛主席在1964年提出的具有伟大历史意义的重大战略决
> 策。我们必须遵循主席的指示,突出三线建设,集中国家的人力、物力、财力,把三
> 线的国防工业、材料、燃料、动力、机械、化学工业,以及交通运输系统逐步地建设起
> 来,使三线成为一个初具规模的战略大后方……从长远来说,把三线建设起来,就
> 能从根本上改变我国经济建设上的战略布局,就既可以适应战争的需要,又能够为
> 我国经济的发展,创造更好的条件。"

"三线"建设的基本着眼点是为了形成具有大规模反侵略战争的能力,同时

"三五"计划明确了两手准备,通过改变国家经济布局促进边远地区经济发展。面对高低纵横的复杂国际形势以及对战争形势的判断,毛泽东一再强调全国乃至每个省都要搞大后方,变不利为有利,将消极防御转变为积极防御。辩证法与矛盾论作为毛泽东战略思想的精髓早在1936年他的著作《中国革命战争的战略问题》一书中就已提出,被贯穿在"三线"建设的大规模备战搬迁决策中。

1.2.2　平衡国内工业发展布局

我国由于长期受到殖民统治,工业分布极不平衡,大量重工业和先进的制造业分布在东北及上海等沿海城市,内地的工业建设虽有156项目的初步布局,但依然远远不够。苏联曾在第二次世界大战时期,因德军压近而被迫将重工业基地匆忙搬迁到西伯利亚,在严重缺乏钢材的条件下只能利用木材维持战争之需。1938年南京国民政府迫于抗日战争的严峻形势,拟定了《西南西北工业建设计划》,将已从上海迁入武汉的企业再次大规模内迁,进入西部纵深地区支持抗战,陪都重庆诞生了少量军工企业。1950年2月6日,国民党对上海这座我国最为重要的近代工业城市进行了2·6大轰炸,当时就有针对我国工业布局极端不平衡、工业内迁的动议。毛泽东善于总结战争中的经验教训,1956年在《论十大关系》中明确写道:

"我国全部轻工业和重工业有约70%在沿海,只有约30%在内地。这是历史上形成的一种不合理状况。沿海的工业基地必须充分利用,但是,为了平衡工业发展的布局,内地工业必须大力发展。"

由于中苏交恶,两国一步步执戈相向,一手由苏联专家帮助援建的东北、中部、西北的工业基地再无保密可言。1957年3月三机部(1958年后更名为二机部,主管核工业和核武器)制订了第二个五年计划,要求在1962年以前在中国建成一套完整的、小而全的核工业体系,核工业的核心在西部,东南沿海城市的个别企业内迁。应对战争之需,在"三线"建设开展前,国防工业与核工业建设已经有了多年的酝酿和初步落实。

1.2.3　转移国内社会矛盾

这点是常被忽略或不愿提及的,即转移国内社会矛盾或"转移人民视线"。国家"一五"的投资重点是重工业,难以吸收社会劳动力,当时中国大中城市中存在大量失业工人,且城市中新的劳动力还在不断增加,这个矛盾此后进一步加剧。"大跃进"使得中国经济的整体情况连年倒退,人民的大量辛劳付之东流,陷入了极端贫困,又经过三年困难时期,粮食产量无法提高。最为重要的是工业城市如上海等大批项目因调整而下马,吃饭成为一个大问题。国家采取了精简员工、遣散回乡的政策,至1963年6月,全国职工减少1887万人,城乡人口减少2600万人[7]。"三线"建设"乾坤大挪移"旨在通过重新布局紧缩大城市,缓解人口吃饭、就业等压力。1954年的边疆垦荒团和1966年的上山下乡运动在国内形成了规模不等的移民群,这与大学不招生、工厂不招工的严酷社会状况相关联,影响几乎波及城市中的家家户户。

1.3 "三线"建设的实施机制

"三线"建设诞生在一个高度集中的计划经济时代(1953 ～ 1980 年),给人以安全、铁饭碗的印象。事实上正如所有国家的资源总有限度一样,我国也面临资源分配的问题,如何合理乃至最佳分配资源一直是国家探索的重要课题。"三线"建设横贯3个五年计划,发展工业的讨论和推进措施因"文化大革命"而受阻。1961年9月,中共中央颁发《国营工业企业工作条例(草案)》("工业七十条"),其主要内容规定了国家与企业之间的责任制度,取得了良好的成效,然而在"文化大革命"中被认定为大毒草;1964年8月中央批准同意在全国试办12个托拉斯,试图避免用行政办法而非经济办法管理工业随之而来的弊端,这项实验后因"文化大革命"而中断。

1.3.1 "三线"建设委员会

1958年国家设立了7大经济协作区,1961年,华中区与华南区合并成中南区,全国形成6大经济协作区,接受国家计划委员会和国家经济委员会的指导,内设加强党的领导的西南局、西北局等6个中央局。经济协作区作为超省机构,协调各省在大型机械、电力、煤炭、化工等工业发展中的协作问题,力求形成跨地域的完整工业体系。正是在经济协作区的背景下,1965年2月26日,中共中央、国务院发布《关于西南"三线"建设体制问题的决议》,成立西南"三线"建设委员会,加强对整个西南三线建设的领导。1965年2月,中央成立西南"三线"建设委员会,由西南局第一书记、成都军区党委书记李井泉担任第一任委员会主任。1966年1月中央批准成立西北局"三线"建设委员会,首任主任刘澜涛为西北局第一书记兼兰州军区第一政治委员。"三线"建设委员会以党政军合一的方式形成了特殊时期"军事—工业"管理复合体,在铁路、公路、煤炭等大量基础设施的跨地域建设中发挥了主导作用,大大改善了西部铁路和公路交通条件,推进了西部地域各经济协作区的统筹工作。

"三线"建设时期,"三线"建设委员会安排各项行政部署,运用行政手段推行国家各项指令性计划[8]。计划经济顶峰时,中央政府控制了高达 600 种产品的生产和分配,用于"三线"建设。总指挥部下设立了各地物资供应局,作为中央在地方的派出机构,协助"三线"建设的施工单位搞好物资管理,编制物资计划,保证"三线"建设的供应。1963 年国务院批准国家计委、国家基本建设委员会(以下简称国家建委)、财政部的《关于基本建设投资和各项费用划分的规定》及 1972 年《关于加强基本建设管理的几项意见》,强调为了有计划、按比例、高速地发展国民经济,所有基本建设都要纳入国家计划,对项目选址、设计文件、建设准备和计划安排、施工验收等方面都做出了具体规定。钢材、木材、水泥属国家统一分配的三项主要建筑材料,在建筑企业的物资消耗费用比重中占 30%~40%,对工程的进度、质量、成本、效益有着举足轻重的作用[9]。1971 年国家计委、国家建委发出《关于重点项目用钢材、木材、水泥实行按设计申请、分配的通知》,该通知直到 1988 年才被国家计委办公厅废止。

"三材"取消了市场供应的部分,销售由冶金部负责,按照国家计委计划衔接产需,实行统购统销。材料统销一方面优先满足重点生产需要,集中力量办大事的优越性得到充分显示;另一方面贯彻先生产后基建、先维修后生产的方针。"三线"建设期间,由于国家投资向重点项目严重倾斜,城市建设和维护费用捉襟见肘,入不敷出。工业的跨越式发展是以极度压抑"一、二线"广大城市人民的生活需求为代价的,也可理解为全国人民通过"勒紧裤腰带"的生活鼎力支援了"三线"建设,这是艰苦卓绝的国家建设中必然要付出的成本。电力也是统配产品,由于在短期内很多国家重点项目上马,致使城市煤电缺口极大,1970 年全国 33 个 10 万 kW 以上的电网中有将近一半缺电,对国民经济影响广泛,城市正常的生活遭到严重干扰[10]。然而电力也成为"三线"建设的重大进展领域,甘肃电网和汉中电网连接形成陕、甘、青、宁大电网,创造了距离最长、电压最高、输电量最大的输变电工程,为西部穷困地区的经济发展带来了至关重要的机遇[11]。

"三线"建设中有 150 多个重点企业采用沿海老企业对口包建的形式,企业分为两部分,以保证工程进度和尽快形成生产能力,除技术和设备转移外,更带动了工人、科研人员、管理干部的流动,展示出中国传统的集体主义精神。重点建设项目采取了军事化试点,1966 年 2 月国家建委针对全国 300 万国营施工队伍的管理,向中央提出拟建立基本建设工程师。冶金、煤炭、铁道、水利、建工等劳动力密集的部委均有下属施工队,它们主要集中在西南和西北地区,即"三线"建设的主战场,经改编成为 5 个建筑工程师,纳入解放军工程兵序列,受到解放军总政治部和各直属部委的双重领导。在以成昆铁路为代表的会战、歼灭战中披荆斩棘、彪炳千秋,点燃了忘我的无私奉献精神。在 1985 年百万裁军之前,我国共计有 8 个工程兵建筑师。

　　我国的计划体制与苏联相比具有"集权"和"分权"共存的中国特色,苏联早在20世纪40年代工业化程度就远高于我国,企业的规模和现代化程度领先,计划体制可以高度集权。而我国为传统的农业大国,农业与传统手工业占主导地位,因此不可能像苏联那样实行"大而全"、高度集中的计划体制。我国的计划"分权"实行省、地方大包干,局部带动资源从中央向地方的转移:1688～1970年大批中央部属企业被下放到地方,中央部属企业由1965年的10 533家减至500家,在工业总产值中的比重由42.2%降到8%,并下放财政收支、物资分配、基建投资的权力[12]。"三线"建设中中央抓住核心大项目,同时为了减轻中央的财政压力,放权给地方,与基层实践结合,推进项目实施。乡镇砖石砂、水泥等地方企业、地方林场及农副产品市场因配合"三线"建设均有所发展。适度"分权"是"三线"建设中具有中国特征的计划经济手段。

1.3.2　"三线"建设的搬迁与选址

　　新中国成立后我国的国防军工部委多次变更,至1960年基本形成了8个部委:一机部(民用)、二机部(原子能、核工业)、三机部(航空)、四机部(无线电)、五机部(兵器)、六机部(造船)、七机部(航天)、八机部(农业、导弹),其中八机部在时间节点上略有不同,变动较多。国防工业办公室于1961年成立,作为国务院的一个国防工业口直接管理二机部、三机部和国防科学技术委员会所属范围的工作,在党内由中央书记处和军委负责,体现出对尖端武器的高度重视。就大量性搬迁而言,项目门类繁多,贯彻大中小企业相结合、以中小为主的策略。属于民用的归当地党委管理,属于国防的由国家、省国防科工委管理,保密性强的军工企业也需要建设配套的附属生活设施。仅1964年下半年到1965年,在西南、西北部署的新建、扩建和续建项目就有300余项,从"一线"搬迁到"三线"的工厂约400个[13]。

　　繁杂的"三线"建设选点工作在短短的半年时间内就基本完成了,山、散、洞成为战时工业建设的选址依据,其意义是战争中便于隐蔽。1964年9月,由开国上将、国防工业办公室常务副主任赵尔陆带队,组织各国防工业部门组成工作组,前往全国踏勘选点,在47个专区内,踏勘了1499处,最后选定682个地点,初步拟定了国防工业三线建设布局方案[14]。在1964年周恩来主持的《关于一、二线各省、市、区建设自己后方和备战工作的报告》中指出,所有建设项目都必须执行小型、分散、靠山、隐蔽的方针。1965年3月21日中央批准《国防工业在二、三线地区新建项目布局方案的报告》,此报告明确说明完整的国防备战计划应率先制定,国防工业和与之配套的基础工业优先发展,快速建立相对于全国独立的、"小而全"的国民经济体系、工业生产体系和战略储备体系,表明"三线"建设是一个整体的备战工程,强调重工业的发展是备战的基石。珍宝岛事件后,1970 年中央要求各大军区设置 10 个经济区,配置相应的军事、冶金、机械、能源工业,实行"军管"。1973 年中央撤销了各大军区管理国防工业的机构。

1.4 "三线"建设的成果总结

"三线"建设是计划经济体制下的工业建设,在国家权力的干预下,打破了新中国成立前长期无法实现的工业发展瓶颈,客观上初步改变了我国工业东西部布局的不合理状况,具有深远的历史意义和长期的经济效益。

1.4.1 原子弹的成功研制

在计划经济的体制下,一些特殊企业如军用领域的核工业与航天机构、国营企业与研究院校皆有较大发展。20 世纪 60 年代中国最为突出、最为民心所向的科学技术成就是原子弹的成功研制。早在 1956 年国务院成立科学规划委员会,制定 1956～1967 年全国自然科学和社会科学十二年长期规划,开始向科学高峰攀登。主要包括开发原子能技术、火箭技术,这对进一步推动国防尖端工业的技术提升具有重要意义。冷战时期拥有核武器是一个大国最重要的威慑标志,1964 年 10 月 16 日我国第一颗原子弹在罗布泊爆炸成功,国防现代化进入了一个崭新阶段。不到三年,1967 年我国又完全独立自主地成功爆炸了氢弹。一系列艰苦卓绝的核弹研制涉及矿山开采、工业生产、科学研究、设备制造、交通运输、安全保障等各个环节,具有领导统一、分工明确、高效协调的特点,为胜利提供了可靠的组织保证[15]。如今,诞生了我国"两弹一星"的青海海北藏族自治州原子城是我国第一个核武器研制基地,1958 年 5 月选址筹建,1995 年 5 月全面退役,基地保留了完整的核工业草创、发展时期的实物证言。光阴荏苒,中国的军工企业在民用领域依然发挥了重要作用,以前主要生产军事产品的核工业,现在遵循"在所有产业领域使用原子"的政策,主要建设核电站,一些现代化企业从"三线"建设的重点军工发展领域中转型、壮大。

1.4.2 "两基一线"的突破进展

"天府之国"四川是"三线"建设的核心,围绕云贵川所形成的"两基一线"即攀枝花—成昆铁路—六盘水,是"三线"建设的重大成就,从 1964 年秋开始全面施工。它以攀枝花为中心,向北、向东形成一个扇面三角区域,辐射四川、贵州、云南

3省13.6万 km² 的广袤土地。攀枝花的钢铁运往成都、重庆、六盘水,成都、重庆、六盘水的机器和煤炭运往攀枝花,攀枝花是宏大后方工业体系的中心[16]。重中之重,针对攀枝花、成昆铁路等重大项目成立了特区和特别委员会,优化重大经济结构、安排重大经济项目,并纳入计划单列,实行特区统一领导与国家各部委分工负责相结合的体制,从资金、科技、人力、物力上予以充分保证。

率先完成且卓有成效的是中央极为关注的攀枝花钢铁基地,也是南京国民政府时期投入大量精力调研挖掘,却无力建设的现代化钢铁企业所在地,旧名渡口。1964～1965年制定了《攀枝花总体规划》,攀钢主体工程建设和工业区相关配套建设随着形势变化而不断增减,在计划经济的资源调配中曾发挥出巨大的组织优势。攀枝花一枝独秀,不仅精心选址,谨慎统筹了"两基一线"的城镇体系,而且积累了应对山地新型工业城市的宝贵经验,于国内在总体规划基础上首次开展了分区规划(工业片区规划),取得了生产、交通与生活的集聚效应。尽管生活设施同样采取了大庆模式和"干打垒"标准,但无疑依然在整个"三线"建设规划中具有突出的代表意义,展现了规划理念的前瞻性(图1.4)[17]。

在极端困难的状况下,"三五"计划中能源工业占重工业投资的24.4%,煤炭、电力、石油工业是其他工业发展的基石,是探讨这一时期艰苦创业成果的重点。1964年7月煤炭工业部和国家计委决定将六盘水作为攀枝花钢铁基地的重要煤炭能源保障,同年11月成立了西南煤矿建设指挥部,1965年年初即进入了全面施工阶段。"三线"建设诞生了大批矿业城镇,在工矿城镇的布局、工矿住宅的多类型、

图1.4　1984年的攀钢钢城全景

大型联合选煤厂的工艺改进方面成效卓著,它们既来源于156项目时期学习苏联的经验,更有从实践中不断摸索出的基于中国特色的探讨[18]。而六盘水位于少数民族聚居区内,乃新型工矿城镇的典范,具有推进中国工业化进程的特别示范意义。

1970年7月1日竣工的成昆铁路是新中国的奇迹工程,从四川盆地翻越云南高原,"盘山铁路"技术难度之大史无前例,南京国民政府长期啃不下来的硬骨头在中国共产党的领导下完全自主勘察、设计和施工,得以实施。成昆铁路重大方案由技术委员会代表铁道部在工程现场审定,现场设计和方案审查为加快设计速度、配合施工创造了良好条件。成昆铁路与贵昆、川黔、成渝铁路相连,构成了西南环状路网,并有宝成、湘黔、黔桂3条通往西北、中南、华南的通道,彻底改变了新中成国立前西南铁路网的落后面貌,积极拓宽了西部地区的发展腹地和中东部发达地区的联系网络[19]。在计划经济体制下,中国西部内陆乡村偏远闭塞,由政府提供了基础设施这一公共产品,实现了历史性跨越。成昆铁路中体现新技术在1985年国家首次设立的国家科技进步奖中荣获特等奖。在重大的援外项目坦赞铁路的建设中,成昆铁路积累的工人和建造经验作用深远(图1.5)。

图1.5　20世纪70～80年代的成昆铁路

1.4.3　基础数据的原始积累

工业建设需要大量的基础数据统计,仅凭行政管理无法清醒地认识到项目所具备的生产力水平和运行方式与经济、环境、社会整体目标是否吻合。新中国刚成立时,"一五"计划所遇到的困难在建筑大师华揽洪先生的著作中有深刻描述:

　　"既缺少基本的数据,也缺乏基本的体验。光是土地清查就是一项浩大的工程,得用去好几年的时间,国家基本上可以说是一穷二白,不光是工业和交通上,在地质、气候学、统计、地图绘制等各个环节资料搜集都是如此,这些空白只能随着国家现代化逐步填补。"[20]

"二五"计划只提出了计划建议并编制了计划草案,国家基础数据搜集因为"大跃进""放卫星"的浮夸风泛滥而很难摸底,"三五"计划聚焦于西部的备战工

图1.6　艰苦卓绝的地质勘探

程,西部矿产资源富饶,地形复杂,可耕良田少,加之很多地区严重缺水,工业布局需要谨慎处理水文地质、生活基础、燃料动力、原材料、交通等相互依存的重要关系。1965～1975年,包括军事工业、机械工业、冶金工业在内的重工业占"三线"地区投资的90%以上[21]。用最大的力量把采掘工业和主要的原材料工业搞上去成为"三线"建设的核心任务[22]。国家历经崎岖,在地矿普查方面呕心沥血,若没有基础普查,"三线"建设的工矿企业布点寸步难行(图1.6)。在工程地质学方面,前期以服务于水利工程、铁道工程、城市供水为主,后期则重点转向环境地质、灾害地质,这些工作从最初的草创阶段随着实际问题的出现而不断深入,是"三线"建设具有突破性的行业领域,对形成西部能源、重工业、有色金属基地产生了不可磨灭的影响。

1.5 "三线"遗产的价值评析

"三线"建设既分布于成都、重庆、汉中这样文明悠久的中国历史文化名城,也存在于贵州凯里、都匀,四川攀西、广元,青海大通等国家历史文化名村名镇、少数民族聚居区。此外,攀枝花、六盘水、成昆铁路等一系列新型工业城镇和基础设施,极大地丰富了我国社会主义经济建设和工业化道路的理论与实践,是中国工业遗产可识别性的核心组成部分。翻天覆地几十年,中国经历了巨大的变革过程,一跃成为世界第二大的经济体,展现了人类历史上罕见的飞速增长,因此在"三线"遗产上尤其需要以发展眼光看待。2006年第6期《中国国家地理》以"三线建设:离我们最近的工业遗产"为主题掀开了这类特殊工业遗存的面纱。值得一提的是杂志前一期以京杭大运河为专题,8年后大运河成功申遗,成为实现中华民族伟大复兴的重要标志。最初大运河的开凿以规避海洋风险为目标,形成以内陆水运勾连南北漕运的大动脉,如今历经2000多年的演变,大运河不仅成为中国古代一项伟大的水利工程,而且跻身于华夏文明的洪流中,堪称中华民族交流、凝聚、复兴的一条主线。尽管"三线"建设与大运河在时空上无法相提并论,但它作为20世纪的遗产越来越成为关注的对象,理应纳入到民族生存与复兴的大背景下审视。经过半个世纪的实践,"三线"建设作为我国政治、社会、经济发展史上的重大历史事件,其意义和价值将不断得到拓展。

1.5.1 山、散、洞选址政策的利弊

靠山、分散、隐蔽是 "三线" 时期的战略布局,战略意味着放弃短线,增强备战的技术含量,同时工业建设布局需要科学筹划,对现代化的企业而言,交流协作是生存壮大的根本之道。进山、进洞的备战案例中外皆有,抗日战争时期南京国民政府进行了艰苦卓绝的工业内迁。作为高度保密的国防军事工厂,1940 年中国第一个航空发动机制造厂就选在依山傍水、溶洞高大的贵州大定乌鸦洞,它至今保存较为完整,见证了民族工业发展的艰难跋涉,但使用时间很短,成效并不高。冷战时期美国西部同样拥有大量的军事设施,洞穴式防核武器军事掩体是重点攻防设施。在美国科罗拉多州西南郊夏延山下深藏着北美防空联合司令部(NORAD),协调北美(美国—加拿大)的空中防务。1961 年 5 月,美国国防部组织专家进行考察、调研、论证,最终决定将新的监控中心设在夏延山的山体岩石下 500 m 处。1963 年 6 月开始在大洞穴里建造 15 座大楼,经紧张施工于 1966 年 4 月交付使用。山体全部由坚硬的花岗岩组成,构成世界上规模最大、设备现代化的设施之一。冷战结束后北美防空联合司令部发生了许多变化,特别是美国 9·11 恐怖袭击后,美国政府对国土的政治意义重新思考,该跨国监测中心的功能不仅没有弱化,反而得到了进一步加强(图 1.7)。

反观我们的 "三线" 建设,规模大、时间短,"山散洞" 政策在执行时缺乏前期可行性研究,地质地貌复杂,有些深山险沟尽管隐蔽但生存能力弱,实施形式单一,很难做到统一计划与区别对待相结合,损失巨大。

我国重庆 816 地下核工程是从 1966 年开始,6 万建设大军历经 18 年建设,投资 7.4 亿元[23]。2002 年解密,目前尚未完工的核反应堆已成一片废墟,仅仅极少量用于旅游,令人唏嘘。湖北十堰一直被当作 "三线" 建设时期的重要成就,主要生产军用越野车和部分民用载重车,年产 10 万辆,今天它已成为湖北汽车产业走廊的支柱。1969 年 10 月国务院批准《关于加速第二汽车厂建设的报告》,同年 12

图 1.7 北美空防联合司令部洞穴入口

月成立了十堰市。当时十堰尚是个有着百余户居民的小镇，群山环抱，人烟稀少、山岭陡峭。作为"三线"重点项目，国家不断追加投资，截至1984年，国家用于"二汽"的投资为20.9亿元，年产量不过8万辆[24]。1951年从苏联留学归国的"二汽"总工程师陈祖涛痛心疾首地回忆道：一个技术集密、需要频繁交流合作的企业没有布置在一起，交通分散，十分不利生存，光基建土石方的工作量就超出平原几十倍。"二汽"总算建成了，在大山区建设现代化的汽车企业究竟是否科学，建在山里，敌人是否就打不着，这是值得探讨的问题，现在卫星可以把工厂看得清清楚楚。除建工厂外，我们又花大力气来建设配套的小社会，包括火葬场，麻雀虽小，五脏俱全，结果我们还是违背了当年进山的初衷—远离城市，我们最终建了一座城市[12]！

　　与"山散洞"政策并行不悖的还有"干打垒"。大庆油田的发现是我国油田勘查的重大突破，1961年1月几万人集结于滴水成冰、了无依靠的松辽平原进行"会战"。由于任务急，砖瓦建筑材料严重缺乏，采用了"工农村""干打垒"的规划布局与建筑施工方法。即家属利用土坯自建住房，将工业生产、农业活动和社会生活围绕油井展开，设置在一个小城镇里。1964年2月5日中央发出通知，掀起了全国工业交通战线学习大庆经验的运动，大庆的"工农村"规划经验成为全国的参照物。然而中国西部的自然环境、社会环境差异性大，各地建设若以一个模板为参照，就不能因地制宜，也使得第二阶段"三线"建设的生活性建筑采用了越来越低的标准。"干打垒"与其说是一种就地取材的建筑方法，不如说是一种追求艰苦奋斗的精神，甚至在后期演化成形式上的标签。由于"三线"建筑的初始投资水平普遍较低，生活性配套设施较差，这在很大程度上影响了建筑品质及其使用寿命，在"三五""四五"时期也就是"三线"建设的高峰时期，陕西省仅报废的无效工程就造成高达十亿元的损失，这与上述很多因素有关联[25]。

1.5.2　城市规划缺失的后果

　　城市规划涉及产业结构和布局，不仅是物质空间层面的规划，而且需要在政治、经济、社会的国家制度范围内运作，规划背后都有一系列政策支撑，与特定时期、特定政策目标、治理方式相关。

　　城市规划具有历史传承性。追溯到1953～1954年，为实施156项目，国家非常重视工业厂址的选择，国家计委联合工业部、铁道部、电力部、城建部等部门，会同苏联专家，进行了西北、华北、中南和西南联合选址工作，随后提出3个及以上新厂建设的城市，并成立城市规划与工业建设委员会，旋即开展了洛阳、太原、兰州、包头等156骨干项目比较集中的八大城市的城市规划。城市规划和重点工业项目的协调在当时具有开创性,满足功能、给排水、电力、道路、防洪等基本要求,保证了"一五"工业建设和近期修建的执行,城市建设和环境保护工作有了一定的遵循方针。因此,156项目是新中国成立后首次国土层面的空间规划实践,也被赞誉为中国城市规划的第一个春天。

为避免聚焦西部大中城市的单点式城市规划,1956年5月,国务院曾发布《关于加强新工业区和新工业城市建设工作几个问题的决定》,其中指出:

"积极开展区域规划,合理布置第二个和第三个五年计划期间新建的工业企业,是正确地布置生产力的一个重要步骤。"

城镇是一个综合概念,从跨区域的角度入手,研究城镇体系是工业发展的基础和依据,这是源自苏联先进的规划理念。以沈阳、郑州等39个地区为代表的区域规划编制试点,从无到有,规划工作者历尽艰辛,对合理布局水、电、交通等专业建设项目具有重大的探索意义。但此后中苏交恶,建设环境急转直下,规划也受其影响未能落地,为后来的"三线"建设缺乏城镇体系的协作观念埋下了隐患。1960年11月召开的全国计划工作会议宣布"三年不搞城市规划",这也是城市规划让步于国防备战而开始走下坡路的开端。究其原因,大致有三点:① 三年困难时期,各地楼堂馆所的建造相对紧缩;② "一五"时期强调工业投资,而城市基础设施、商业与服务设施因被视为"非生产性建设"资金得不到保证,城市规划无法推进;③ 以156项目等投资带动城市规划本身有一定缺陷,缺乏经济和社会层面的纵深研究。上述问题即便在今天依然是颇为值得深思的[26]。

1965年"三线"建设成立了跨地域的建设委员会,以工业为主体的地区建设具有跨地域协作的组织、制度保障,但横向联系的各类基础设施规划、产业规划、用地规划均没能取得长足进展。1969年6月,"一委三部"即建筑工程部、建筑材料工业部和中央基建政治部合并到国家基本建设委员会中,加快"三线"建设的进度成为其中的一项工作,搞好新建工业区的规划、布局和重要工业项目的选址定点工作,城市规划再次启动。政治和政策风云变化,1969年5月建设部城市建设局又被撤销,同年10月国家建委城市规划局被取消,直到1972年年底国家建委下设建设总局,局下设立了城市规划处,因受到各方面条件制约,规划成效不尽如意。1976年7月唐山大地震,科研人员顶着余震在抗震棚中赶制唐山市的总体规划后,中央才真正认识到城市规划的重要性。可惜的是这段城市规划的"真空期"恰恰贯穿了如火如荼的"三线"建设高速发展期。

规划缺失导致"三线"建设的代价颇为沉重。按照联合国的标准,发达国家的城镇化人口比例和非农就业比例都很高,这是区分发达国家和发展中国家的一

个清晰标准[27]。据学者的资料统计,1966～1976年,我国的城镇人口年增长极
为缓慢,年均递增率为1.75%,新设城市很少,10年净增城市仅为19个,建制镇同
样很少[28]。以工业化和城市化为特征的第一次现代化,在20世纪50～60年代
出现高峰,而"三线"建设时期我国高速的工业化进程与明显走低的城镇化反差强
烈,与经济发展规律相违背。其中"三线"建设的投资结构中非生产性建设投资与
生产性建设投资之比为1:7.1,农业、轻工业、重工业的投资比为1:0.9:10.3,
而"三五"期间为1:0.7:17.6[22]。可以明显看出,在自给自足、缺乏外援的情
况下,中国持续推进重工业的跨越式发展,采取了极端的投资措施,造成国民经济
中工农比例关系、积累与消费比例关系的严重失调。即便"三线"地区得到了国
家长达15年的投资倾斜,排除经济欠发达地区投资周期长、见效慢的客观因素外,
其整体投资效益依然远落后于沿海地区(表1.1)。沿海和东北老工业基地要肩负
"老厂一分为二"支援"三线"的重托,又要在国家投资逐年减少的条件下,保证生
产缓慢增长,推动全国经济的发展,与"三线"地区比较,政策和资金、人力桎梏很
大。至70年代末,我国大部分工业产品已失去竞争力,与日本、欧美各国存在着巨
大的技术差距。

表1.1　1978年全国沿海地区和"三线"地区全民所有制工业企业经济效益比较一览[7]

经济效益	全国	沿海地区	"三线"地区
百元固定资产(原值)实现的产值(元)	102.6	141.4	70.4
百元产值占用的流动资金(元)	32	26.6	40.7
百元产值的生产成本(元)	67.4	64.8	77.4
盈利率(%)	15.5	23.4	9.2
积累率(%)	24.4	35.4	14.1

1988年11期的《城市规划》发表了四川省历史文化名城保护专家樊丙庚撰
写的《四川"三线"建设》一文,文中犀利地指出工业项目的协作配套研究是前期
工作的重要内容之一,这直接关系到工业素质的提高和能力的发挥。四川"三线"
建设没能激发城镇体系的协同作用,教训值得总结。"三线"国防企业根据备战需
要进行布局,大都建设在远离大城市的地区,与原有城镇体系脱节,结果使得这些
工业企业因交通不便限制了与地方工业的联系。工业内部自成体系,形成了供应、
生产、销售、生活服务的产业链,效率不高,且注入式的工业发展与当地农业建设之
间产生的人地矛盾无法得到排解,城乡隔绝与厂社一体,同样也未能提供更多的非
农就业机会。

1.5.3　中外冷战遗产的比较

1964年,我国的"三线"建设全面开始,同年国际遗产保护领域极为重要的《威尼斯宪章》正式颁布。该宪章高度肯定了文物建筑的重要价值和作用,即遗产可以被视为解读历史的有形或无形的证言、证据。《威尼斯宪章》在之后的50年里一直主导着国际文化遗产保护的原则、方法及实践。工业遗产承载着真实和完整的工业化时代的历史信息,可以帮助人们追溯到以工业为标志的近现代社会,帮助后人更好地理解这一时期人们的生活和工作方式,更有助于当下进行合理地教育与再利用。历史发展不是线性的,而是充满了曲折甚至断裂,但历史的延续也许可以逐渐弥补裂缝。

冷战时期各个国家均投入巨大,竭力为战争进行人力和物力的准备。冷战遗产反映了当时的科技、人文、军事生活多个侧面,其价值认定和保护工作早在20多年前就已在欧美展开。1991年苏联解体后,很多军事设施一夜之间遭到遗弃,但英国、美国、德国、澳大利亚等国家从20世纪90年代开始注意到冷战遗产的特殊意义。2004年,英格兰历史环境保护的核心管理机构"英国遗产"(English Heritage)系统阐述了英国冷战遗产的分布、评估及主要类型特征[28];2014年柏林墙倒塌25周年之际,"历史英格兰"发表报告"9个场所:冷战中的隐蔽历史"[29],英格兰45万件登录建筑的保护级别分为Ⅰ、Ⅱ*、Ⅱ三级,90%以上属于Ⅱ类登录建筑,Ⅱ*的数量大约占总量的5%。冷战遗产的保护级别分为Ⅱ*、Ⅱ、保护区(保护建筑群体的特征),它们不仅是军事设防时代的证据,也是今天历史教育的场所(图1.8);英国和澳大利亚自1947年开始了核武器的合作项目,澳大

图1.8　英国牛津郡的冷战核武器设施保护区

利亚南部的沃然村（Woomera village）军事禁区高达480万 hm²，因冷战结束而随之衰落，如何将它既成为遗产地又成为可持续的社区是当局关注的目标[30]；德国的建筑遗产保护界以布兰登堡大学为代表，在柏林墙倒塌后对冷战遗产进行了详细调查，策划了"墙的两面：保护古迹和冷战纪元的遗址"论坛，并通过欧洲多国比较研究进一步深化了德国冷战建筑遗产的独特价值[31]。

美国西部边疆在第二次世界大战及不断升级的越战中扮演着不可替代的角色，卡尔·艾博特教授是波特兰州立大学城市研究与规划系主任、美国城市史研究会主席，所著的《大都市边疆：当代美国西部城市》一书中谈道：

"美国西部城市的崛起，首先得益于第二次世界大战期间联邦政府投放到该地区的巨额军事开支。联邦政府征召西部各州和城市参与建设，主要不是考虑其已有的工业能力，而更多的是看重其地理位置及提供军事基地、造船厂和机场活动余地的广阔空间。西部资源的动用和征用西部各地点用于战争，使该地区凭借40、50和60年代的长期经济高涨实现了跃进，西部已拥有了一个得到极大扩展的地区性市场、一整套新的工业基础设施以及一个新的工人和财富的基础。"[32]

早在1994年美国国防部汇集各方档案，主导对冷战建筑遗产与设施的保护研究，包括核武器、防御设施、导弹发射、航空电子设备、一流的研究设施等领域，颁布报告"走过严寒——冷战中的军事遗产"[33]；战后西部的高新技术产业如破土而出的新笋般充满活力，催生了高科技革命的爆发，产业集聚与大都市优先发展结合，使西部地区在国民生产总值中的比重不断增加，美国西部城市经历了地区—全国—世界的运行轨迹。在西部城市化进程中，一个突出的特点便是对城市发展战略和规划实施非常重视，以谷歌为代表的圣何塞等西部城市在20世纪60年代初崛起，阳光地带重新布局基建、高科技产业、制造业和退役军人衍生的休闲业等均取得了不俗的成绩。西部"战时"建筑在20世纪50年代曾被陆续拆除，随着保护制度和观念的不断深化，目前遗留的厂房、军械库、码头不断融入到大学、企业、联邦雇员的办公场所、商场、应急住房、农场和民众的日常社区中，"原子时代"历史风貌的保存使得西部国防经济的可识别性得到了加强，也使得一些小镇因舒适便捷的现代化生活而平添魅力。

冷战遗产强化了欧美文化的认同感和识别性，它们既反映了产业遗产的多样性，给后人留下相对完整的冷战军事、工业领域的科学技术发展轨迹，也通过一种纽带体现出超越国界的反思战争、渴望和平的共同心愿和价值观。若将"三线"建设纳入世界工业遗产、军事遗产的版图，中国不再是冷战格局中的旁观者，反而是一个具有强大战略意识、时刻关心国际局势的大国。基辛格博士

多年前便敏锐地洞察到冷战的国际关系状况,中国实际是冷战地缘政治中的一个"独行侠":

> "可能中国最了不起的一点是,它最终得以摆脱和苏联的一切关系,站到了冷战赢家的一边。"[5]

在资源有限的中国,我国与欧美国家的城市化水平、工业发展原始积累无法相提并论,政府扶持,以任务、项目带动技术发展不失为一种能够在短时间内迅速提升工业与军事实力的战略。在"三线"建设的构架中,中国人民解放军加强了介入经济发展的准备,没有重工业就没有军事力量,工业为军队服务乃天职。军工事业包括枪炮、弹药、坦克、军用飞机、军用舰艇、电子设备、导弹、核武器等,是国防经济的核心,是国防力量的重要组成部分。军工综合体与勘查、研发、试验、发射、投产、保障等一系列领域相关,所形成的技术产业链是工业建设成果的支撑,更是国家防务必须的担当,无法仅以经济成本去衡量。除青海金银滩"原子城"作为"第一个核武器研制基地旧址"与欧美的冷战建筑遗产相似外(图1.9),大量的"三线"工业遗产与欧美国家的冷战遗产存在显著差别。站在新的历史阶段来看,保护和发展的矛盾十分尖锐,遗产保护利用是否能给民众带来福祉,最终依然取决于文化是否可以带动就业和经济发展,能否成为社区振兴的驱动力。

图1.9 2014年的青海金银滩"原子城"

1.5.4 "三线"遗产中"人"的价值

　　"三线"建设不仅是一条中国建筑工业发展的重大主线,而且是向西部欠发达地区传递工业文明和民族情感的主线,感恩前辈,更凝聚着几代人在西部地区的锦瑟年华,熔铸了一部部共和国的创业奋斗历史(图 1.10)。一批兼具爱国心与专业性的工程技术人员群体在"三线"建设中砥砺前行,成为改革开放后支撑产业技术发展、教育事业等的中坚力量。今天,在中国以城市为主的市场经济大潮中,人们的价值观念、人际关系发生了巨大变化,"三线"建筑工业遗产独立自主、艰苦奋斗的精神内核独立于物质载体存在,对国家发展乃至个人成长依然具有重大的借鉴价值。它诞生在特殊的计划经济体制和组织结构中,某些组织制度遗产值得深入研究,特别是它在解决欠发达地区、市场经济干涉不到的领域所做出的历史贡献,饮水思源,泽被后世。

图 1.10　把青春献给"三线"建设

1.6 "三线"遗产的研究概况

　　"三线"建设研究经过了一个曲折的过程。20 世纪 70 年代末人们对"三线"这个词讳莫如深,而之后的 80 ～ 90 年代社会上有过对"三线"很多负面的评价及反思,直到 90 年代末,"三线"建设的研究才日趋加强。以近现代史专家武力、陈东林为核心的学者对"三线"的历史发源、决策、实施等过程进行了深入解析。尽管当前各界学者对其存有截然不同的评价,但"三线"建设在我国西部经济与国防发展中占重要地位的结论仍占优势。复旦大学已故学者朱维铮曾说过:

历史既是客观的，不以人的意志为转移；也是主观的，是人们对于过去种种事实的描述和解释。

由于"三线"建设与各个西部省份的发展密切相关，地方院校的硕士研究生成为一股研究的中坚力量，他们立足本地档案挖掘，发表了一批以省为视域的研究成果[34]。建筑规划领域突出的有2010年武汉理工大学孙应丹的论文《"三线"城市形成发展及其规划建设研究》，对"三线"建设各时段的规划法则、管理及实施进行了初步梳理，并以湖北十堰为例进行了规划解析；2012年华中科技大学刘瀚熙的论文《"三线"建设工业遗产的价值评估与保护利用可行性研究——以原川东和黔北地区部分内迁单位旧址为例》，较为系统地研究了襄渝铁路、川黔铁路辐射范围内的数十个被废弃的"三线"工业旧址；2012年复旦大学段伟的论文《甘肃天水"三线"建设初探》则从历史地理学微观分析了天水"三线"建设的选址，很多工厂进行过多次的科学论证，没有简单依据"山散洞"的原则，这在全国"三线"建设中不多见，却为生存创造了机遇。总体来说，建筑学与人文地理方面的研究数量远逊于近现代历史领域，体现出"三线"建设研究学科侧重的不平衡性，也表明建筑学领域的微观剖析难度较大。

2009年深圳大学建筑系饶小军教授率领团队深入贵州山区调研，发表《走进三线：寻找消失的工业巨构》，重点阐述了"三线"工业遗产的"历史、社会、科技、审美价值"，特别对"三线"建筑在艰苦环境中采取的低技术策略给予肯定[35]。2010年东南大学硕士生王新宇完成《激情岁月的建筑实践——以天水锻压机床厂为例剖析"三线建设"工业遗产》，并结合导师朱光亚先生20世纪60～70年代在甘肃天水锻压机床厂长达10年的建筑实践，立足于20世纪遗产的概念，对"三线"建设遗产的特征进行了深度个案解剖，弥补了微观层面"三线"建筑遗产的研究不足。论文对饶小军教授提出的"三线"遗产价值及标准逐一质疑回应，指出：

"站在遗产保护的立场，我们总是希望被保护的建筑越多越好，因为我们清楚地知道保护事业在中国的艰难……但在实际操作中，价值沦为工作手段，成为一种过程性的东西，以至于容易对'充分认识和重视'的必要性产生怀疑"[36]。

"三线"建设今天走进建筑遗产保护的视野是必然的，它的历史与现实、情感与思辨交织，具备了突出的物质和精神的双重时代特征。过去的历史永远不能全部复原，只能最大限度地接近它的真实面貌，历史研究必须以原始史料为依据，研究者应本着"求真"的态度，对背后存在的问题进行合理的解释，应该说上述两份研究均付出了自身可贵的努力。

　　"三线"建设中的大量工程是各级设计院集体智慧的结晶,为了少花钱多办事,一些建设项目由工厂内部成立的基建组完成,不再依托设计单位。这与战后国际上具有新材料、新技术、新理念的名师作品迥异,后者的产生背景、设计方案、建造标准、施工状况等均有据可查,可资借鉴的档案图册扎实可信。关于"三线"建设宏观的政策、决议、谈话非常丰富,但一手建设资料严重匮乏。"三线"采取的措施是沿海及东北老工业基地的援建、迁建和包建,包括自身的改建和扩建。在地方和中央的大量投资支援下,勘察、设计和施工过程均未签订任何合同,加之"边勘查、边设计、边施工、边生产"的"四边"政策,建设存档很不完备,难以系统归纳,这就无法施展条分缕析的史料研究。更令人担忧的是,目前大量"三线"产品遭淘汰,机器设备变卖,工厂也废弃多年,过去因涉密不得查阅的档案,如今随着工厂多次转制而无人保管,文献史料存档遭受了毁灭性的打击。面对分散封闭的大片跨地域工厂,目前最缺乏的是对全国"三线"企业的普查和追踪,将原始档案保存相对较全的企业抢救出来。

　　"三线"建设是社会主义建设时期的重大历史事件,影响面持久广泛,但"三线"遗产价值在快速的城镇化进程中尚未被充分认识。"三线"工业遗存大多区位隐秘、状况破败,土地耗费巨大,亟待以省、市、县为单位由政府来推动完成"三线"工业遗产的普查和登记工作。物质性老化、功能性老化和结构性老化是历史环境衰败的三大因素,安全度差、建筑标准过低的厂房设施可不予保留,但这些厂区空间肌理、工作轨迹和厂史回忆等可通过影像和口述方式予以保存。全国范围内大规模快速的工业搬迁令所有人曾憧憬着"高峡出平湖"的社会主义理想蓝图,然而现实是残酷的,大量非理性建筑在国家极端困难之时于西部竣工,却没有发挥应有的成效,西部依然是贫穷落后的代名词。在"砸烂铁饭碗"的旗号下,国营企业以极低的价格被购买和瓜分,并让"三线"职工"自谋生路、再寻就业"。这是中国追求现代化、工业化进程中的经验教训,是西部开发面临的一个重要历史遗留问题。

注释:

[1]　陈东林.评价毛泽东三线建设决策的三个新视角.毛泽东邓小平研究,2012,(8):100-105.

[2]　吴殿廷,虞孝感,查良松.日本的国土规划与城乡建设.地理学报,2006,61(7):771-780.

[3]　黄安年.肯尼迪、约翰逊的社会改革与罗斯福新政的异同.兰州学刊,美国史研究专辑,1986,(7):23-31.

[4]　张小明.冷战及其遗产.上海:上海人民出版社,1998:导言.

[5]　亨利·基辛格.论中国.北京:中信出版社,2012:100.

[6]　腾讯思享会.学者谈三线建设:严重高估了冷战时期的战争风险.2014-9-23.

[7]　高世明.新中国城市化制度变迁与城市规划发展(1949～1999).天津:天津大学博士学

位论文,2011:51.

[8] 李韬,林经纬.正确认识改革开放前后两个历史时期的关系.红旗文稿,2013,(8):5-18.

[9] 夏永佳.三材节约途径探讨.建筑经济,1989,(12):24-25.

[10] 中华人民共和国国家经济贸易委员会.中国工业五十年.北京:中国经济出版社,2000:356.

[11] 倪正同.三线风云:中国三线建设文选.成都:四川人民出版社,2013:54.

[12] 鄢一龙.目标治理:看得见的五年规划之手.北京:中国人民大学出版社,2013:96.

[13] 薄一波.若干重大决策与事件的回顾.北京:中共中央党校出版社,1991:845.

[14] 于锡涛.毛泽东最早做出决策——三线建设的启动和调整改造.人文历史,2014,(18):5-7.

[15] 《当代中国》丛书编辑委员会.当代中国的核工业.北京:中国社会科学出版社,1987:50.

[16] 程秀龙.毛泽东与三线建设.党史文汇,2013,(12):16-25.

[17] 鲍世行.攀枝花城市规划的历史回顾.华中建筑,2000,18,(1):84-88.

[18] 蒋洪撰,周国华.50年代苏联援助中国煤炭工业建设项目的由来和变化.当代中国史研究,1995,(4):13-21.

[19] 铁血网.大三线建设——宏伟深远的超级战略工程.2012.

[20] 华揽洪.重建中国——城市规划30年(1949~1979).北京:生活·读书·新知三联书店,2006:39.

[21] 郑有贵,陈东林,郝娟.历史与现实结合视角的三线建设评价.中国经济史研究,2012,(3):120-127.

[22] 樊丙庚.四川"三线"建设.城市规划,1988,(6):38-41.

[23] 王搏.亲历地下核工程建设始末.环球人物,2012,(12):76-77.

[24] 邹德兹.新中国城市规划发展史研究:总报告及大事记.北京:中国建筑工业出版社,2014:187.

[25] 本刊.陕西"三线"建设的历史回顾——访陕西省原基本建设委员会主任任钧.百年潮,2009,(3):44-47.

[26] 中国城市规划学会.五十年回眸——新中国的城市规划.北京:商务印书馆,1999:49-52.

[27] 郑谦.20世纪60年代的世界与中国.百年潮,2004,(6):21-23.

[28] Cocroft W, Thomas R. Cold War. Building for Nuclear Confrontation, 2004.

[29] Historic England. 9 places that reveal the hidden history of the cold war. UK, 2014.

[30] The Department of Defense. Australia, Defense Establishment Woomera, South Australia, 2013.

[31] Hutchings F. Cold Europe discovering, researching and preserving European Cold War heritage. The Department of Architectural Conservation at the Brandenburg University of Technology Cottbus, 2004.

[32] 卡尔·艾伯特.大都市边疆:当代美国西部城市.北京:商务印书馆,1986:17.

[33] The Department of Defense. Coming in from the Cold: Military Heritage of the Cold War. USA, 1996.

[34] 徐有威,杨华国."全国第二届三线建设学术研讨会"会议综述.史林,2014,(3):185-188.

[35] 饶小军.走进三线:寻找消失的工业巨构.住区,2009,(12):17-27.

[36] 王新宇.激情岁月的建筑实践——以天水锻压机床厂为例剖析.南京:东南大学硕士学位论文,2010:79.

第 2 章

青海"三线"时期工业发展和大通"三线"工业遗产

有着"世界屋脊"美誉的青海位于我国西北部的内陆腹地,青藏高原的东北部。青海与甘肃、四川、西藏、新疆接壤,成为我国东部地区联结西藏、新疆、甘肃北部的重要要道。青海东西长约1200 km,南北宽800 km,面积为72万km²,约占全国总面积的7.5%。青海的地形大势是盆地、高山和河谷相间分布的高原,境内平均海拔3500 m以上,地貌类型复杂多样,山脉高耸,河流纵横,巍巍昆仑山横贯中部,唐古拉山峙立于南,祁连山矗立于北,茫茫草原起伏绵延,柴达木盆地浩瀚无限。青海是长江、黄河的发源地,省内的青海湖堪称中国最大的内陆高原咸水湖(图2.1)。

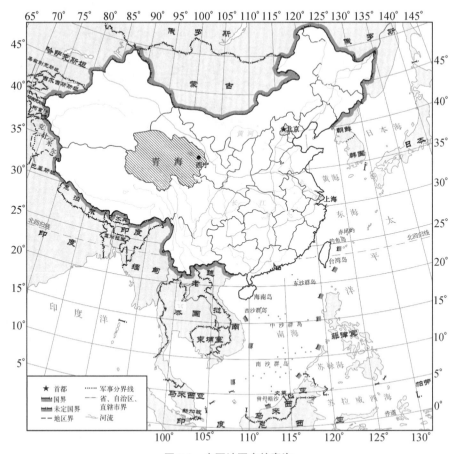

图2.1 中国地图中的青海

青海的地理位置险要,是历代王朝和地方政权争夺的军事重地。青海是西北、西南两大战区的结合部,与新疆、西藏在地理上形成三角之势(图2.2)。青海内有藏族、回族、蒙古族、撒拉族等43个少数民族,在语言、习俗和宗教信仰等方面与中国东部沿海和其他地区相差较大,因此青海成为我国西部边陲多民族地区同内地相连的纽带,对相邻民族地区的经济发展与社会稳定起着至关重要的支撑作用。

图2.2 青海地图

2.1 青海 "三线" 时期工业历史发展沿革

青海四周群山环抱,盆地居中,河谷纵横,错综复杂的地理环境不仅有利于部队集结、隐蔽和储存作战物资,而且有利于在境内建立多地带、大纵深、灵活多变的防御和后方供应体系。在 "三线" 时期,青海遵照中央的方针和指示,主抓农业和国防,夯实工业基础,促进粮食、煤矿、机械和钢铁产量,恢复和发展以农牧业生产服务的工业,把青海建设成为巩固的战略后方。

青海地广人稀,长期处于传统农业阶段,经济落后,手工业生产以传统行业和传统手段为主,生产规模不大,生产技术和工艺水平较低,产品多属于生活资料和修配服务,生产资料方面的产品只占很小的比例。青海人口分布极不平衡,一半以上的人口都居住在东部地区。

2.1.1 青海现代工业的崛起和优势条件

历史上青海是一个以游牧为主的经济区域,工业生产几乎一片空白。1930年,马氏家族为其统治青海建立了军需物资制造厂,是青海建立的第一个工厂。1946年组建成立西北工矿公司,下设洗毛厂、机械厂、纺织厂、火柴厂、玻璃厂、三酸厂、皮革厂和牛奶厂,名曰"八大工厂",除洗毛厂、机械厂和皮革厂规模较大外,其他都是手工作坊。1943年、1948年分别又建立了印刷厂、地毯厂和瓷器厂[1]。

新中国成立前,真正算得上现代工业的是国民党资源委员会与青海地方合办的电厂,于1941年建成,装有49柴油机两部,发电能力有限,只供应部队和机关照明。1945年后又建1座水力发电厂,发电能力为241 kW。上述工厂几乎全部集中在西宁市及周围,广大农村、牧区除拥有极少量个体手工业外,现代工业处于完全空白的状态。

青海工业的发展主要集中在"三线"建设时期。青海作为国家确定的"三线"建设地区之一,根据国务院有关部门的决定和具体安排,从1965年起积极进行了"三线"建设工作[2]。青海"三线"建设前后历经15年,横贯"三五""四五""五五"3个五年发展计划,对青海经济社会发展都产生了广泛而深远的影响。"三线"建设极大地改变了青海工业结构,奠定了青海工业的基础。特别是"三线"建设使青海机械工业得到较快的发展,并逐步成为全省工业部门中的支柱产业,"三线"建设也使青海国防工业形成了一定规模,还加快了青海地方民用工业发展的速度。同时,青海"三线"建设还促进了青海资源的开发利用,带动了青海人口与人力资源的增长,增强了青海区域发展的潜力。

在全国范围内,青海占有优势的矿产资源一是化工原料矿产,包括以钾为主的盐类矿产,已列入国家开发重点,同时,盐湖可综合利用的锂、铷、硼、溴、碘、芒硝等都很丰富,可发展成国内大型化工综合基地;二是石棉、石灰岩、石英岩等建材原料矿产资源潜力大,分布较集中,可保证大规模生产发展需要。从地理位置和矿藏原料来看,青海有其独特的天然优势,这些都为"大三线"建设提供了有利的条件。

青海地域辽阔,自然资源十分丰富,成矿条件较好,其中以砂矿最为富足。砂矿的形成与演变往往同河流地貌的形成与演变同步,而砂矿的富集又常常同特定的河流地貌形态部位有关,青海作为我国大江大河的源头地区,流水的侵蚀、堆积作用均比较活跃,河谷纵横,河漫滩与阶地发育,有利于各类砂矿的富集[3]。新中国成立后,经过多年的地质勘探,发现和探明了一批矿产资源。全省初步发现矿产83种,其中探明有储量的59种,占全国136种矿产数的43.39%。按主要用途可分为9类(表2.1)。

表2.1 青海矿产资源一览

序号	矿产类型	已发现矿种
1	能源矿产	煤、石油、天然气、油页岩、铀
2	黑色金属矿产	铁、锰、铬
3	有色金属矿产	铜、铅、锌、镍、钴、锡、钼、锑、汞

（续表）

序号	矿产类型	已发现矿种
4	贵重金属矿产	铂族、金、银
5	稀有和分散元素矿产	锗、镓、铟、镉、硒、碲、锂、铷
6	冶金辅助原料非金属矿产	熔剂石灰岩、熔剂白云岩、熔剂石英岩、耐火石英岩、耐火黏土、萤石
7	化工原料非金属矿产	氯化钾、氯化钠、氯化镁、硫酸镁、硼、芒硝、天然碱、磷、硫铁矿、自然硫、砷、重晶石、化工灰岩、伴生硫
8	特种非金属矿产	压电和熔炼水晶
9	建材原料非金属矿产	白云母、石棉、石膏、水泥石灰岩、水泥黏土和黄土、玻璃用石英岩

资料来源：作者根据青海省志和相关资料整理绘制。

　　另外，泥炭、硅灰石、建筑用的大理石岩、玉石等都有一定的远景，有待继续探求储量。矿产地及分布情况：全省初步发现各种矿床、矿点千余处，其中探明有储量的产地，按矿区分有201处，大中小型矿床数量分别为31处、48处和122处；按单矿种计，产地有391处，大中小型矿床分别为88处、101处和202处。在地理分布上，以柴达木盆地为主体的海西州最多，矿区和单矿种产地分别为93处、173处，各占全省总数的46.22%和44.24%。其他各地所占比重依次是海北州、海东地区、海南州、果洛州、黄南州和玉树州[4]。煤矿主要分布在祁连山和柴达木盆地北缘的一些沉降带中，石油和天然气较集中分布在柴达木盆地西部；柴达木是以盐类为主的综合矿产地，在全国的资源构成方面有巨大优势；祁连山和柴达木的铁、铬，北祁连山、柴达木盆地北缘、鄂拉山、积石山的有色金属矿，海东地区的镍、钴矿和冶金、建材原料矿，同德汞矿、茫崖和祁连山石棉矿等，分别构成各自的资源优势（图2.3）。

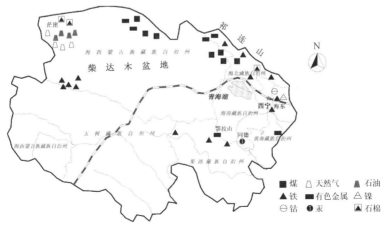

图2.3　青海矿产资源分布图

2.1.2　青海"三线"时期内迁工业企业

青海"三线"建设的首要任务是选择厂址。为了使省外企业顺利完成迁入任务，青海省委要求省内各地区、各部门从全局出发，尽量满足迁建项目的需求，凡地方企业能让的尽量让出来，确实不能让出来的再选择新建。在国家的统筹下，"三线"建设的整个企业内迁入青工作从1964年9月开始，一直持续到1979年，历时16个年头，主要是在1966～1975年进行，1966～1972年形成高潮。从1965年开始，内迁项目陆续从东北和沿海地区的大中城市向青海搬迁，职工也随同迁来。迁入青海的工业企业集中分布在西宁市、大通县、乐都县3个地区，基本以机械、冶金、军工电子、基础化学为主[5]。通过一系列工作，到20世纪70年代初，上述搬迁项目经过重新组建和扩建，一批新的企业在青海先后成立起来。

根据国家统一安排，青海的"三线"建设采用沿海老厂迁建、援建、包建、改建和扩建等五种形式，其中主要以三种形式进行（表2.2）。

表2.2　青海"三线"时期工业企业主要建立形式

序号	形式名称	主要特征	具体内容
1	全迁式	单个企业异地迁建	从某地将某一企业的人员、设备等迁来青海，组建成青海同一类型的某一企业
2	联建式	多地多个企业异地迁入后联合组建	从一地或多地将两个或两个以上性质、类型相同或基本相同的企业的全部或部分人员、设备迁来后，在青海联合组建一个性质、类型相同的或基本相同的新的企业
3	援建式	外地援助本地已有企业	内地一些企业以人力、物力帮助青海改建、扩建某些工厂

资料来源：根据青海省志的相关内容重新整理绘制。

1965～1966年，是青海大规模建设时期，中央西北局和青海相继成立了"三线"建设工作领导委员会和小组等机构。1965年3月开始，青海执行中央"三线建设"的方针，先后从上海、山东、黑龙江等地向青海迁建了以生产铣床和重型车床为主的机床制造企业；从河南、辽宁、天津等省市迁来了以生产大型拖拉机、内燃机为主的拖拉机、内燃机制造企业；从上海、江苏、河南、北京等地迁来了一批电机、电器制造、轴承、标准件制造工业企业（图2.4）。1965年齐齐哈尔第二机床厂、济南第一机床厂迁来青海，包建青海第一机床厂和第二机床厂，当年就投入了生产。同年，第八机械工业部决定在西宁地区新建大型拖拉机制造基地，将上海第二汽车齿轮厂的全部设备、人员迁至西宁，之后随着天津拖拉机厂、南昌齿轮厂等部分力量迁来青海，共同组建成青海齿轮厂；鞍山红旗拖拉机厂内迁青海，包建青海拖拉机厂；天津动力机厂内迁青海，包建青海柴油机厂；洛阳拖拉机厂内迁青海，包建青海锻造厂、青海铸造厂、青海工具厂；洛阳轴承厂迁来青海，建设青海海山轴承厂；北京微电机厂、天津微电机厂迁来西宁，建立青海微电机厂；从上海力生机器厂内迁部分人员和设备充实了青海通用机械厂。从洛阳、天津内迁一批工人充实建成青海农牧机械厂（表2.3）[6]。

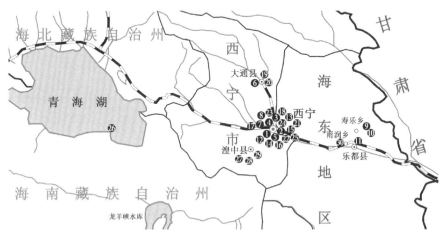

图2.4 青海"三线"时期迁入企业分布地图

表2.3 青海"三线"时期迁入企业概况表

序号	青海企业名称	企业门类	原厂所在地区	迁出企业名称	内迁时间	随迁职工（人）	迁入设备（台）
1	青海齿轮厂	机械工业	上海、天津	上海第二汽车齿轮厂、天津拖拉机厂	1965.3	449	173
2	青沪机床厂	机械工业	上海	上海劳动机床厂	1965	1700	211
3	青海山川机床铸造厂	机械工业	齐齐哈尔	齐齐哈尔第一、二机床厂，济南第一机床厂	1964.10	625	223
4	青海第一机床厂	机械工业	齐齐哈尔	齐齐哈尔第二机床厂	1964.9	600	49
5	青海第二机床厂	机械工业	山东济南	济南第一机床厂	1965.7	570	197
6	青海重型机床厂	机械工业	齐齐哈尔	齐齐哈尔第一机床厂	1966.2	838	122
7	青海工具厂	机械工业	洛阳开封	洛阳拖拉机厂与开封安装处	1966.4	117	200
8	青海工程机械厂	机械工业	辽宁鞍山	鞍山红旗拖拉机制造厂	1965.8	2800	297

（续表）

序号	青海企业名称	企业门类	原厂所在地区	迁出企业名称	内迁时间	随迁职工（人）	迁入设备（台）
9	青海铸造厂	机械工业	河南洛阳	洛阳拖拉机厂	1966.8	976	196
10	青海锻造厂	钢铁工业	河南洛阳	洛阳拖拉机制造厂	1966	340	—
11	青海柴油机厂	机械工业	天津	天津动力机厂	1970	276	—
12	青海电动工具厂	机械工业	沈阳	沈阳电动工具厂	1966.8	259	10
13	青海微电机厂	机械工业	北京、天津	北京微电机厂、天津微电机厂	1966.11	296	154
14	青海机床锻造厂	机械工业	山东济南	济南第一机床厂	1966.7	37	129
15	青海量具刃具厂	机械工业	哈尔滨	哈尔滨量具刃具厂	1979	150	95
16	青海海山轴承厂	机械工业	河南洛阳	洛阳轴承厂	1966.5	275	162
17	西宁钢厂	钢铁工业	本溪	辽宁本溪钢铁公司钢厂	1964	1259	384
18	西宁标准件厂	机械工业	无锡、镇江	无锡标准件厂、镇江标准件厂	1965.12	111	20
19	青海光明化工厂	化学工业	吉林	—	1965	1000	—
20	青海黎明化工厂	化学工业	沈阳上海	—	1965	147	—
21	青海制药厂	化学工业	沈阳	—	1964	45	89
22	西宁呢绒时装厂	轻工业	北京	—	1966.2	66	44
23	青海第一木工厂	木材工业	北京	—	1966.4	43	—
24	西宁工贸合营纸箱厂	轻工业	北京	—	1965.10	11	12
25	青海铝制品厂	化学工业	上海	—	1970.9	308	112
26	青海山鹰机械厂	机械工业	山西侯马市	—	1970	—	—
27	国营昆仑机械一厂	机械工业	—	—	1970	—	—
28	国营昆仑机械二厂	机械工业	—	—	1970	—	—
29	国营昆仑机械三厂	机械工业	—	—	1965.4	—	—
30	青海化工机械厂	机械工业	北京、山西	北京506厂、山西763厂	1966	—	—

资料来源：翟松天,崔永红.青海经济史当代卷.西宁:青海人民出版社,2004:159～160。

2.1.3　青海"三线"时期工业发展概况

青海"三线"建设于1965年开始,到1973年基本结束,历时不到10年,大体分为三个阶段。

第一阶段:1965～1966年,青海大规模建设时期,主要是军工企业的迁入。先后实行了企业搬迁、勘察选址、成立"三线"建设领导小组等工作。第二阶段:1967～1969年,"三线"计划实施不久,"文化大革命"开始,正常的生产秩序被打乱,经济和其他事业受到严重干扰。但青海"三线"建设的步伐稳健有力,成绩斐然。第三阶段:1970～1973年,"三线"建设的继续发展时期,认真执行党的指导方针,以备战为纲,以粮食为纲,以钢为纲,青海最后一个机械工业企业的迁入援建标志着青海"三线"建设大搬迁工作的结束,之后青海"三线"建设进入到收缩阶段,并对绝大部分建设项目做了调整。

1965～1975年,青海全省工业基本建设投资累计183 258万元,建成和基本建成一批素质较高、技术力量较强、产品质量较高的骨干重点企业,与新建、扩建的地方工业企业和原有的地方国营、集体工业企业融为一体,发展速度加快,填补了省内不少工业门类、行业和产品的空白,初步形成了一批在国内外市场具有一定影响的优势产品。主要有特种钢和钢材、重型机床、数控铣床、可控硅无级调速光学坐标镗床,大马力拖拉机、推土机,气动、电动装岩机,分马力微电机、电动工具、长毛绒、毛线、工业用呢等10多个品种[7]。1975年,全省工业企业总数1038个,工业企业职工143 000人,比1965年分别增长1.3倍和5倍[7]。

1. 机械工业

机械工业是整个工业的基础。1949年以前,青海省的机械工业没有形成行业,直到1950年后才逐步发展起来,其中主要行业是在3年"大跃进"中起步并在"三线"建设时期逐步形成和完善。1964年以前,青海机械工业只有以农牧机械为主的一些小型企业,规模小、基础差、劳动生产率低,全省机械工业产值仅2038万元,占工业总产值的10.36%。"三线"建设期间新组建的19个机械工业企业,使青海机械工业的面貌发生了很大的变化。这批新组建的机械工业企业,设备先进,技术力量雄厚,职工队伍整体素质较高。随迁而来的10 800多名职工成为青海机械工业队伍中的一支新生力量和骨干力量。这批新企业在很大程度上改变了青海机械工业体系的结构和格局,增强了机械工业的生产能力,扩大了产品品种,提高了产品质量。在这批企业的带动下,这一时期包括集体所有制企业在内,全省县以上机械工业企业迅速发展到100余家[8]。

"三线"建设使青海机械工业的整体规模扩大,形成了一批骨干企业,在西宁地区发展成为一个以生产机床、拖拉机及内燃机为主体的机械工业基地。到

"四五"计划后期,经过10年的发展,以"三线"建设项目为骨干的青海机械工业初具规模,机床、拖拉机、内燃机行业在国内具有了一定地位,形成了年产各类机床1500台,大马力拖拉机900台的能力,组建了汽车制造业,并由生产单一的载货车到生产专用车,地方农机工业能力有了较大发展,矿山设备生产能力达到3000 t/年,工业锅炉、电动工具、轴承、标准件、量具刃具、电机、微电机和汽车配件等都进一步扩大了生产能力,机械工业的技术水平也有较大的提高,开发了一批新产品[9]。

　　1964 ~ 1975年,1964年机械工业总产值2038万元,1965年为3054万元,1970年增加到15 579万元,1975年达到32 677万元。12年间机械工业总产值同比翻了四番。"三五"和"四五"计划期间,机械工业产值平均增长速度分别达到38.5%和20%,在全省工业总产值中,机械工业总产值的比重由1964年的10.9%上升到1975年的32%,职工总数达到4.3万人,比1965年增长了5倍。机械工业迅速起步,在全省工业部门中成为名列前茅的支柱产业,为青海整个工业生产的进一步发展创造了良好的条件(图2.4)[10]。

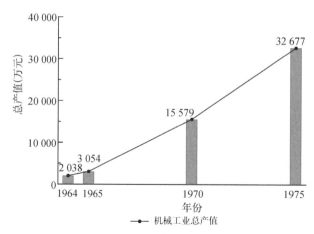

图2.5　1964 ~ 1975年青海机械工业总产值一览

2. 钢铁工业

　　历史上的青海冶金和钢铁工业是一张白纸。1957年开始筹建地方钢铁工业。"大跃进"期间,各地建立了一批小型钢铁企业。在"左"的错误思想指导下,由于脱离青海实际,不讲科学,盲目蛮干,这些刚建立的钢铁企业于1961年被迫全部下马,青海钢铁工业首次起步受挫。1965年,辽宁本溪钢厂一部分人员和设备迁来西宁,开始筹建特殊钢厂,建厂时冶金部定名为"五六厂"。1967年开工,1969年竣工并交付试生产,1972年经国务院批准改名为"西宁钢厂"。该厂作为西北地区唯一的特钢生产厂,是国家"三五"至"五五"计划期间重点建设项目。它的建立和投产结束了青海不能生产钢的历史,标志着青海钢铁工业重新起步。1965年青海钢铁工业的年产值仅 12 万元,1970 年迅速增加到 1480 万元,1978 年又大幅度增加到 14 023 万元,到"四五"计划末期,西宁钢厂经过 10 年建设已初具规模,成为全国重点特种钢厂,是青海冶金工业和国民经济一个举足轻重的大型企业[10]。

3. 有色金属工业

1971 年,遵照中共中央"应当更多地发挥地方积极性,在中央的统一计划下,让地方办更多的事"的指示,经国务院批准,冶金工业部将西北冶金地质勘探公司及其所属单位下放给陕西、甘肃、青海 3 省分别管理,原西北冶金地质勘探公司在青海工作的第五、第七、第八 3 个地质队(共 2082 人)下放给青海省,隶属青海省重工业局。冶金地质的主要任务是对乌兰阿移项等地的铁矿开展找矿评价,以保证青海钢铁厂所需矿产资源;进行红沟铜矿及其外围松树南沟的找矿勘探,继续扩大远景,寻找富矿,增加储量;积极进行铁、铜为主的综合找矿,为"五五"冶金矿山生产建设准备资源[11]。

1966 年筹建的民和镁厂是国内最大的金属镁、工业硅生产基地。该厂位于民和县境内,兰青线旁,交通方便,隶属中国有色金属工业总公司。加之青海省水电充足,察尔汗盐湖资源丰富,发展镁工业的条件得天独厚[12]。其生产的产品销往日本、韩国、澳大利亚及欧美等国家,在国际市场上享有较高信誉。

4. 化工工业

青海解放初期,由于整个工业基础薄弱,在"一五"末期化学工业才开始起步。"三五"计划期间,青海化工进一步发展,相继建成了青海光明化工厂、黎明化工厂、青海电化厂、青海第一化肥厂、青海第二化肥厂和青海乐都氮肥厂。这些化工企业的建成与投产,为青海化工工业的建设发展奠定了一定的基础。由东北和北京、天津等地化工企业和化工研究部门迁来的部分人员和设备组建的光明化工厂和黎明化工厂是青海化学工业的骨干企业,它们既生产军品,又生产民品,是具有较高技术水平的军事化工企业。青海光明化工厂始建于 1965 年,属化学工业部领导的大型企业,原名为化学工业部光明化工厂,1970 年 7 月改名为青海光明化工厂。1965 年工厂主体工程开始建设,1968 年年初开始试车,1971 年 1 月正式投入生产[13]。青海黎明化工厂作为青海大型化工企业之一,位于西宁市北 30 km 处的毛家寨。1965 年 8 月破土动工,原名为化学工业部黎明化工厂,1972 年 12 月更名为青海黎明化工厂[14]。

青海地方相应建设的一批小型合成氨、氮、磷化学肥料和烧碱、电石、农药等化工企业也陆续投产,化工行业规模得到迅速扩大,1970 年全省化工年产值增加到 10 381 万元,1979 年达到 19 420 万元,较 1965 年增加 5.8 倍,年均递增 14.67%[15]。

5. 国防工业

青海的国防工业在"三线建设"中先后建立了水中兵器、常规兵器、军用电子产品等 6 个军工企业,形成了具有一定规模的青海国防工业。还先后试制生产了有线通讯器材、高空测量仪、扬声器、家用电器、半导体制冷系列产品、太阳能系列产品、民用爆破器材等几十种民用产品[16]。

6. 建材工业

"三五"计划开始时，由于一批大中型企业内迁来青，基建投资大幅度增长，导致建材再次出现紧缺，促使青海在1966～1978年又陆续新上了一批建材企业。先后筹建了青海水泥厂、青海省建筑公司预制件厂（后更名青海省水泥制品厂）、民和机制砖厂、西宁石棉厂、西宁油毛毡厂、大通桥头水泥厂、湟源水泥厂等各类建材企业177户，其中县以上国有企业60户，水泥厂15家，砖瓦厂17家。青海水泥厂于1970年3月动工兴建，于1977年投产，计划规模年产30万t 500号普通水泥，后标定为20万t，采用双立筒悬浮预热器干法回转窑生产工艺，从此结束了青海不能生产回转窑高标号水泥的历史[17]。

7. 能源工业

青海能源工业以电力、石油、煤炭为主，20世纪50年代后期到60年代末是青海电力工业的全面建设时期。青海作为"大三线"区域之一，大量工业企业迁入，用电量增加。为满足迁建、新建工业企业用电需求，1966～1979年进行了桥头电厂二期、三期扩建工程和朝阳水电厂13 000 kW水轮发电机组的防护工程建设。桥头电厂二、三期扩建工程，装机4台，6.5万kW，总投资为3478万元，于1967年和1977年12月先后投运，朝阳水电厂防护工程于1966年元月竣工发电[18]。

"四五"计划期间，青海电力工业发展的主要标志是青海桥头火力发电厂第三次扩建、甘肃连城至西宁的22万V高压输电线路建成，西宁电网同陕西、甘肃电力系统紧密联系在一起。到20世纪70年代中期，桥头火力发电厂装机容量达到86 000 kW，全省装机容量11.2万kW，发电量为4.44亿kW·h。至此，青海电力工业初具规模，为西宁地区和青海东部地区提供了比较充足的电力[19]。

在煤炭方面，1966～1978年，前5年为配合"三线"建设，国家投资3705万元，煤炭部从吉林调煤田105队、煤田物探队来青海与陕西调进青海的煤田132队合并成立西北煤田地质局青海地质大队，开展对木里、江沧等焦煤基地的勘测和大通矿区的补测[20]。1968年着手筹建热水煤矿，热水煤矿作为青海高原上一颗璀璨的"黑珍珠"坐落在海北州刚察县和祁连县境内。哈尔盖至柴达尔铁路支线，每年把近40万t原煤源源不断地运往省内各地。另外，湟（源）嘉（峪关）公路穿过矿区。矿部至柴达尔8 km，至海塔尔25 km，至默勒48 km，至外力哈达30 km，方圆百余里，堪称"百里煤海"[21]。

石油工业在"文化大革命"初期受到干扰和破坏，1969年起逐步转向稳定，青海石油管理局职工在逆境中展开了一场"发展西部、勘察东部、稳定冷湖"的拼搏战，在盆地西部扩大了花土沟、油砂山两个油田的石油储量和油田面积，经过努力，产量从 1973 年的 3114 t 提高到 1975 年的 27 629 t [19]。

交通运输事业主要是加速修建青藏铁路和青藏、青新、宁临公路,以及一些战备公路的建设。从 "三线" 建设开始到 1975 年,青海已初步形成了由铁路、公路和民航组成的初具规模的综合运输体系,有力推动了全省经济发展和社会进步,有效改善了民众出行(表 2.4)。

表2.4   青海铁路、公路、民航里程历年年末达到数(1949 ～ 1975年)

年 份	铁路通车里程(km)	公路通车里程(km)			民用航空航线里程(km)
		合 计	其中有路面里程	高级路面	
1949	—	472	290	—	—
1952	—	1 346	547	—	—
1957	—	8 259	4 426	—	188
1965	205	11 981	6 643	182	1 895
1970	416	12 584	7 244	367	1 895
1975	504	12 979	9 141	1 268	2 532

资料来源:青海地方志编纂委员会.青海省省志·统计志.西宁:青海人民出版社,2001:132。

2.1.4   "三线" 建设对青海工业发展的意义和影响

1. "三线" 建设的成就

青海 "三线" 建设在国家有关部门和地区的大力支持下取得的成就是显而易见的。它的历史意义有三点:一是对于国家建设战略后方、加强国防起到了重要作用;二是对于调整国家工业布局和统筹安排起到了积极的作用;三是对于开发利用青海本地资源、加强青海工业基础、促进青海经济建设具有重大的现实意义和价值。青海工业化没有沿着 "农业—轻工业—重工业" 的一般模式演进,而是在农业基础薄弱、人均收入水平低的状况下主要依靠省外力量推动下的发展模式,使其工业经济与地方经济之间形成非紧密的产业联系,而 "嵌入式" 的中央企业则完成了计划经济下的国防军工使命,形成了重工业与省外的直接循环。

青海工业在新中国成立初期内部行业构成残缺不全,且行业规模小、企业少、产值低,随着青海工业建设的快速发展,特别是 "三线" 建设时期,工业门类及新型行业不断增加,到 1978 年,全省已形成 40 个行业,较 1965 年增加 8 个行业。此外,行业规模也有很大发展。

"三线" 建设期间,在内迁的几十个现代化工业企业组建投产后,青海工业生产呈现上升趋势,特别是 "四五" 计划期间,工业生产增长速度较快。"三五" 和

"四五"期间,国家在青海配置了一批冶金、机械、化工、国防等大中型工业企业,奠定了青海机械、冶金、化工、国防工业的基础。加上地方"五小"工业的发展,为工业发展准备了物质技术条件[22]。1975年与1970年相比,钢铁、冶金、煤炭、机械、电力、化工等行业的工业产值,依次增长5.5倍、3.4倍、1.2倍、1.0倍和50.47%、46.3%,年均递增速度分别为45.29%、34.45%、17.4%、14.5%、8.52%和7.90%。工业产品产量也得到了相应增长(图2.6)[23]。"文化大革命"结束后的1976年与1965年相比,发电量达到44 100万kW·h,增长4倍多;原煤202万t,增长2倍多;石油11.35万t,增长13.5%;水泥8.37万t,增长5倍;化肥9.24万t,增长5倍;金属切削机床1257台,增长13倍。此外,作为"三线"建设重点之一的交通运输事业在"三五""四五"计划期间也有较大的成就。综上所述,"三线"建设有力地促进了青海工业生产能力[24]。

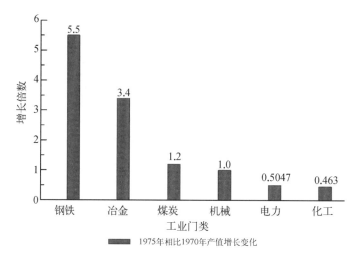

图2.6　1970～1975年青海6个工业门类产值增长率一览

青海人口资源相当匮乏,这不仅体现在青海地广人稀,人口分布不集中,更深层次的原因是人口整体文化水平偏低。以1964年全国第二次人口普查为例,青海地区总人口为214.56万人,其中受过教育的具有各种文化程度的人口为55.16万人,约占全省总人口的25.71%,且受过教育的这些人口地理分布不均匀[25]。"三线"建设是青海经济发展的黄金时期,"三线"建设的实施不仅给青海带来了先进的技术、优良的设备,更多的是引入了掌握先进技术的人才。青海"三线"建设不仅是物质、技术层面的大转移,也是外地劳动力对青海劳动力的补充和素质的提升。迁入的3万多名职工不仅壮大了青海工业阶级的队伍,而且这支来自祖国四面八方的产业大军,对传播技术、活跃思想、扩大人们视野等各个方面都产生了积极的作用和影响[26]。

2. "三线" 建设的不足

青海 "三线" 建设由于只单纯强调备战,形成了争时间、抢进度、工程施工过急的局面,有的项目先定点后勘测,且厂址大多在隐蔽靠山地区,加之青海在水文、地质等方面的资料和研究薄弱,因此大部分 "三线" 建设项目是在 "边设计、边施工、边生产" 的工作方式下进行的,其效率和浪费可想而知,且对日后资料的存档和查找也很不利。

"三线" 建设前期,不少工业企业受到 "文化大革命" 的冲击和影响,随着 "斗、批、改" 的进行而陷入 "无政府状态",加上大批 "唯生产力论" 和 "利润挂帅" 思想严重影响了工业经济的正常发展。大批企业管理人员和技术人员被下放,管理混乱,生产不顾社会需要而片面追求产值,产品质量下降,利润减少。1968 年省属 14 家主要机械工业企业中亏损企业 8 家,亏损 804 万元,盈亏相抵后,净亏损 150 万元。除机械工业产值有较大幅度增长外,石油、森林、纺织 3 个工业部门产值均下降[23]。以钢铁、有色金属、建材为主体的青海原材料工业,在 "文化大革命" 期间既有很大成绩,也存在严重失误。由于受到 "进山、分散、隐蔽" 方针的影响,一些企业布局不合理。西宁钢厂建厂期间,5 个主体生产车间由平地移至山沟内,由于 "边勘察、边设计、边施工" 工作方式,刚建设起来的锻钢车间厂房因基地下沉、主柱倾斜,后经专家论证后决定移回平地,造成极大浪费,严重影响了生产发展和经济效益的提高。

1969 年青海钢铁厂在没有进行充分的可行性论证情况下筹建起来,1970 年 7 月,从 400 km 以外的都兰县运回来的铁矿石在这个厂的 28 m^3 高炉中炼出了第一炉铁。由于铁矿石无法落实和其他原因,该厂于 1979 年关停高炉,10 年间该钢铁厂只生产了铁 4.4 万 t、钢材 2.1 万 t,累计产值为 1935 万元,但整个厂直接耗费资金 6779.6 万元,经营亏损为 2697.9 万元,再加上流动资金和后来的维修费用等,共消耗国家资金 9877.5 万元[27]。

青海祁连山铜矿又是一例。青海有色金属矿产资源较为丰富,在 1966 ～ 1967 年,有关部门在祁连山红沟矿区组织了地质 "会战",核算储量结果由 20 世纪 50 年代末测定的 1.18 万 t 增至 5.06 万 t,据此青海省计划委员会于 1974 年批准投资 2245 万元进行扩建,但由于红沟矿体小而分散,C 级矿储量小,实际采矿能力只达到原来设计的 1/3。在长期扩建中,生产系统取得了一定的成绩,但整个祁连山铜矿扩建工程给国家造成了极大的浪费[28]。

此外,在 "三线" 时期 "一大二公" 的国有企业在青海占绝对优势,呈现重视重工业化趋势,对当地轻工业、农业和手工业的工业投资明显不足。1965 年青海工业总产值是农业总产值的 60%,而到了 1978 年,前者为后者的 2 倍多。在工农业总产值比重中,农业占 60%,轻工业占 18.71%,重工业占了 21%[29]。国有经济的比重过高,相当部分国有企业需要依靠政府资助或补贴才能生存,对青海经济贡献率较低,导致青海产业结构不合理,竞争力不强,经济质量欠佳。

在1976～1978年,受"左"的指导思想影响,工业发展指导思想仍然是以增加基本建设投资、扩大生产能力为重心,狠抓产值、产量、搞"会战",不顾客观条件,追求高指标、高速度。在组织实施机械工业生产计划时,重点发展农业机械和农机配件,组织丰收1100型脱谷机大"会战"和西北五省区50拖拉机大"会战"。在扩建青海农业机械厂的同时,又新建了青海油泵油嘴厂,将西宁向阳农机修造厂改造并扩建成青海第二拖拉机配件厂。1979年重工业产品像拖拉机、内燃机、矿山机械、起重机械和拖拉机及汽车配件等产品的产量均创历史最高纪录。由于某些重工产品结构与青海经济发展结合不紧密,大型农业机械等重工业产品出现供过于求的现象,迫于压力停、缓建项目112个,此后又关、停、并、转了青海钢铁厂、江沧煤矿、上庄硫铁矿、冷湖云母矿、部分军工企业和一批州、县农机修造厂等原料无保证、产品无销路的工业企业117个,最终对"五五"计划原定的工业产值、产品产量指标作了下调[30]。

在1978年改革开放和市场经济的新形势下,一些在"三线"建设时期强调备战要求且省内无原料、产品市场在省外的机械加工等行业逐渐暴露出与青海省情不相符的弊端。在贯彻执行"调整、改革、整顿、提高"的方针中,按专业化协作生产原则,对农机、电机电器制造行业和铸、锻毛坯行业进行调整,对军工行业除保留民爆生产等个别企业外,其余均撤销或搬迁内地与同类行业企业合并。与此同时,加大了对青海本身优势资源的挖掘、开发和技术改造的投资力度,如电力、石油和天然气开采,有色金属采选冶炼压延加工和盐化工业的化肥、农药,以及毛纺、皮革等行业。经过逐步调整、开发、改造与发展,到1995年,青海的工业行业构成达到了39个。

在1981～1985年,"六五"计划初期,青海工业企业推行自主权,在两次利改税的同时主要进行工业企业结构、行业结构与产品结构的调整,并通过挖潜改造扩大服务领域。1981年关、停、并、转96个工业企业,清理停、缓建项目174个,压缩未完成工程投资5亿元,同时还压缩部分重工业产品的生产能力,当年全省工业总产值较1980年下降14.5%[31]。

2.2 青海化工工业沿革和"三线"时期国防化工企业

青海省是长江、黄河、澜沧江的发源地。全省累计发现各类矿产119种,具有一定价值的矿区和矿点1400余处,批准编入国家矿产储量的矿产79种,其中在全国储量表上居首位的有钾盐、镁盐、锂矿、盐矿（氯化钠）、芒硝、石棉、化肥用蛇纹岩、玻璃用石英岩、电石用石灰岩等，这是青海发展化学工业得天独厚的资源优势。新中国成立前青海省民生凋敝，经济萧条，化学工业基本上处于空白状态。新中国成立后，青海省化学工业在党和政府领导下从无到有，从小到大，陆续建成了化学矿开采、化肥、农药、基本化学原料、涂料、橡胶制品等化工生产行业，为国民经济建设及国防、航天事业做出了重要贡献。

2.2.1　青海 "一五" 至 "七五" 期间化工工业发展沿革

青海省历史上的第一个化工厂——海阳化工厂始建于1943年，设 "三酸" "磷制造" 等生产部，1946年因受 "洋货" 冲击的影响逐渐全部停产，1948年6月，湟中实业公司筹备恢复该厂生产。1949年全省化工总产值26万，硫酸年产量6.6 t，肥皂年产量34 t[32]。

在1953～1957年，青海省化学工业从基础化工起步，在巩固肥皂、土碱等化工产品的同时，又筹备扩建了青海化工厂（原海阳化工厂）的硫酸、磷酸生产装置。1956年重建了青海肥料厂、青海骨粉厂（青海骨胶厂前身）、西宁明胶厂。由于青海经济基础薄弱，财力物力有限，化学技术力量缺乏，至1957年末，化学工业总投资仅128万元，化学工业总产值25万元，占全省工业总产值的0.19%[33]。

在1958～1962年，青海化工工业发展进入第一个高潮。这一时期，根据中央关于地方化工为农业服务与农业经济密切结合的方针，依据青海盐湖资源优势及原有化学工业的实际情况，主要发展化肥、农药行业及其他基础化工行业，促进农牧业经济的发展，以推动全省经济发展。1958年8月成立了青海省化工局，1959年化学工业部（以下简称化工部）设计院五室迁到青海，与青海省化工局实验室合并，并在同年成立了青海省化工设计研究所。1958年青海化工厂从上海引进硫酸设备，更新改造了硫酸生产线，采用 "土接流法" 工艺生产93%、98% 两种规格的硫酸产品，总生产能力1000 t/年，1958年化学工业职工人数发展到11 000人，化工行业技术人员达130人，化工企业由1957年的1个增至20多个。1960年化学工业总产值达到10 415万元，占全省工业总产值的15.7%。这一时期，因贯彻国家两条腿走路的方针，青海化工行业发展迅速，以小为主，土洋结合，形成了全民办化工的景象，对全省经济的发展起到了积极的促进作用。但由于受 "大跃进" 急于求成的思想影响，基建战线拉长超出了财力、技术的可能，也缺乏科学管理，一些投产企业设计能力不达标，技术和经济指标不过关[34]。1961年开始，依照中央提出的 "调整、巩固、充实、提高" 的方针，青海对省内化工企业调研并精简，保留下海西州察尔汗钾肥厂、大柴旦化工厂、青海化工厂，同时组建了青海化工二厂、青海骨胶厂。这段时期化工生产因企业整顿、合并、精简,由下降到缓升,调整了化工发展的方向,1965年化工总产值达到2856万元[35]。

1966～1970年是国家实施"三线"建设的重要时期。根据中央的决策和部署,从北京、天津、东北等地的化工企业和化工研究部门调来了部分人员和设备,在大通县组建了国防化工企业——青海光明化工厂、青海黎明化工厂和青海黎明化工研究所。这些军工企业技术和装备水平较高,它们的迁入和组建使青海化学工业迎来了第二个发展高潮。1966年建成青海第一化肥厂,在西宁市筹建了青海省电化厂,1967年筹建青海省第二化肥厂,1968年建成乐都氮肥厂,1968年察尔汗钾肥厂在中科院青海盐湖研究所的协助下采用冷分解——浮选法技术生产氯化钾,产品质量大幅度提高。1970年燕麦敌2号除草剂在青海电化厂完成试用并投入生产。青海的化工工业通过"三线"工厂的迁入及地方企业生产技术的不断进步,逐步发展成具有一定规模和生产能力的工业体系,为全省化工进一步发展奠定了基础。1970年全省化工总产值达到10 381万元,比1965年增长263%,占全省工业总产值的18.8%。

在1970～1978年,青海化学工业的发展遵循国家调整总方针,继续支援农牧业生产,开发盐湖资源和化工矿产资源并进行深加工,继续进行以察尔汗盐湖为主的柴达木盆地盐湖资源的勘察,为大型钾肥基地的建设做前期准备工作。1971年互助县磷肥厂筹建并投产,乐都氮肥厂生产出合格的碳酸氢铵产品。青海电化厂电石车间试车投产,青海第二化肥厂试车投产,并生产出合格的硝酸铵产品。1973年青海电化厂烧碱车间投产,青海化工三厂磷肥车间配套的硫酸车间投产。1974年由轻工业部投资240万元建成的2000 t/年冷湖钾肥厂利用热熔法工艺生产氯化钾。1975年10月,国家批准建设青海黎明化工厂扩建年产6万t合成氨项目,1977年正式建设,1978年项目正式列入国家基本建设计划,总投资约7000万元,这是当时国家在青海投资建设最大的民用化工项目。1977年青海化工厂聚氯乙烯车间投产。西宁油脂化工厂、西宁化工厂等企业纷纷建立,并投资扩建了西宁石膏矿。青海省化工研究所相继研究成功了"青燕灵""甘氟""206"杀鼠剂等农药产品,这些产品在农牧业生产中广泛应用,为青海化工的发展做出了贡献。尽管这一时期受"文化大革命"的影响,各项工作受到严重干扰和破坏,但化工展现广大职工的辛勤劳动和对"左"倾路线的抵制,特别是国家"三线"建设化工项目所形成的生产力给青海化工实业注入了活力。1976年企业经过整顿,规章制度恢复,职工积极性提高,1978年全省化学工业总产值达到19 434万元,是1965年化学工业总产值的6.8倍,占全省工业总产值的14.5%(图2.7)[36]。

1979～1990年,中央提出了国民经济实行"调整、改革、整顿、提高"的方针,从此,青海化工工业走以经济建设为中心的道路,先后关停了经济规模小的

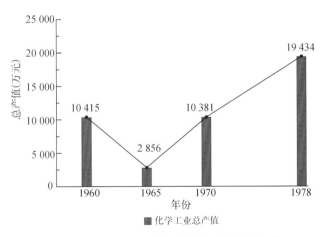

图 2.7　1960 ～ 1978 年青海化学工业总产值一览

青海第二化肥厂等一批企业,在体制改革中接收了国家部委下放的青海黎明化工厂和青海光明化工厂。由于国际形势的变化,青海光明化工厂等企业的产品开始限产,青海黎明化工厂扩建项目,因贯彻中央调整国民经济的方针而缓建,"三线"时期的国防军工企业迈入了军转民的艰难过程。在中央部委的支持下,青海光明化工厂在 20 世纪 80 年代相继建设了 1.5 万 t/ 年啤酒生产线,4000 t/ 年碳酸锶项目。1981 年冷湖钾肥厂和冷湖芒硝厂合并为冷湖盐化厂。1982 年经青海省政府批准,化工部格尔木钾矿筹建处与海西州察尔汗钾肥厂合并,正式成为青海钾肥厂。1986 年青海钾肥厂 20 万 t/ 年钾肥一期工程——国内最大的钾肥生产装置的兴建,标志着盐湖大规模开发进入了实质性运作阶段,也标志着盐湖开发由半机械化生产进入先进的现代化生产的新纪元[37]。调整后的青海化工工业紧紧围绕依靠青海地方资源优势,大力发展盐化工业。这一时期各项改革均在开展,企业实行各种形式的经济承包责任制,转换经营机制,逐步推行现代化管理。

表 2.4　青海"一五"至"七五"期间化工工业规划一览表

时间段	国家方针	规划目标	具体措施
"一五" 1953 ～ 1957 年	发展地方工业,为农业经济服务	首先从基础化工开始	巩固和发展原有肥皂、土碱等化工产品的同时着手筹建硫酸、磷肥、皮革化工等,研究柴达木盐湖资源的开发技术及小钾肥、硼砂厂的筹建
"二五" 1958 ～ 1962 年	地方工业为农业服务,同农业经济密切结合	发展化肥和农药,以及基础化工,促进农牧业生产,带动全省经济的发展	结合青海情况使"一五"期间筹建的硫酸、磷肥、铬盐、钾肥、硼砂等项目建成投产,筹建氮肥厂、农药厂。筹建两个中央项目(国防化工)及青海电化厂

（续表）

时间段	国家方针	规划目标	具体措施
"三五" 1966～ 1970年	地方工业为农业服务,同农业经济密切结合	发展化肥和农药及基础化工,并大力发展氯碱及盐化工	化肥工业以氮、磷、钾并举的原则,扩大地方化工的生产规模,着手钾肥基地的前期规划工作,建设中央两个军工厂（光明和黎明化工厂）
"四五" 1971～ 1975年	地方工业为农业服务,同农业经济密切结合	除"三五"项目续建外,根据燃化部要求,狠抓化工原料生产建设	打矿山之仗,提倡"小土群"综合开发和利用,因地制宜办企业,改善化工原料的生产布局,盐湖矿产勘察,大型钾肥厂筹备及其他矿的勘察与开发规划
"五五" 1976～ 1980年	农业机械化	以保障化肥、农药产品为目标,适当兼顾轻工及其他行业需要	结合青海实际,规划加快增长合成氨、化肥、硫酸、烧碱、农药、医药等产量
"六五" 1981～ 1985年	以经济建设为中心,实行改革开放的政策	总结分析青海化工发展历程及现状,明确了调整和发展并举的总体思路,指导思想基本同"五五"相同	以资源开发为出发点,重视节能和环境,对部分耗能高、工艺落后的产品进行技术改造,1985年国家批准青海钾肥厂20万t/年氯化钾一期工程,安排青海第一化肥厂扩能改造,以及其他技改和新建
"七五" 1986～ 1990年			

资料来源:青海省地方志编纂委员会.青海省志（26）·化学工业志.青海人民出版社,2000:182～185。

青海化工企业主要分布在西宁市的北川、东川地区和乐都县,盐化工主要分布在海西蒙古族藏族自治州等。青海化学工业经过40多年的发展,已具备了一定规模的物质基础,拥有国防化工、化学矿山开采、化学肥料工业、化学农药工业、无机化学工业、有机化学原料工业、橡胶加工工业、涂料及日用化工等10个行业。截至1990年,青海化学工业管理统计化工企业数位29个,共创工业总产值26 684.8万元。29家企业中,全民所有制19个,集体所有制企业10个（表2.5）。

表2.5　1990年29个青海化工企业工业总产值一览

序　号	化学专业类型	数量（个）	工业总产值（万元）
1	化学矿采选企业	7	8 864.9
2	基本化学原料企业	8	4 414.4
3	化学肥料企业	3	3 018.7
4	有机化学产品企业	4	6 900.6
5	橡胶制品	4	1 694.6
6	其他化工产品企业	3	1 791.6
合计		29	26 684.8

资料来源:青海省地方志编纂委员会.青海省志（26）·化学工业志.青海人民出版社,2000:173。

化工生产过程中不可避免会产生废水、废气、废渣、噪声，易对环境造成影响，青海化工企业主要所在地是"三废"污染整治的重点。20世纪70年代青海化工行业主管部门还未设置环保机构和专职人员。1978年青海省石化局成立后陆续成立了兼职的环保队伍，1983年国家将环境保护列为一项基本国策，青海的化工环保工作有了很大进展。同年青海重工业厅设置了安全环境保护处，各企业逐步加强了对环境污染的监测治理、监督管理和预防工作。化工企业中，青海电化厂于1979年率先成立安全和环境保护监察科，对本厂的氯碱车间、聚氯乙烯车间、电石、农药车间及锅炉都采取了切实可行的治理措施；1884年青海黎明化工厂成立环境保护委员会，成员由厂长、总工程师、主管生产副厂长、主要专业科室和各生产单位领导组成；青海钾肥厂于1985年成立了安全和环境保护监察科；1986年青海光明化工厂成立环境保护监测站；1988年西宁皮革厂、青海石油管理局、青海第一化肥厂等企业也都相继建立健全的环保管理机构[38]。1985年青海重业厅按照省政府要求，对化工系统内青海钾肥厂一选厂、青海电化厂、青海第一化肥厂、青海光明化工厂、青海黎明化工厂5个企业进行了调查。

1970年后，青海化工企业逐步加强了设备维护、检修和设备防腐工作，建立健全设计维护检修制度，省际之间、企业与企业之间相互检查和经验交流。管理模式由计划经济下的重实物管理转化为市场经济下重价值效益管理，实现了生产型向管理型的转变、静态管理向动态管理的转变和传统向现代型的转变，涌现出一批管理水平较高的企业。至1990年，青海黎明化工厂、青海光明化工厂、青海钾肥厂第一选矿厂及西宁油漆厂获得了化工部颁发的"无泄漏工厂"的荣誉称号，青海黎明化工厂和青海光明化工厂多次被青海省经济委员会授予全省设备管理优秀单位，1989年这两家化工企业被国家经济贸易委员会命名为"全国100家设备管理优秀单位"[39]。

为了发展化工科技，1958年以来，在中央大力支持和地方政府的努力下，化工系统先后成立了青海省化工局、青海省化工设计研究院、中国科学院青海盐湖研究所，黎明化工研究所、青海钾肥厂科研所等行政、科研单位。在青海师范大学、青海民族学院、青海大学、青海师范专科学校等高等院校设立了化学系、化工系。教育科研单位不仅为全省化工战线培养了大批化工人才，且取得了292项科技成果。青海化工实业与国民经济息息相关，为国家赢得了荣誉。青海光明化工厂的"201"产品达到了世界先进水平，为国防、航天事业做出了重大贡献。青海钾肥厂是全国唯一的钾肥大型企业，生产的钾肥有力支援了全国农业生产。青海骨胶厂的骨胶产品远销英美及东南亚10多个国家。40多年来，青海化工产品获国家质量奖11个（其中金奖2个，银奖9个），部优产品2个，省优秀产品27个（表2.6）[40]。1990年年底，有化工部授予的"无泄漏工厂"5个，国家经济贸易委员会授予的"全国100家设备管理优秀单位"两个[41]。

表2.6　青海主要化工企业1984～1987年优秀产品一览表

生产企业	产品名称	获奖等级及年份			
		国优		部优	省优
		金奖	银奖	—	—
青海光明化工厂	201	1984,1989	1979,1989	—	—
	液态硫化氢	—	—	—	1981,1985
	啤酒	—	—	—	1987
	硫化氢	—	—	—	1989
青海黎明化工厂	752	—	1979,1984	—	—
	750	—	1982,1987	1979	1980
	甲胺	—	1981,1987	1980	1980
	二异丙胺	—	—	—	1980,1990
	三氯化铁	—	—	—	1980,1984
	液碱	—	—	—	1981,1985
	碳酸氢铵	—	—	—	—
青海化工厂	硼酸	—	—	—	1980
	甲种工业甘油	—	—	—	1987
	普钙	—	—	—	1990
青海电化厂	燕麦敌二号粉剂	—	—	—	1980
乐都氮肥厂	碳酸氢铵	—	—	—	1980
察尔汗钾肥厂	氯化钾	—	—	—	1981
大柴旦化工厂	硼砂	—	—	—	1981
西宁油漆厂	红白醇酸磁漆	—	1980	—	—
	昆仑牌F01-1酚醛清漆	—	—	—	1986
西宁橡胶厂	自行车内胎	—	—	—	1983
	山鹰牌66 cm×6.4 cm手推车内胎	—	—	—	1986
	山鹰牌40-635自行车内胎	—	—	—	1987

资料来源：青海省地方志编纂委员会.青海省志(26)·化学工业志.青海人民出版社,2000：173。

至 1985 年,青海有化工企事业单位 56 个,全行业职工总数为 20 014 人,其中化工生产企业职工总数占全行业职工总数的 86.03%,化工科研职工人数占总数的 5.91%,化工教育职工人数占总数的 0.68%,化工建筑企业职工人数占总数的 7.8%[42]。以下 12 家企业职工占生产企业职工总数的 81.09%,是青海化工工业的开创企业,对青海化工职工队伍的发展、稳定和素质的提高有着重大的影响(表 2.7)。

表2.7   青海1985年化工行业400人以上企业统计表

企业名称	职工人数(人)	所在地
青海省钾肥厂	2 500	格尔木地区
青海黎明化工厂	2 115	大通地区
青海光明化工厂	1 800	大通地区
青海化工机械厂	1 300	乐都地区
青海省化建公司	1 477	西宁地区
青海电化厂	1 200	西宁地区
青海化工厂	853	西宁地区
青海第一化肥厂	643	西宁地区
青海第二化肥厂	536	湟中地区
青海冷湖化工厂	534	冷湖地区
德令哈硫磺矿	501	德令哈地区
海西州大柴旦化工厂	495	大柴旦地区
合计(人)	13 954	

资料来源: 青海省地方志编纂委员会.青海省志(26)·化学工业志.青海人民出版社,2000: 173。

新中国成立后到 1990 年,青海化工工业由起步到发展,逐步形成了产品多种类、产品规模化,以地方自然资源为特点的化学工业体系,成为青海国民经济的一个重要支柱行业。该行业在 "文化大革命" 期间也走过了一些弯路。在计划经济体制下,大而全、小而全、五小工业均没有考虑当地实际,致使产品进入市场经济后受到冲击,许多企业纷纷倒闭,其他坚持下来的企业也暴露出管理薄弱、人才培养缓慢的问题和不足,此外,20 世纪 70 ~ 80 年代新建项目也不少,由于缺乏项目管理和建设使用后的生产管理,长期达不到设计生产能力,企业和社会都背上了沉重的包袱。

2.2.2　青海 "三线" 时期国防化工重要企业

青海属于 "三线" 建设西北局管辖,1966年成立青海 "三线" 建设委员会,是以备战为主执行中央 "三线" 建设的方针。1965年西北局搬迁到青海的 "三线" 项目第一批有54项,1973年最后一个机械厂迁入,此后进入整改和收尾,从集中搬迁至建设高峰前后共8年[43]。

化学工业是国民经济发展的技术基础,日本在第二次世界大战后从一个战败国一跃成为经济强国,这与日本将化学工业当成主战场进行发展休戚相关。我国在苏联援助的156项目中有11项也与化学工业直接挂钩,吉化即是典型代表。青海是中国乃至世界矿产资源最富集的地区之一,青海与化工部通力合作,相继建成两大类骨干化工企业:一类是青海第一化肥厂等民用化工企业;另一类是军用化工企业。青海的金银滩是原子弹研制和实验基地,由此形成了具有一定规模的青海国防工业。为原子弹和氢弹配套的青海光明化工厂(代号705厂)和青海黎明化工厂(代号704厂)均属于骨干型的军工化工企业(图2.8)。

图2.8　705厂1972年产品计划会通知

1. 青海光明化工厂

青海光明化工厂位于大通县朔北乡下吉哇村,隶属化学工业部领导,为 "化学工业部光明化工厂",是我国自行安装建设和生产核重水产品的大型国防化工企业,设计生产能力年产重水1.4万kg,1970年7月1日改名为 "青海光明化工厂",为部省双重领导。1965年9月光明化工厂从吉林、辽宁迁来青海,开始建设,1971年建成投产。建厂总投资9532万元(国家拨款)。全厂有11个车间,67个生产班组和30个科室,共有职工1991人,固定资产原值9360.5万元。共有各种设备1132台,仪表仪器404套,静密封点总数为28 991个,静密封点泄漏率仅有0.43%,低于国家规定标准,设备完好率在94%以上。1985年产值2009.6万元,利润113万元。截至1989年累计生产重水产品33.4万kg,上缴利税9730万元,上缴固定资产折旧基金3001万元,出口创汇1592万美元[44]。

由于国家产业政策和重水生产布局的调整,1979年和1984年国家对重水产品实行限产,1987年取消指令性生产计划,停止储备收购,1990年光明化工厂关闭重水生产线并报废了重水生产装置,至此,光明化工厂失去了赖以生存的主导产品,结束了短暂的军品生产历史。重水关闭以后,1985年光明化工厂为求得生存,适应市场经济发展局势,在相关部门支持下不断开发民用产品项目,企业先后贷款 10 020 万元建设了年产 2000 万 kg 啤酒生产线、1500 t 玻璃瓶生产线、72万 kg 注塑生产线、80 万 kg 塑料彩印软包装生产线[45]、6 万 kg 硫化锌生产线,以及 500 万 kg 碳酸锶生产线装置 6 条民品生产线,但由于生产设计不合理、耗能高等一直没能正常生产,因连年亏损,先后停产。到 1995 年年底,光明化工厂累计亏损达 5000 多万元,由大型二级企业变为特困企业,依赖出售库存重水、收取建设项目管理费、变卖报废生产装置及省财政补贴维持生存。由于光明化工厂长期亏损,最终破产,被恒利化工实业集团收购。1996 年全厂总资产 11 491 万元,其中固定资产 9770 万元,流动资产 1721 万元,全厂总负债 25 283 万元,资产负债率高达220.02%[44]。

　　作为年产重水 14 t 的国防化工大型二级企业,光明化工厂为我国国防建设和青海经济发展做出过重要贡献。该厂生产的"201"军工产品投产 14 年,至 1984年年底共为国家提供积累 9861 万元,创外汇 4000 万美元,超额 53% 收回国家一次性投资。"201"产品 1979 年获国家质量银质奖章,1984 年为青海争得第一块国家质量金质奖章。1981 年产品打入国际市场,质量标准超过了世界先进水平。"201"产品的中间产品高纯度液态硫化氢是制造彩色显像管不可缺少的原料之一,以往主要从日本进口,光明化工厂率先在国内敞开供应,1981 年被评为省优质产品(表 2.8)[46]。

表 2.8　青海光明化工厂 1971 ～ 1983 年"201"产品产量、利税、产值表

年份	产量(kg)	产值(千元)	利税(千元)
1971	5 046	12 084	2 975
1972	9 710	14 260	13 837
1973	11 026	13 501	8 165
1974	1 372	13 299	14 716
1975	13 550	13 843	13 266
1976	13 578	11 692	9 092
1977	11 803	12 030	74 001
1978	14 754	12 966	9 598
1979	15 276	12 468	8 899
1980	15 217	12 133	3 380
1981	16 289	12 499	1 222

（续表）

年份	产量（kg）	产值（千元）	利税（千元）
1982	17 002	13 143	2 035
1983	17 500	—	1 510

资料来源：青海省地方志编纂委员会.青海省志（26）·化学工业志.青海人民出版社,2000：87。

关于废水治理，青海光明化工厂的工艺一车间含硫废水处理装置在1985年投入使用，改装置耗资46.8万元，设计能力为1.7t/h，投入使用后，污染物去除率达到99%，处理后废水达标率为90%。每年水的重复利用率达到75%，与1980年相比，年节约用水100万t[47]。关于废气治理，青海光明化工厂的工业废气一部分为锅炉燃烧废气；另一部分为硫化氢废气。锅炉废气经除尘处理符合国家排放标准后，通过60 m高的烟囱，高空排放。硫化氢废气在正常生产情况下不排放。废渣处理一般采用定点露天堆放和填埋法。1980年后本着免费供应、变废为宝的原则，光明化工厂将两三万吨的露天堆放废渣提供给西宁市一些单位做制砖原料，使堆集量逐年减少。该厂将每年几十吨的啤酒糟作为畜、禽饲料，不仅达到物尽其用，也消除了废渣堆积。

2. 青海黎明化工厂

青海黎明化工厂位于宁张公路28 km处，是国内第一家生产高性能燃料的国防化工企业，国家五百家最大化学工业企业之一。占地面积83万 m^2，建筑总面积79.1万 m^2，其中生产性建筑面积59.4万 $m^{2[48]}$。1965年黎明化工厂由吉林化学工业公司、沈阳化工厂、沈阳油脂化工厂、京西化学公司、天津化工厂、大沽化工厂、北京化学研究院、上海化学研究院、太原新华化工厂内迁组建，1968年建成投产。建厂初期属化学工业部领导，1972年至今隶属青海省重工业厅至今。全厂共有14个车间，30个科室，1985年年底共有职工2515人，主要生产设备2332台，1985年有产品18种，除3个军品外，共生产盐酸1229 t，烧碱3051 t，液氯791 t，甲胺3410 t，产值为2078.6万元。利润为210.5万元。产品质量均达到国家标准[46]。随着生产能力和技术的增强和成熟，产品由建厂初期的3种军品发展到军工系列产品、有机胺系列产品、氯碱系列产品及工业硅产品四大系列30多个品种。产品广泛应用于国防、航天、科研、医药、农药、造纸、冶炼、石化、轻工等行业领域，产业行销20个省市、5个军兵种，出口10多个国家和地区。20世纪90年代中期，为提高市场竞争能力，体现效益优先的原则，该厂对产品进行结构调整，保留具有市场竞争优势的13个产品[48]。

2000年12月，由原青海黎明化工厂经债转股后改制重组为黎明化工有限责任公司，公司总资产3.6亿元，注册资产2.38亿元。2000年完成工业产值10 516

万元,上缴税金468万元,实现利润364万元。全厂干部职工发扬 "团结、创业、拼搏、奉献" 的黎明精神,为国家的建设和发展做出了积极的贡献[48]。

表2.9　青海黎明化工厂1968～1990年部分年份固定资产原值、净值统计表

年份	固定资产原值（万元）	固定资产净值（万元）	年份	固定资产原值（万元）	固定资产净值（万元）
1968	3109	3105	1978	5908	3994
1969	3667	3652	1979	5850	3800
1970	3727	3265	1980	6657	4490
1971	3825	3108	1981	6749	4404
1972	4224	3276	1982	6766	4259
1973	4369	3258	1983	6893	4226
1974	4521	3241	1984	6858	3982
1975	4877	3428	1985	6911	3773
1976	5191	3576	1990	8057	3542
1977	5691	3902	—	—	—

资料来源:青海省地方志编纂委员会.青海省志（26）·化学工业志.青海人民出版社,2000: 112。

1986年以来,青海黎明化工厂多次获 "国家科学技术进步奖" "全国设备管理优秀单位" "全国环境保护先进单位" "国家一级计量单位" 等荣誉称号。黎明化工厂承接了青海省重工业厅系统直属化工企业的废水治理项目5个,总投资为34.983 2万元,5个项目中运转正常的有4项,占80%,据不完全统计,这4个项目获经济效益约15.897万元。青海黎明化工厂废水处理量约117.3万t,处理率约为32.2%,达标率约为84%（含重复用水）,达标废水排入北川河[49]。1967年、1968年由国家拨款,安装了处理尾气中的乙胺、氨、二甲胺等成分的处理装置;1974年、1983年黎明化工厂自筹资金建成处理三氯化铁和氯气等尾气排放指标的装置,1983年扩建锅炉,增建了3台20 t锅炉,其中投资50万元建成除尘装置三套,水力冲灰自然沉降池一座,烟尘除尘率达96%[50]。青海黎明化工厂将炉灰渣作为建材,对六车间排放的三氯化铁和未反应的金属残渣,五车间每年排放的500多t含汞盐泥废渣采用掩埋法处理[51]。

3. 青海黎明化工研究所

1965年化学工业部根据国际形势发展的需要,为壮大实力,使化学推进剂的研究工作进一步发展,决定将原来分散在北京化工研究院、沈阳化工研究院、上海

化工研究院和天津化工研究院的有关国防化工方面的研究力量集中起来,迁到青海省大通县,组成黎明化工研究所。1969年搬迁完毕,研究所内设5个研究室,1个机械动力车间,从事化学推进剂原料的研究开发工作。该所隶属化学工业部和国防科工委领导,经过科技人员的努力,成功研制10个品种的黏合剂和推进剂,7个品种液体燃料。该所1983年迁往河南洛阳[52]。

2.3　大通"三线"时期工业发展概况

2.3.1　大通地理地貌特征

青海大通回族土族自治县位于青海省东部,大坂山以南,湟水上游北川河流域。东部为互助土族自治县,南接西宁市,西连海晏县、湟中县,北靠门源回族自治县,海拔2280～4622 m。县境东西最长95 km,南北最宽85 km,图形呈桑叶状,总面积3090 km²(图2.9)。境内三面环山,地势西北高,东南低,宝库河、黑林河、东峡河汇流成北川河,注入湟水。大通县地处青藏高原和黄土高原的过渡地带,属高原大陆性气候,日照时间长,昼夜温差大,年平均气温4.9℃,无霜期平均103天,年平均降水量508 mm。自东南向西北,随海拔的递升,温度递减、雨量递增。由于地形复杂,气候垂直差异明显,霜冻、冰雹、春旱、秋涝等自然灾害比较频繁,少数年份有区域性洪灾。

图2.9　青海大通县地图

大通县历史悠久,在秦汉以前为西羌地,经历了西汉、东汉、隋、唐、五代、北宋等朝代后,元朝时由西宁州管辖,明代属西宁卫。清雍正三年（1725年）设大通卫,属西宁府,乾隆二十六年（1761年）改卫为县,称大通县,1966年划为青海省西宁市属县,1985年改大通县为大通回族土族自治县。大通县是个多民族地区,1985年年底,全县总人口35.4万人,其中农业人口28.28万人,共有汉族、回族、土族、藏族、蒙古族等16个民族,少数民族人口占总人口的41%[53]。

大通县为多山地区,全县共有山脉、高山30余座,山区占全县总面积的96.5%。因高度、气候、植被、土壤和农业生产特点的不同,大通县全境分为河谷阶地（川水）、高原丘陵地（浅山）、中山（脑山）和高山四个地区。桥头镇以北河谷较窄,以南较宽,多为1～4级阶地,海拔为2280～2600 m,主要土壤为灌溉栗钙土,河床附近分布着垫淤土及零星分布着沼泽土,气候温暖,土地平坦,土壤较肥沃,为大通县农业的稳产高产区[54]。

大通县自然资源比较丰富,现已探明的地下矿物有30种,以煤、石灰石、硅石、萤石储量最为丰富。森林总蓄积量93.6万 m³,人均占有2.82 m³。可利用草原219.8万亩（1亩≈666.67 m²）,绝大部分为优良牧草地,有利于发展畜牧业。全县实有耕地82万多亩,农业人口人均2.9亩,宜于发展粮油生产。水资源蕴藏丰富,河道落差大,具有发展水电事业的良好条件。由于海拔高,太阳辐射强,多风,有发展太阳能和风能的广阔前景。在茂密的森林和广阔的草原中,野生动植物种类繁多,珍禽异兽有白唇鹿、棕熊、岩羊、猞猁、蓝马鸡等。药用植物有160多种,其中黄芪、党参、大黄、羌活、秦艽、防风等量多质优。沙棘、蕨麻（俗称人参果）、蕨菜、蘑菇等分布广,具有较大地开发价值[53]。

大通县气候凉爽,多晴朗天气,云量较少,日照长。大通县山川秀丽、名胜古迹多,是旅游避暑胜地。位于桥头镇东侧的元朔山（老爷山）,以"丹崖翠壁,石磴盘梯,苍松蓊翳,川流萦带"闻名遐迩。元朔山和鹞子沟林区衔接互助县五峰山,被列为青海九大旅游区之一。"夕照流金"、景色秀丽的金娥山（娘娘山）高峰入云,群峦迭峰,特别是其奇光异景和神话传说,使不少游客流连忘返。位于大通县西北部的宝库峡,是青海天然水源涵养林自然保护区,草场丰茂,森林密布,河水清澈澄碧,泉眼星罗棋布,特别是温泉、石林,令人神往。风景如画的桥头公园,已成为人们津津乐道的游览场所。

2.3.2　大通现代工业发展进程

新中国成立初,大通县工业落后,除省办大通煤窑、大通缸厂、大通石灰厂外,没有县办工业,只有一些私营手工业作坊,市场萧条,运输均靠马车和驮畜。1953

年起,为执行国民经济建设"一五"计划,各族农民走上合作化的道路,依靠集体力量兴修了一批水利工程,积极推广农业科学技术,增强了抗灾能力,农业生产发展较快,粮油产量持续上升。1956年,随着榨油厂、印刷厂的新建而开始发展现代工业。1957年桥头发电厂建成投产,1958年随着"大跃进"的浪潮,先后新办国营工业企业10个,公私合营和集体转为国营5个,职工人数猛增。但由于脱离实际,贪多求快,盲目冒进,不久后不少工厂旋又停产。1961年,贯彻中央"调整、巩固、充实、提高"的方针,对工业企业进行调整,使工业生产稳步上升。

"三五"计划开始后,1965年国营工业产值为75.82万元,比1962年增长6.3倍,占全县工业总产值的39.31%。1966年后在大办"五小"工业的号召下,先后办起农牧机械修造厂、糕点加工厂、水泥厂、化肥厂、屠宰厂、县煤矿、砖瓦厂、自来水厂、粮油加工厂9个国营工业企业,填补了大通县水泥、化肥、糕点、制粉等工业空白。1975年工业总产值达846.73万元,比1965年增长10倍多[55]。

中共十一届三中全会纠正了"左"的错误,把工作重点转移到经济建设方面。工业企业进行经济体制改革,推行各种形式的经济责任制,整顿了一部分亏损企业,同时也大力发展了乡镇企业。1985年工业总产值达4046.82万元,比1978年增长76.47%,工业总产值占工农业总产值的35.77%。其中乡村工业的产值为1354.12万元,占工业总产值的1/3。工业产品种类、质量、全员劳动生产率增长,经济效益不断提高。1985年全县工农业总产值11 311万元,比1950年增长9倍。粮食总产量比1949年增长2.77倍,亩产量增长两倍。牲畜总头数比1949年增长2.18倍。在改变农业生产的基本条件方面,至1985年,扩大耕地面积近10万亩;兴修水利工程347项,扩大灌溉面积12.8万亩;修筑水平梯田14万亩,共治理水土流失面积258 km²。工业总产值比1950年增长194倍(图2.10)。

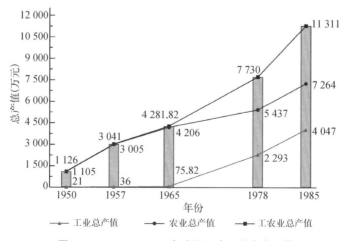

图2.10   1950～1985年大通工农业总产值一览

　　桥头镇是大通工业、交通和物质集散地。宁大铁路从西宁到桥头,货运延伸至各大厂矿,宁张公路穿镇而过,以桥头为中心通向各乡镇和西宁市、海北州,镇区集中了 "三线" 时期大通矿务局、桥头发电厂、青海重型机床厂、黎明化工厂、光明化工厂、青海水泥厂、青海第二水泥厂、青海铝厂等县属以上工业企业(图2.11)[56]。

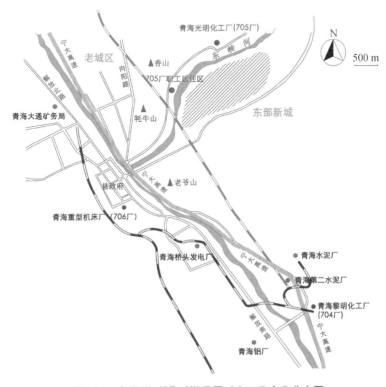

图2.11　大通 "三线" 时期县属以上工业企业分布图

2.3.3　大通 "三线" 时期县属以上工业企业概述

　　新中国成立后,中央和青海省人民政府先后在大通境内建起一批全民所有制的大中型厂矿企业。20世纪50年代新建了青海桥头发电厂和毛家寨水泥厂,60 ~ 70年代先后又建立了青海黎明化工厂、青海光明化工厂、青海重型机床厂、青海水泥厂,1985年建设国家重点工程青海铝厂,大通地区已成为青海煤炭、电力、化工、建材、机械制造和铝加工工业重要基地之一,这些驻县厂矿对发展大通经济起着重要作用。

1. 青海大通矿务局

　　青海大通矿务局位于大通县桥头镇,隶属于青海省重工业厅,是青海最大的国有煤炭开采企业。1949年在原 "公平煤窑" 的基础上成立大通煤矿,1959年改为大通矿务局,1985年全局辖小煤洞矿、元树尔立井矿,两矿共有12个采煤队,9个掘井队,两个通风队,4个机电队。矿区煤田总面积824万 m^2 ,累计探明煤炭地质储量1.69亿t,矿区占地面积142.8万 m^2 ,建筑总面积1.3万 m^2 ,拥有固定资产净值18 230万元。主要生产设备有1768台(套)。辖属:小煤洞矿、斜井矿、立井矿、机修厂、矿医院、汽车队、建筑公司、多种经营办公室、公安处等11个基层单位和11个处室。主要产品为"民光"牌香煤,因其具有低硫(0.30%)、低磷(0.05%)不黏结和充分燃烧等特点,故是理想的环保动力和民用燃料煤。

1997年后经企业深化内部三项制度改革,以质量求生存,以管理创新、科技创新为切入点,积极推行"三线分离",责任量化和竞争上岗、年度考核末位淘汰等一系列改革措施,严格落实经营承包责任制、目标成本责任制、采储联审制和价格公示制等一系列管理措施,发扬"艰苦创业、求实发展、与时俱进、不断创新"的企业精神,使一个历史包袱沉重,资金严重匮乏,濒临破产的老、大、难企业逐步走上良性循环的轨道。2000年,实现历史性扭亏为盈,产量6.04亿kg,完成工业产值6970万元,实现销售收入11 282万元,上缴税金146万元,实现利润7.8万元[57]。

2. 青海桥头发电厂

青海桥头发电厂位于宁张公路32.5 km处西侧,始建于1956年,于1957年建成发电,建厂初期为省工业厅领导,1964年改属为省电力工业局,是全省规模最大的火力发电厂。占地面积203万 m^2 ,建筑总面积26.38万 m^2 。其中,生产性建筑面积12.71万 m^2 。桥头发电厂历经4期火电工程建设,共安装发电机组8台,总装机容量18.6万kW。厂内设两个发电生产部,汽机、电机、锅炉、化学、检修、燃料、热工7个分厂,1个综合服务公司,16个科室和一所子弟学校。主要设备有锅炉8台、汽轮机8台、发电机8台、变压器9台、冷却塔4座、烟囱4根、管道系统等[47]。至1985年年底,共有职工1610人,固定资产原值13 621.2万元,年实际发电量81 136万kW·h,比1980年增长52.8%,产值5273.8万元[58]。随着电力工业产业结构调整,1993年,1～4期建设中安装的4台小机组共3.6万kW宣告退役。当时全省高耗能工业发展速度加快,缺电局面日益加剧,加之又预见到黄河上游水电开发,大型水电站投入运行后,全省水、火电比例会严重失调,进而会对电网的安全、经济、稳定运行产生不利因素,因此桥头发电厂进行扩能改造。截至2000年年底,全厂有机组8台,装机容量65万kW,累计发电306亿kW·h,固定资产净值156 809.49万元,完成工业产值8300万元,实现销售收入14 858万元。桥头发电厂多次荣获"全国电力环保先进单位""全国电力科技推广先进单位""全国电力企业双文明单位",获"全国五一劳动奖状""青海省安全生产先进单位"等集体荣誉[58]。

3. 青海重型机床厂

青海重型机床厂位于大通县桥头镇体育路1号,是国内机械行业重型机床生产的骨干企业之一,为国有大型二级企业,占地面积 39.73 万 m^2,建筑面积 20.41 万 m^2,其中生产性建筑面积 14 万 $m^{2[57]}$。青海重型机床厂于 1967 年筹建,原属第一机械工业部二局,1970 年归青海省领导,属省机械工业局,1980 年为部直属企业,1985 年再度归青海省机械工业厅领导。全厂共有加工、装配、试验、热力等 16 个车间,30 个科室。拥有各类设备 1173 台,备有各种完善的理化实验、计量和检测设备。该厂生产的主要产品有重型普通车床系列、轧辊车床系列,铁路专用机床系列,旋压机床、端面机床、大型摇臂钻床等,同时也为民用核军工生产多种专用设备和机械产品。1971～1985 年共生产 1510 台机床产品,除销往国内 28 个省、市、自治区外,还远销罗马尼亚、阿尔巴尼亚、尼日利亚、朝鲜等国家和地区。1981 年起,该厂参加了国家"六五"期间科技攻关项目——年产 1.5 万 t 涤纶短纤维成套设备研制工作,1985 年此项目通过国家鉴定。1985 年有固定职工 2991 人,固定资产原值 5581.1 万元,工业总产值 2515.3 万元,实现利税 132 万元[46]。

该厂于 1999 年通过 ISO9001 质量体系认证,2000 年年底拥有固定资产 19 762 万元。公司主要产品为铁路运输部门用于机车车辆车轴和车轮修理与加工的专用机床,适用于冶金企业轧辊及孔型加工与修理的轧辊机床,为冶金、重型电机、发电机制造、造船、造纸、水泥、化工等行业提供的重型卧式机床,运用于兵器制造、冶金、航空航天等行业的旋压机床及无心车床、旋风车床、导叶轴铣端面打中心孔机床、梅花头和扁头铣床、大型摇臂钻床等。部分产品填补了国内空白,年设计生产能力为 120 台重型机床。该厂先后荣获"全国绿化先进单位""花园式单位""国家安全级企业""一级计量企业"等荣誉称号。2000 年,完成工业总产值 6457.7 万元,实现销售收入 6225.28 万元,上缴税金 51.88 万元,实现利润 11.5 万元[59]。

4. 青海水泥厂

青海水泥厂位于青海省大通县元硕镇毛家寨村,是全省最大的水泥生产企业。该厂于 1970 年筹建,1977 年投产,原属建材工业部,后属青海省,现属青海省建材工业局。为解决水泥生产原料中的石灰石含杂质多,黏土中铁、铝含量不高和青海省铁粉来源紧缺等问题,自 1983 年起开始进行"玄武岩代黏土"的可行性实验,1984 年年底投入使用。全厂共有主要设备 34 种 208 台,1985 年固定资产原值 6459.8 万元,共生产普遍硅酸盐水泥 17.02 万 t,产值 1186 万元[60]。

2007 年青海水泥厂占地面积 15.65 万 m^2,建筑面积 10.24 万 m^2,其中生产性建筑面积为 5.66 万 m^2,固定资产原值 14 024 万元。1999 年以青海水泥厂为基础,改制组建公司,采用新方法窑外分解工艺生产水泥,年生产能力达 10 亿 kg。公司产品为"昆仑山"牌普通硅酸盐水泥、硅酸盐大坝水泥两个系列、8 个品种,广泛应用于青藏铁路建设、青藏公路改建、公伯峡水电站、尼那水电站、西平高速公路等重点工程中。在1998年扩建改造中，引进国外先进技术和装备，缓解了全省经济建设对特种水泥、优质高标号水泥的供需矛盾，在调整和改善全省水泥产业结构中起到龙头作用。公司连续三次荣获中国水泥认证委员会颁发的"方圆"标志证书。2000年，通过ISO9002质量保证体系认证，生产水泥1.81亿kg，完成工业产值2621.6万元，实现销售收入11 940万元，创利润1679万元，上缴税金1332万元[44]。

5. 青海铝厂

青海铝厂位于宁张公路28 km西侧，属国家大型企业，全国最大电解铝厂之一。1983年冶金工业部决定筹建青海铝厂，于1985年动工建设，1987年建成投产，由原中国有色金属工业总公司领导，占地面积198.2万㎡，建筑总面积67.8万㎡。其中，生产性建筑面积37.1万㎡。青海铝厂设计能力为年产铝锭20万t，分两期建设，每期年产1亿kg，建设总投资23亿元，是国家"七五""八五"期间重点建设项目之一。工程各类设备约7000台，生产系统设电解、碳素、动力、筑炉、机修5部，各部下设车间[60]。

一期工程于1987年开工建设，1994年建成投产。主要的生产设备160KA大型预焙阳极电解槽达到国际90年代先进水平，在国内居领先地位。1996年，公司通过了ISO10012计量体系认证，1998年通过了ISO9002质量体系认证。关键设备如整流变压器、焙烧烟气净化系统、碳素成型振动机、阳极组装系统等分别从德国、日本、法国、瑞士等国家引进。公司主要产品有重熔用电解铝锭、预焙阳极炭块、电工用圆铝杆、6063合金、纯铝扁锭及各种规格的铝型材料等。其中，主导产品"海湖"牌铝锭于1995年在伦敦LME验证注册，注册商标为GHAS，产品畅销全国各地，远销韩国、日本、东南亚各国及欧洲。2000年，铝锭产量2.06亿kg，阳极炭块产量为1.28亿kg，工业产值（当年现价）28.27亿元，实现销售收入27.65亿元，创利税1.64亿元。公司多次荣获"全省十佳企业""全国五一劳动奖状""全国设备管理优秀单位""全国质量效益型先进企业"等荣誉称号[48]。

6. 青海第二水泥厂

青海第二水泥厂原称毛家寨水泥厂，位于大通县元朔镇毛家寨村，属青海省建材工业局领导。于1958年始建，1959年正式投产，最初属省建工局领导，现属于建材局管。全厂设有原料、烧成、制成、包装四大主要生产车间，辅助生产单位及科室19个。1985年原有的普通立窑改为塔式立窑，平均时产量由1.59 t提高到3.46 t，产量翻了一番，达到国家标准。1985年固定资产原值104.19万元，生产硅酸盐水泥7.35万t，立窑熟料6.89万t。产值418.7万元，利润46.2万元[58]。厂区占地面积16.77万㎡，建筑面积7.12万㎡，拥有固定资产原值2790.9万元，

2000年固定资产净值2152万元,通过ISO9001质量体系认证,生产水泥1.66亿kg,完成工业产值2407万元,实现销售收入3200万元,创利税160万元。产品有普通硅酸盐水泥、新型土壤固化剂、道路水泥、抗盐卤水泥等特种水泥,已形成年生产4亿kg水泥的规模。2000年,产品商标 "牦牛" 牌水泥荣获青海省 "著名商标" 称号[59]。

　　"三线" 建设的决策和实施,对于工业薄弱的青海是一次发展工业基础、完善工业体系、开发矿产资源、培育技术力量的大好机遇。凭借 "三线" 时期的工业大发展,依托驻县中央及省属工业企业的支撑,为大通县日后成为青海工业强县奠定了基础。由于受当时国内外形势的影响,"三线" 建设留下了深深的时代烙印。以备战为目的,大力发展重工业,工业企业大都是高投入、低产出,再加上青海地方政府自主权受限,许多大型工业企业对青海的经济贡献不高,致使青海工业在 "三线" 过后问题重重,亟待改革和调整。上述这些大型企业,有的扩建后仍在生产,有的则已废弃多年。如今大通县在工业化持续发展的道路上新建和开发了不少新的工业企业和门类,而在产业结构调整和城镇化建设中如何看待 "三线" 建设历史、如何将 "三线" 时期留下的这些珍贵的工业遗产保留和融合而不是粗暴拆除是摆在当地政府面前一个富有挑战和社会使命的课题。

注释:

[1]　张忠孝.青海地理(第2版).北京:科学出版社,2009:167.

[2]　陈云峰.当代青海简史.北京:当代中国出版社,1996:213.

[3]　青海省第四地质队.青海省地貌图.北京:测绘出版社,1988:65.

[4]　青海省情编委会.青海省情.西宁:青海人民出版社,1986.

[5]　翟松天,崔永红.青海经济史(当代卷).西宁:青海人民出版社,2004:158.

[6]　李勇.青海省志·计划志.西宁:青海人民出版社,2001:174.

[7]　翟松天,崔永红.青海经济史(当代卷).西宁:青海人民出版社,2004:162.

[8]　陈云峰.当代青海简史.北京:当代中国出版社,1996:214-215.

[9]　同上,第216页.

[10]　同上,第217页.

[11]　青海省地方志编纂委员会.青海省志·冶金工业志.西安:西安出版社,2000:22.

[12]　中共青海省委宣传部.青海三十五年1949~1984.西宁:青海人民出版社,1985:57.

[13]　青海省地方志编纂委员会.青海省志·化学工业志.西宁:青海人民出版社,2000:86.

[14]　同上,第111页.

[15]　翟松天,崔永红.青海经济史(当代卷).西宁:青海人民出版社,2004:198.

[16]　李勇.青海省志·计划志.西宁:青海人民出版社,2001:177.

[17]　翟松天,崔永红.青海经济史(当代卷).西宁:青海人民出版社,2004:212.

[18]　同上,第204页.

［19］陈云峰.当代青海简史.北京：当代中国出版社,1996：236.

［20］翟松天,崔永红.青海经济史（当代卷）.西宁：青海人民出版社,2004：189.

［21］中共青海省委宣传部.青海三十五年1949～1984.西宁：青海人民出版社,1985：64.

［22］张忠孝.青海地理（第2版）.北京：科学出版社,2009：168.

［23］翟松天,崔永红.青海经济史（当代卷）.西宁：青海人民出版社,2004：163.

［24］陈云峰.当代青海简史.北京：当代中国出版社,1996：218.

［25］青海百科全书编撰委员会.青海百科全书.北京：中国大百科出版社,1998：194.

［26］陈云峰.当代青海简史.北京：当代中国出版社,1996：216.

［27］同上,第239页.

［28］同上,第240页.

［29］青海省地方志编纂委员会.青海省志·统计志.西宁：青海人民出版社,2001：178.

［30］翟松天,崔永红.青海经济史（当代卷）.西宁：青海人民出版社,2004：164.

［31］同上,第165页.

［32］青海省地方志编纂委员会.青海省志（26）·化学工业志.西宁：青海人民出版社,2000：3.

［33］同上,第4页.

［34］同上,第5页.

［35］同上,第6页.

［36］青海省地方志编纂委员会.青海省志（26）·化学工业志.西宁：青海人民出版社,2000：8.

［37］同上,第9页.

［38］同上,第125～126页.

［39］同上,第192页.

［40］同上,第11页.

［41］同上,第12页.

［42］同上,第169页.

［43］王娟.青海省"三线建设"述评.兰州：西北师范大学硕士学位论文,2013：34.

［44］青海年鉴编辑部.青海年鉴2007.西宁：青海省地方志编纂委员会,2007：168.

［45］1984年9月青海光明化工厂委托有关单位与日本滋工业株式会社签订120瓶／分啤酒灌装线合同,1985年5月底安装完毕,成交金额为78万美元。1985年委托中国青海进口公司与日本东山林硝子公司签订年产1500 t玻璃瓶厂设备合同,成交金额260万美元,1986年5月试生产,1985年委托中国技术进出口公司与日本新潟铁工所株式会社签订塑料注射成型机合同,成交金额30万美元,1987年10月安装完毕。1985年委托北京广大实业公司与日本中岛精株式会社等签订塑料彩印软包装生产线合同,成交金额150万美元。

［46］大通县志编纂委员会.大通县志.西安：陕西人民出版社,1993：230.

［47］青海省地方志编纂委员会.青海省志（26）·化学工业志.西宁：青海人民出版社,2000：128.

［48］青海年鉴编辑部.青海年鉴2007.西宁：青海省地方志编纂委员会,2007：167.

［49］同上,第127页.

［50］同上,第129页.

［51］同上,第130页.

［52］同上,第143页.

［53］大通县志编纂委员会.大通县志.西安：陕西人民出版社,1993：1.

［54］同上,第76页.

［55］同上,第 209 页.

［56］同上,第 57 页.

［57］青海年鉴编辑部.青海年鉴2007.青海省地方志编纂委员会,2007:169.

［58］大通县志编纂委员会.大通县志.西安:陕西人民出版社,1993:229.

［59］青海地方志编纂委员会.青海年鉴2007.西宁:青海年鉴社,2007:170.

［60］大通县志编纂委员会.大通县志.西安:陕西人民出版社,1993:231.

下篇

青海模式:
新"三线"建设

第 3 章

国防军工遗产
——青海 705 厂的保护与再生

20世纪60年代,我国为了应对复杂的国际政治局势和发生大规模军事冲突的可能性,在我国广大的西部地区建设了工业基地。青海的军事工业、核工业以52、56、221、701、704、705、706、805、806、535等工厂为代表,这些企业为中国第一颗原子弹、第一颗氢弹的实验成功做出了巨大的贡献。这些"三线"军工企业许多位于离西宁30多千米外的大通县内。90年代,大部分工厂破产改制,旧厂房一直处于闲置状态。2011年,作为青海工业强县的大通县启动了东部新城建设,主要以科技、文化、体育、教育、旅游、休闲等现代服务业为发展方向,着力打造宜居、宜游、宜商、可持续发展的现代化新城,实现省委、省政府关于"大通要在全省东部城市群建设中发挥领跑作用"的总体要求。由于这些军工企业属于保密工业,加上区位隐蔽、停产废弃多年,许多人并不了解其真实情况。当年生产重水的青海光明化工厂(705厂)位于大通县老爷山下(图3.1),这个建于"三线"时期的国防军工企业时隔50年后终于被解开了神秘的面纱,向我们展示出了它从辉煌、破产、转制到废弃的艰难命运。作为"三线"时期的保密军工单位,705厂在70年代为国家核工业的发展做出了巨大贡献,而随着国家战略的调整和国防工业技术的发展,这个隐藏在深山沟壑中的昔日军工厂完成了其伟大的历史使命后而逐渐被人遗忘。

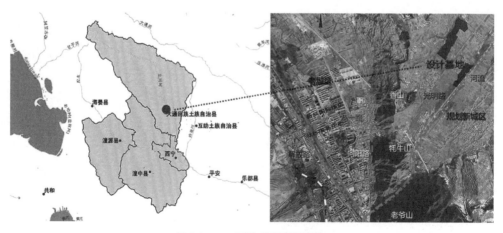

图3.1　705厂及其附属厂区位

3.1　2014青海大通工业遗产再生设计营的缘起和背景介绍

　　大通县地处青海东部,祁连山脉南麓,湟水河上游北川河流域,是青藏高原和黄土高原的过渡地带,作为工业大县、工业强县、生态强县在青海东部城市群中具有重要的地位。大通县除了山川峻拔、物产丰美之外,还有两个特色在中国十分突出:历史悠久,是西宁通向河西走廊的重要通道,是汉族、回族、土族、藏族、蒙古族等24个民族的聚居地,尤以回族、土族为代表,由此诞生了鲜明的少数民族技艺文化;另外大通县矿产资源丰富,煤炭、黏土、石英石种类多、储量大,区位开发条件优越,是新中国成立后独立自主形成工业基础和工业体系的西部代表。

　　当年一代青年知识分子和技术工人从内地西迁,来到贫瘠的大通县以支援"三线"建设,他们是中国现代工业和现代工业建筑历史的创造者之一。随着20世纪80年代末"三线"建设结束,大量工业建筑遭到废弃和空置,承载了整整一代人的梦想、奋斗和记忆的历史也随之淡出人们的视线。如今大通县东部新城的开发建设将这段尘封已久的重要历史重新翻开,也使得占据东部新城西南角的705厂这个旧军工企业又一次站在历史选择的十字路口——如图3.2和图3.3所示的建筑是拆除给新城建设让路还是加以保留再利用,它的命运牵动了许多人的心,也引发了越来越多人的关注和思考。

图3.2　被一片美丽的油菜花田包围的705厂远景

图3.3　705厂所处的大通县东部新城范围内

　　最先关注并为之奔走呼吁的人是一头扎进青海20多年且不离不弃的热心人杨来申主任,他自20世纪90年代初来到西宁承接环境设计项目后就对这片土地有了一种不可言说的奇妙感情,他将家扎根在西宁,成为一个名副其实的新青海人,由他2004年设计建造的青海藏文化博物院(又名中国藏医药博物馆)已成为青海旅游一张响亮的文化名片。就这样一个青海移民,一个没有参与"三线"建设却自愿留在青海,造福青海的人,2012年偶然在西宁市经济洽谈会上看到大通县东部新城规划方案图,印象深刻,几天后途径大通县并发现在新城规划范围内仍矗立着几处老旧厂房,散发着强烈的历史沧桑感,经询问是为"两弹一星"做过重大贡献的705重水生产厂,而这样重要的国防建设基地在新城规划方案里却成了住宅用地。试问城市建设是否可以与旧工业遗产保留相结合呢?"三线"遗产是否有历史价值?杨来申主任觉得此事重大,有责任去保住这个工厂,以及它承载的那段鲜为人知的"三线"记忆。所幸此想法得到了时任大通县县长韩生才的理解和支持,在韩生才的建议下,杨来申依据长年在青海生活的宝贵经验及对"三线"工业的了解,很快向政府有关部门提交了一份关于将705厂改造为青海工业博览园的规划设想申报书。在他看来,大通县作为青海省的重点工业县有着丰富的工业文化历史积淀,新城规划建设要充分利用这一绝对优势,再结合其他诸多优势(公路铁路交通便利、旅游资源景观丰富、民族文化独特多样等),在原705厂工业遗址上打造一个以青海工业博物馆为文化核心的青海省工业文化博览园(或创意产业园)、以汽摩文化为主题的国内一流的汽摩运动基地、汽车自驾营地、房车营地,以及以民族文化为背景的特色旅游接待营地,做到工厂保护和旅游开发相结合。这份申报书打响了705厂保卫战的第一枪,也迈开了青海工业遗产保护和再生之旅的第一步。

　　在杨来申的引荐下,2013年大通县政府邀请时任亚洲建筑学会会长的日本乔治国广教授和同济大学的左琰教授一行来到大通县,在对705厂进行了实地调研后为县各级领导干部举行了一场别开生面的工业遗产保护利用的学术讲座(图

3.4，图 3.5）。300 多人的会场座无虚席，其中包括特意从西宁赶过来的大学生。这次讲座通过对国内外工业遗产保护理念和我国"三线"遗产的价值分析给当地政府官员上了一课，讲座无论是内容安排和听众规模在大通县甚至青海省实属首次。论坛结束后大家对工业遗产的价值和保护有了初步的认识，了解到这破旧工厂背后的社会意义和再利用的多种可行性，为接下来活动的顺利开展奠定了良好的基础（图 3.6～图 3.8）。

图 3.4　日本乔治国广教授，蒲仪军博士（左）翻译

图 3.5　同济大学左琰教授在讲座中

图 3.6　2013 年大通县东部新城规划介绍

图 3.7　2013 年演讲嘉宾与县政府座谈汇报

图 3.8　2013 年大通县工业遗产保护学术讲座后演讲嘉宾与县政府、当地业界人士合影

　　有了前面两步工作的铺垫,要达到进一步扩大社会影响力,为当地政府和职能部门献计献策的目的,最有效的方式是组织一次"产学研"一体化的工业遗产再生设计营以发挥高校特有的教学和科研优势,这也是保卫705厂富有意义的一次重大战役。

　　在左琰教授和杨来申主任的共同策划和组织下,同济大学与大通县政府联合举办了2014青海大通工业遗产再生设计营,深入聚焦705厂的历史和现状,挖掘和重现它的特殊历史意义和遗产价值。在短短的8天时间里,从规划、建筑和景观等多重视角,积极探索了具有当地经济特色、人文景观并结合生态旅游资源的工业遗产再生策略,并将其融入到东部新城的开发规划建设中,为政府下一阶段的决策提供了有益的思路和依据。设计营为期一周,邀请到清华大学、同济大学、天津大学、东南大学、哈尔滨工业大学等全国著名高校的建筑遗产保护学者和专家及其研究生共20多人,通过短短几天的实地调研、文献研究及师生们的脑力激荡,共同探讨在当地城镇发展规划中保护和盘活这些"三线"军工遗产的对策和方法,寻求其未来的再生出路。

　　此次设计营活动得到了大通县政府的大力支持,县委宣传部、县政府办公室、大通县东部新城建设指挥部办公室、大通县旅游局等部门都给予了协助,西部高校兰州商学院、青海建筑职业技术学院、青海大学等师生也不同程度地参与并给予支持,此外青海省土木建筑学会、青海省勘察设计协会、青海省房地产业协会、《时代建筑》杂志社、联合国教科文组织亚太地区世界遗产培训与研究中心、西宁光影野外科考服务公司,以及当地多家媒体都给予了设计营大力协助和支持(图3.9)。

图3.9　2014青海大通工业遗产再生设计营海报

3.2　2014青海大通工业遗产再生设计营的概况和特色

3.2.1　工作和日程安排

　　2014青海大通工业遗产再生设计营时间为2014年6月29日至7月6日（表3.1），师生分为5个设计组和一个记录组，为了便于高校间的教学和学术交流，学生和老师交叉成组。整个设计营的筹备工作早在开营前2个月就开始了，关于高校人员和工作安排等事由同济大学左琰教授负责，而青海方面接洽政府及资金、场地等落实则由杨来申主任负责。指导老师一职因老师暑假都有安排而存在较大的不确性，一些教授因档期原因而遗憾未能参营，部分老师经协商可参与半程设计营，而能坚持设计营全过程的为数不多。即便这样，本次设计营的指导老师阵容还是相当强大，集结了规划、建筑、遗产保护等不同专业领域优秀人才，参与的学校中有5个来自于建筑"老八校"：清华大学、天津大学、东南大学、同济大学和哈尔滨工业大学，另外西北地区的3所学校——兰州商学院和青海当地两个学校也派学生参加了设计营。经过一周的紧张工作和合作，2014年7月6日下午全体师生，以及政府和当地专家等济济一堂，在大通县桥头镇八一社区服务中心二楼会堂里举行了精彩的设计营成果汇报会，为当地政府和专家领导献上了一份满意的答卷。

表3.1　青海大通工业遗产再生设计营日程安排

活动时间		工作内容	工作形式	备注
2014年6月28日（周六）	全天	师生报到	—	大通县新兴国际饭店
2014年6月29日（周日）	上午	09：00～10：00开营仪式 1. 领导或嘉宾发言 2. 2014青海大通工业遗产再生设计营总体介绍（左琰、杨来申） 10：00～10：20全体合影 10：20～11：00大通县及基地介绍（大通县人民政府人员） 11：00～11：30师生分组	全体	大通县桥头镇八一社区服务中心
	下午	基地调研	小组	大通县东部新城工业遗存
2014年6月30日（周一）	全天	同上	小组	同上
2014年7月1日（周二）	全天	同上	小组	同上

（续表）

活动时间		工作内容	工作形式	备注
2014年7月2日（周三）	上午	调研资料整理		青海大学科技馆报告厅
	下午	13：00～17：50学术论坛《中国工业遗产保护与再生》（详见5.1）	全体	（邀请政府、专家、设计师、高校师生等参与）论坛结束后学生返回驻地用餐，嘉宾西宁用餐
2014年7月3日（周四）	全天	概念设计	小组	大通县桥头镇八一社区服务中心
2014年7月4日（周五）	全天	概念设计	小组	同上
2014年7月5日（周六）	全天	概念设计	小组	同上
2014年7月6日（周日）	上午	方案整理	全体	同上
	下午	13：30～16：00设计成果汇报16：00～16：15中场休息16：15～17：30成果总结与交流	全体	每组15 min汇报+10 min点评，邀请政府人员、专家、企业家、设计师、高校师生等参与
	晚上	闭营晚宴	全体	政府领导、师生、专家、评委、媒体等
2014年7月7日（周一）	全天	参观体验金银滩原子城、青海湖等红色景点及自然风光	全体	—
2014年7月8日（周二）	全天	参观体验塔尔寺、青海省藏文化博物馆等景点	全体	—

3.2.2　设计营指导老师和点评嘉宾阵容

表3.2　设计营指导老师和嘉宾一览

高校指导老师和嘉宾

刘伯英清华大学副教授	许懋彦清华大学教授	徐苏斌天津大学教授	董卫东南大学教授	周立军哈尔滨工业大学教授

（续表）

高校指导老师和嘉宾				
张松 同济大学教授	左琰 同济大学教授、设计营负责人	朱晓明 同济大学教授	陆地 同济大学副教授	苏谦 CIID甘肃专委会主任、兰州商学院副教授
蒲仪军 上海济光职业技术学院副教授、博士	王刚 青海建筑职业技术学院教师	支文军 《时代建筑》杂志主编、同济大学教授	李昕 联合国教科文组织亚太地区世界遗产培训与研究中心副秘书长	—

青海嘉宾和领导				
李群 青海省人民政府政府参事、青海省住房和城乡建设厅原副厅长、巡视员	熊士泊 青海省住房和城乡建设厅总工	王涛 青海省勘察设计协会理事长	孔佑鹏 青海省大通县人民政府副县长	杨来申 CIID青海专委会主任、设计营负责人

3.2.3　设计营目标和分组

1. 设计营拟定的工作目标

1）基础资料调研

（1）厘清705厂的选址、生产空间结构发展、生产运输生活配套等流线关系；

（2）梳理705厂建筑群与建筑单体现状；

（3）现场测绘和图档查寻。

2）设计定位目标分析

（4）通过调研分析，形成"三线"特殊时期工业遗存的价值评判框架；

（5）立足对原厂址及现存工业厂房建筑的优劣势分析，统筹考虑该地段与老城区、新城区的关系，重新给予该工业遗址城市定位、功能定位，形成再利用目标。

3）概念设计

（6）划定遗产保护区域、核心区域，开展保护区环境与工业遗存再生概念设计；

（7）进行重要遗存再利用概念设计。

2. 设计营分组情况

表3.3　设计营分组一览

分组	研究与设计侧重点	指导教师	学生
第1组	目标（1）、（2）、（3）、（4）	徐苏斌（天大） 王刚（青建院）	张家浩（天大） 刘春瑶（同济） 胡鸿源（同济） 姜珍珍（兰商）
第2组	目标（3）、（5）、（6）	许懋彦（清华） 刘伯英（清华）	董笑笑（清华） 张萌（同济） 马建辉（东南） 万玛仁青（青建院）
第3组	目标（3）、（5）、（6）	张松（同济）	黄瓒（同济） 张之洋（清华） 张雨奇（天大） 王浩（青建院）
第4组	目标（3）、（5）、（6）	董卫（东南） 陆地（同济）	田国华（同济） 李欣（天大） 田启晶（青建院） 任佳前（东南）
第5组	目标（3）、（5）、（7）	周立军（哈工大） 朱晓明（同济）	叶长义（同济） 蔡少敏（同济） 刘晓丹（哈工大） 李青青（青建院）
第6组	采访、记录	左琰（同济） 苏谦（兰商） 蒲仪军（济光）	蔡长泽（清华） 姜新璐（同济） 苏子聪（兰商）
第7组	后勤、统筹	杨来申（CIID青海专委）	刘芸（CIID青海专委） 若干志愿者

3.2.4　2014青海大通工业遗产再生设计营特色分析

本次设计营有别于以教学为主的其他设计营,它经过精心策划和准备,是一个多面向的载体,具有多重目的和意义。这是一种新的尝试和探索,基于政府部门的支持和配合,通过教学、论坛及座谈等多种形式将学者多年的研究成果转化为推动遗产保护的可实施策略。为了扩大社会影响力,本次设计营先后构建起三条不同形态的战线来推动预设目标,称之为新"三线"建设。

1. 第一战线

这是设计营的本体,也是三条战线中的主线。此次设计营是一次"产学研"高度结合的实战演练。结合705厂的现状,将课堂移至基地现场,在多次测绘调研和亲身体验的基础上收集和整理出第一手宝贵资料,配合历史档案的查询和剖析,针对实际问题做出判断和建议。此外,设计营的指导老师均为遗产保护领域的资深专家和教授,学术和教学经验丰富,对705厂的基地情况,以及东部新城未来发展有着独到深刻的理解,加上各校师生交叉分组以鼓励校际间的交流与合作,确保了最后汇报方案的质量和可实施性。这种整合多方资源的设计营活动是面向社会的实验性教学的一种有效途径。

2. 第二战线

这是凝聚学者和专家集体智慧、力量的呈现。在设计营期间,在青海大学举办了一场高水平的工业遗产保护和再生学术论坛,并与省县有关领导举办了一次富有成效的圆桌会议。通过学术论坛和座谈会等不同形式的交流充分发挥学者和专家的科研水平和社会价值,为青海当地学校和政府职能部门讲解国内外工业遗产保护的最新动态和政策,了解青海工业遗产保护的具体情况,并在此基础上提出下一阶段的工作目标和设想。第二战线突出团队的专业力量,增强东西部地区间的学术互动,建立起学界和政府之间的沟通桥梁,了解诉求,达成共识,共商未来。

3. 第三战线

这是学者与705厂当事人的互动和访谈。在设计营期间走访了705厂附近的职工家属区,踏勘和了解了当年家属楼的建筑风貌,以及至今仍然留在大通县的退休老职工及其后代的生活状况,并在之后的两年内陆续查找和访谈曾经为705厂效力的厂领导、技术骨干、职工及他们的后代,将这段珍贵的历史记忆通过回忆和访谈的形式加以记录和整理,丰富705厂的口述史研究。"三线"遗产最宝贵的当属这些正在消失的"三线人",他们的奋斗史体现出当年无私奉献的"三线"精神,而这种精神作为一种国家和民族精神应该得以继承和发扬,对他们的访谈是对这种特殊遗产的抢救式保存。

3.3　重水研发与青海705建厂历史

3.3.1　重水研发与国家核武器战略

20世纪60年代初,我国发展核工业急需制造氢弹热核材料的原料重水,氢弹和重水研究开始由一机部管理,后由中国科学研究院和化工部共同负责(图3.10),1956年6月,化学工业部成立之初重水研制已提到日程。重水天然水中丰度只有1/7000,所以制取重水要涉及难度很大的同位素分离技术。1961年9月国家科学技术委员会和化工部联合在上海召开自主研发重水的会议,提出了4种技术路线,分别是电解法、双温交换法、液氢精馏法和液氨精馏法。同位素化学的奠基人、清华大学教授张青莲在1961年会议上做了"重水的物理化学性质"报告[1],中国科学院、冶金、机械和建筑部门、许多高等院校为重水的实验和生产进行了大规模的生产协作[2]。

此时美国公布了制造重水的一些相关专利,为争取时间、缩短研制周期,国家进行了相关设备的采购,成为筹备"三线"建设、追赶世界先进技术的战略任务。引进新技术有3种方式——进口成套设备、进口单项设备、购买技术资料。石油部进口炼油设备和化工部进口重水设备曾被视为成功经验并加以推广[3]。在获得专业设备的同时,相关单位根据1962年美国公布的重水生产DP400手册进行了稳定同位素的公式推导,为我国独立自主进行重水生产铺平了理论道路。

图3.10　1964年中国科学院集刊书影

3.3.2　硫化氢－水双温交换法的重水制造工艺

上海化工研究院1958年承接的第一个科研项目是"电解交换法浓缩重水",1959～1960年建立重水生产中试车间,1964年5月获得合格产品,同年获得国家鉴定[4]。然而因电解交换法的耗能量大、成本高昂,故其不宜用以建设规模较大的生产性工厂。

硫化氢－水双温交换法用电量仅为电解法的1%,投资少、成本低,但工作环境要求更加特殊,由于该法的介质有剧毒且有腐蚀性,工艺及设备材料亟待进一步解决。位于东北重工业基地的吉林化学工业公司（以下简称吉化）是 156 重点工程项目[5]，1963 年吉化已经有了试剂厂（负责重水中间实验的生产）、设计院、机械厂、仪表厂、研究院、化工院、建筑工程公司、建筑材料厂等完备组织建构。1965 年 11 月根据中间试验的成果，吉化建成第一套重水生产装置即"201"产品工业化生产线。吉化下属的吉林化工设计研究院负责重水小试验，车间又名 269 车间，配有专属设备检修队。中型实验代号 717，是放大的 269 实验，水的运输方式有改进，变单塔为双塔级联。青海 705 厂是 717 实验的放大版，采用了更为先进的气液输送设备，包括瑞士进口的密封压缩机和英国及日本的立式、卧式屏蔽泵。通过自力更生和自主研发，阀门改为电动和气动，改进和添加了信号连锁控制系统，为保证安全生产，都是采用双回路用电，自动切换，逐步摸索出了集中控制体系。根据 705 厂技术专家洪小灵的回忆，这套生产装置的基建投资仅为相同规模的水电解交换法的 1/8。经过几年摸索，产品成本仅为电解法的 1/6，工艺技术达到了当时的国际先进水平。

3.3.3　建筑勘察与设计

1. 工艺

化工部 1962 年 6 月 23 日在下达给吉林化学工业公司、北京化工设计院的批文中阐述了设计阶段、分工及进度。设计分两个阶段进行，由北京化工设计院负责，车间外部设计工程则由吉林化工公司设计院承担。扩大初步设计要求于 1962 年 7 月完成，设计施工根据小型试验正式报告进行校核后于一个季度内完成[6]。1965 年，吉化双温交换法重水中试生产线完成，1965 年 11 月化工部第六设计院成立，负责开展大厂设计，工作分为选址、三段设计（初步设计、技术设计、施工图）、施工和安装试车。设计中，计算确定交换塔和精馏塔；调查运输途中对高大重型设备的限制，明确单套装置的生产能力和单个设备的最大尺寸与重量。上述工艺与设备的要求涉及严格的工艺流程，是后续厂区建设的基石。在"光明厂"的设计中，计算机辅助设计及开发各种软件初步得到应用，提升了整体的化工设计院研发水平，时年 32 岁的化工专家孙铭曾担任化工部第六设计院总工程师，主持完成了"光明厂"重水生产技术开发及其工程设计工作[7]。建厂时涉及的工艺非常广泛，国家对重大装备制造业坚持大量投入，随着光明化工厂从图纸跃然成现实，带动了仪表、液压、机械、运输、化工等诸多领域的青年专家迅速成长。

2. 勘察

1964 年 12 月，化工部成立了基本建设总局，归口领导勘察、设计工作，并组建西北化工设计院勘察队（简称兰州勘察队），后来隶属化工部第五设计院。工程建设项目多位于山前冲洪积扇、山前倾斜平原或山间盆地,场地工程地质条件相当复杂。物探专业为配合水文地质和工程地质勘察,采用电剖面法等物探手段探测地层、寻找断裂带等,探明了光明化工厂的滑坡问题,解决了"山散洞"的地质难题。兰州化学工业公司于1965年5月完成光明化工厂1:500地质勘查报告,为建设单位提供了准确可靠的地质资料[8]。光明化工厂的选址考虑了如下因素:① 排除地质滑坡;② 毗邻海晏221原子核试验场,当时重水已经具备了铁路专列运输的条件;③ 基地靠近重水生产必备的优质水源湟水河,老爷山山形隐蔽、牦牛山可打洞储藏重水,符合"山散洞"的"三线"建设布局原则;④ 大通煤矿及大通电厂已可提供动力与能源。

3. 筹建

化工部于1965年4月3日正式下文,在青海省西宁市成立化工部第六化工建设公司(以下简称六化建),承担了705厂、黎明化工厂(704厂)、黎明化工研究所"两厂一所"的施工任务,705厂建设总指挥、六化建经理为深受群众拥戴的老革命家刘刚。1965年5月六化建成立筹建处,当时仅有52名职工,后经严格审查,抽调精兵强将迁来青海。职工来源基本是3个方向:① 军人转业,有沈阳军区和广州军区两大军区转来的;② 技术工人,来自国内七大化工厂——吉化、锦化、辽化、天化、兰化、北京和沈阳化工厂;③ 学生分配、招收学徒。化工部光明化工厂于1970年7月更名为青海光明化工厂,代号705厂,工程统称为740工程,由化工部和青海省工业厅双重领导。

工厂占地面积39万 m^2,总投资7000万元,设计定员750人。生产所用的压缩机等机械除我国自主生产外,还有来自瑞士、英国、日本等国。705厂车间主要分为1车间代号651(H_2S 制备与液化)、2车间代号652(塔泵系统, $H_2S–H_2O$ 双温交换)、3车间代号653(吹除、清洗、水精馏)、四车间代号654(减容电解、经化验成品装缸及其他大量辅助工厂场所)。1968年8月705厂工艺2车间第一套设备建成,同年10月开始气密试验和 $N_2–H_2O$ 联动试车,1969年年底第二套竣工。合计有两套生产设备,每套年产7 t 99.8% 重水。

3.3.4   建筑设计质量

1962年3月国务院颁发的《关于基本建设设计文件编制和审批办法的几项规定》(草案)、1963年国家计划委员会发布的《关于编制和审批设计任务书和设计文件的通知》对加强设计文件的编制和审批起了重要作用。设计必须严格执行基建程序,没有批准的计划任务书、资源报告、厂址选择报告,不能提供初步设计文件,更不能进行设计审批。没有批准的初步设计,不能提供设备订货清单和施工图纸。这一中央规定在 705 厂得到了很强的落实,参考苏联模式及综合我国在设计中的经验积累,在具备设计任务书的前提下,强调分成初步设计和施工图设计两个阶段。要求在初步设计之前,必须有主管机关批准的设计任务书和必需的设计基本资料,并正式确定厂址。初步设计要求确定方案,为设备订货、确定投资、进行施工图提供可靠依据。设计施工图必须保证施工单位照图施工[9]。

1965 年开始设计的 740 工程(即 705 厂)由化工部第一设计院、化工部第六设计院共同承担,其中化工部第六设计院承担了核心工艺的建筑和设计部分,设计时间为 1965 ～ 1967 年,持续 3 年(图 3.11)。基于半个世纪前的图纸,以 "653/151 氢气及氧气储藏室、653 分析室" 的图纸(图 3.12)为例做简要解读。

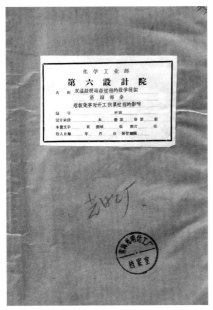 

图 3.11　705 厂原始建筑图纸档案袋　　图 3.12　1966 年 705 厂图纸中的工程说明

1. 中国标准与苏联标准的过渡

设计说明显示 "本图上钢筋采用 CT3,不得采用冷加工钢筋,一般钢材型号为 A3F"。CT0–3 是苏联标注方法,"三线" 建设中沿用了该种表达。即 CT3 为光面 3 号钢,号码越小等级越低,0 号钢筋即为等外钢,无法做受力构件,只可以做楼梯栏杆等。冷加工钢筋不利于承接动荷载,通常用于静荷载。"说明" 来自 653/151 氢气及氧气储藏室,工艺要求决定了位于地下室的作业面会受到锤击等动荷载的持续影响,故不得采用冷加工钢筋。而 "钢材采用 A3F" 源于用于主要承重结构之钢材必须保证碳硫磷含量及机械强度(极限强度、屈服度、延伸率、冷弯 180°),"满足 YB151–63(冶金部部颁标准)的要求",上述 "说明" 提示冶金部主导的工业设计规范起到作用。生产线上A3是等级判定,最好是A,依次A1、A2、A3类推。A3F为老牌号普通碳素结构钢(F是沸腾钢),今天钢材的合格标准要严于半个世纪前的标准,相当于A3F的钢材用来制造不太重要的机械零件和焊接件。各类标准与术语的混合体现了建筑图纸的历史阶段性,处于建构中国标准与沿用苏联标准的过渡期,同时也表明主要结构材料的等级或耐久性。

2. 经济与安全的双重原则

"混凝土标高−2.2～−0.7用100号,自−0.7以上为150号,地坑均用150号"。110号、150号等同于今天的C15/C10混凝土抗压强度,混凝土抗压强度与混凝土所用水泥的强度成正比。青海冬季寒冷,地坑具有抗冻性,防潮标准就要相应提高,不同标高混凝土标号不同,充分体现了节约、安全的双原则。C15/C10标准不算高,目前普通建筑通常采用C20。水泥标号影响着混凝土的强度,水泥的标号高说明黏土石灰熟料磨成的粉细腻,水泥的标号低则加工比较粗,石膏的成分多一些。我国在长期的节约"三材"背景下,水泥属于统管建材,"一五"时期就开始强调开发高标号特殊水泥,但通常采取有效的加工研磨水泥细粉,来提高混凝土强度。此外,混凝土的液化、坍落度是级差型出现的,变化发生得比较突然,施工不规范会严重影响混凝土强度,要求关注级配变化、含水量,容易被忽视的还有水泥温度等。施工过程高标准,搅拌质量高,费工费力,但可以弥补建筑设计用料节省带来的不足。防潮处理是另一关键,"砖采用75号机制红砖,50号混合砂浆砌筑清水墙,用1∶2水泥砂浆勾缝;防潮层以下砖砌体采用100号机制红砖,50号水泥砂浆砌筑。墙身防潮层设在标高为−0.05处,用1∶2水泥砂浆(掺3%防水剂)厚20,沿全部墙身铺设。"这种分段施工的方式同样体现了严格的经济与安全的双重原则,清水红砖是光明厂朴素统一的建筑材料,其防水性有精心的设计考虑。

3. 设计处理关注地方特色

"墙基础、室内设备基础、地沟下均需在原图夯实层上做素土分层夯实300厚,土壤干容重不得小于16 t/m³。所有素土回填不得使用夹杂砖瓦沙石冻土坚硬土块或有机物等。散水坡下需做素土夯实要求与第八条相同且较散水坡宽出300 mm,地坪及基坑回填土必须人工夯实,要求干容重为1.6 t/m³。"这段表述可与1963年的一本青海会议论文集相比较[10]。青海虽地处大西北,但在建筑与土木的学术交流中依然展现了独特的地域风采,这与新中国成立10周年时成立的青海省土木建筑学会是密不可分(图3.13)。20世纪60年代初该学会就做过4次综合性的学术活动,针对青海的文物古迹、居住单元、工业建筑开展了建筑、结构、采暖通风和地基基础等全方位工作,如《在湿陷性黄土上建筑物的地基处理》一文针对西北地区常见的湿陷性黄土承压力进行了初步研究,是西部"三线"建设特殊地基处理中十分必要的工作。从论文集的质量来看,在内地援助

"三线"进场设计之际,青海省的土木建筑起点并不低。注重基础性的研究是内地设计单位可靠的地方性保障,705厂的基础处理回应了对黄土土壤特征的把握。

4. 在耐久性的前提下适度注重美观

"分析室及653工段2间(+−0.00)等室内墙壁在抹灰面上涂刷浅黄色油漆两道,高度至顶棚。无机实验室、色谱水质分析等房间室内墙壁,在抹灰面上再涂浅黄色油漆两道,高度1.5 m。门窗洞口须预埋防腐蚀木砖,木砖应饱浸沥青防腐剂,制作门窗截口要求精密,抛光后用油泥先刮平再上油漆,外部为栗色,内为乳黄色,做一底二度调和漆。"如今厂房衰败,门窗尽去,谁还记得这些精心的设计? 清水砖墙建

图3.13　1963年学术论文集书影

筑的色彩装饰主要体现在门窗上,既要经得起风吹日晒,具有耐久性,又要注意美观。室内油漆1.5 m高的墙裙,同样体现了经济适用的原则,且室内柔和的乳黄色彩与门窗互为协调,工厂在可能的条件下创造愉悦的工作环境,建筑色彩具有一定的贡献。此外青海大通条件艰苦也可以从设计补充说明中足见一斑:"因为工地不能施工防风纱窗,经过与工地研究,防风纱窗均改为普通双层窗。"纱窗在江南地区是很普通的日常用品,但在轻工产品落后的青海以至于成为稀缺物资。

5. 设计与施工有效衔接

图纸说明规定质量标准需符合冶金部和其他部门的相关规定。该厂房按照本"说明"外,还应遵守740工程生产区施工图的统一说明,及建委颁布的现行"建筑安装工程施工及验收暂行技术规范"进行施工。图纸特别说明"厂房施工时必须与电椅、水道、暖气等有关专业密切配合。地面须待地下管网及设备基础竣工后,方可进行施工。在试验桌未搬进化验楼之前,楼梯栏杆暂不施工。""三线"建设实施中,很多主管部门制定了管理条例,如一机部起草的"工厂设计工作试行条例"和冶金部提出的"三线建设项目设计的七条原则"。所幸"文化大革命"并未捣毁所有的规章制度,虽然705厂也存在"三边设计"[11],但设计图纸非常规范齐备。

随着"三线"建设的临近,搬迁设计的任务越来越繁重。1965年很多设计人员下楼出院,到生产前线去,到设计现场去。中央要求现场"解剖麻雀",施工单位和生产单位一起参加"设计革命的解剖",实验—认识—再实践—再认识,逐步加以修正和补充,制定一套符合我国实际情况的规章制度[12]。同时,中央政策也出

现了显著变化,在"多快好省"的原则下,希望缩短设计周期,不用初步设计、技术设计,直接就完成施工图,这违反了项目计划书、初步设计、施工图设计的三段方针。由于受到"山散洞"的制约,"三线"建设的项目选址地质条件复杂、缺乏必要的基础资料、没有科学依据正是出现海量返工、浪费惊人的重要原因。与之比较,重水工艺责任重大,确可看出705厂的设计与施工程序规范,体现出较强的地质勘察、化工工艺、建筑设计、概预算的综合特征。建筑标准适度,平实理性,以解决实际问题为出发点,设计质量在当时过硬、施工管理到位。五十年不长,对于真正的建筑寿命而言,长短及质量在于五十年前的积累,它是与人有关的所有体现。科研技术人员如项目负责人孙铭经过挑选,大多是业务尖子,在科学的环境下,705厂的建成投产与正确发挥五六十年代大学毕业生之所长有密切关联。

3.3.5　705厂由盛及衰

　　705厂在生产运营中体现了技术革新历程,这在1973年创刊的《青海化工》中多有记载[13]。根据705厂档案记录,1970～1971年曾经开展过"820防腐蚀研究",合作单位是火炬化工厂、化工部第三设计院、兰州化工机械厂等,表明尚未建设的四川火炬重水厂与青海的重水厂存在一定的跨地域协作关系。1985年705厂开始对含硫废水和硫化氢废气进行治理;1987年青海705厂年产40 kt/a氨碱工程可行性研究评审会在大通县召开[14];"201"产品1988年、1989年连续获得国优金奖[15]。尤为值得提及的是,1985年"硫化氢−水双温化学交换法制820"获得国家科学技术进步一等奖[16]。

　　然而20世纪80年代中期随着我国加入国际原子能委员会,国家对重水产品实行了限产和关停政策,国家计委于1985年发出《关于重水生产问题的复函》(计国[1985]1135号),明确提出转产民品。705厂先后贷款数千万元建设了6条民品线,却连年亏损[17]。工厂开始限减产,80年代末关闭了重水生产线,报废了生产装置,国家将生产重水的基地转移到四川泸州火炬化工厂,使705厂失去了赖以生存的主导产品。1996年10月24日705厂正式宣告破产,后续带来了诸多的遗留问题。事实上,计划经济向商品经济的转移从20世纪80年代初就已出现,青海率先开始合同制,将科研中遇到的难题作为出发点,在保证国家任务的同时,通过项目与科研结合,满足经费、设备、人员的自愿组合。选准题目生命力就强,产品在市场上容易受到欢迎,同时也培养了人才,增加了职工的收入[18]。反观705厂利税逐年下降,1983年仅为150万元,最高的1974年则达到1400万元,10年相差10倍[12]。

　　大量的"三线"建设项目上马基本上是固定的产品建厂模式,而不是科研生产一体化模式,在"三线"转型中往往跟不上市场形势。705厂则不然,"两厂一所",

704 厂生产火箭推进剂偏二甲肼；而 705 厂生产氢弹需要的原料重水；黎明化工研究所是与二厂配套的科研单位，恰恰贯彻的是科研—生产模式，理论与实际结合难能可贵，创造了至今依然产生经济效益的突出产品[19]。随着匆忙的限产转产，黎明化工研究所早在 1984 年即迁往洛阳，青海化工业尚没有建立起足够完善的经济循环，705 厂在研发、资金、人才上均难以实现产品链扩张，更遗憾地错过了很多至今效益上佳的技术转变为生产力的研发项目（见 6.2，纪子博访谈）。它无法打破计划经济的樊篱，按现代企业制度重塑新的形象，由盛到衰直至破产，经历了一段痛苦衰变，教训值得反思。

3.4　705 厂及其附属厂现状调研纪实

大通县东部新城地处国家森林公园鹞子沟和国家 4A 级风景区老爷山之间，东峡河贯穿全境，以老爷山、牦牛山、李家堡村东为界形成了 9.6 km² 的规划范围，青海 705 厂及其后来在 20 世纪 80 年代建立的两个附属厂——光明啤酒厂和玻璃制品厂就位于东部新城的西南角，距离老城区仅 2 km，占地 17 万 m²。705 厂筹建于 1966 年，是我国第一个大型重水生产企业，由化学工业部和青海省双重领导。重水作为核工业重要原料之一，其生产是原子弹研制项目的重要配套工程。由于它

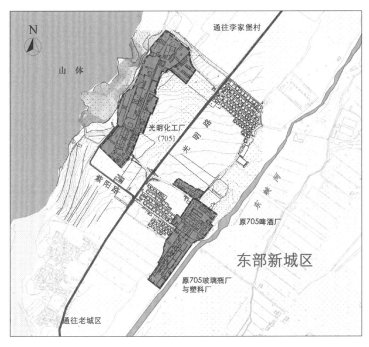

图 3.14　705 厂及其附属厂区位图

地位的特殊性,经过严格选址后最终落户于大通县老爷山下一处两面临山的安全场地,符合"三线"国防工业企业靠山、隐蔽的选址原则(图3.14)。2014年6月29日下午及30日,学生和带队的指导老师一起来到705厂区及其附属厂开始紧张的现场测绘与调研。

3.4.1　705厂

一场高原之雨给寂静已久的705厂更增添了一丝凝重和落寞,穿过那并不高大却早已被更名的厂门,大巴很快停靠在一栋三层楼的红砖办公楼前。大家以小组方式工作,边看地形和建筑,边核对总图,做着记录,很快就在厂区里分散开来。

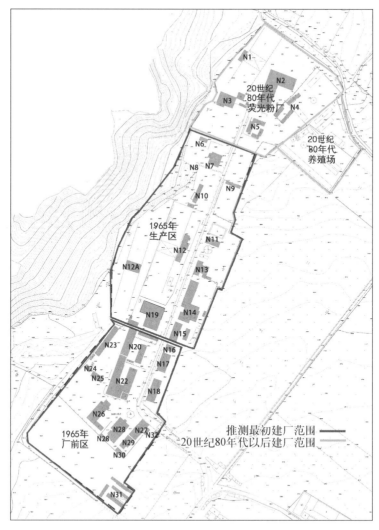

图3.15　705厂总平面图(分为厂前区、生产区和厂后区)

705厂区紧靠山体,沿山势连续展开,呈一条窄长型地带,按功能分为厂前区、生产区和厂后区三部分(图3.15),三个区域之间由一条不太宽敞的近1 km长的厂区主干道串接起来。705厂自2004年由国有改成私营后生产过聚合氯化铝和污水处理的净化物质聚合硫酸铁,目前正在生产黑色碳化硅材料。除了生产区和厂后区的部分区域仍在使用以外,厂区大部分建筑都处于闲置状态。由于长期无人打理,主干道两边长满杂草,远远地望去,这条路显得幽深静谧,看不到尽头。时任厂长许存武是705厂的老职工,1984年进厂,据他介绍,20世纪60 ~ 80年代,厂区有改扩建,厂房建筑因不同时期建造而呈现不同的造型。若从外观上辨认,第一批60年代建造的建筑都是红砖外墙,立面上通常有五角星的标志。

1. 厂前区

厂前区主要是办公区和职工食堂所在地。厂前区中央是单层楼的职工大食堂,为20世纪60年代所建,有着"三线"时期特有的形式语言:简单朴实,红砖砌筑,除了弧线山花主立面上方贴有醒目的五角星标志外没有任何装饰(图3.16)。食堂大门前方的小广场中央设置了一个同样有弧线花瓣形的圆水池,水池中间叠有假山,这是职工就餐的场所,也是每年厂里开大会搞联欢的地方,满足了当时人们物质和精神的双重需求,在当年研制国家国防先进技术的保密单位里堪称使用频率最高、最具活力和亲切感的地方。食堂一侧靠近厂门的是3层财会楼,为20世纪70年代建造,暗红色粉刷的外墙,主立面上的大块粉刷外墙皮由于受潮风化而脱落,露出内层的砖墙。据许存武厂长推测705厂的历史图纸可能存放在该楼

图3.16　705厂职工食堂

图3.17 705厂行政管理楼

的档案室里。财会楼紧靠着食堂的冷库。职工食堂的另一侧紧邻着3层的科技楼，这是当年科研技术部门所在地，由于正在施工被拦隔起来，遗憾无法进入踏勘。

除了职工食堂，行政管理楼可谓是厂前区又一个"三线"时期建造的核心建筑（图3.17）。除了标志性的红砖外墙外，主立面墙上悬挂着的大幅标语字牌早已褪色模糊，经仔细辨认后才认出了"利益共享、风险共担"8个大字，它究竟是建厂初期留下的还是20世纪80年代工厂转型期的产物给我们留下来一个悬念。走进大楼，门厅不大，左侧墙上的黑板报令人注目，尽管此楼已空无一人，但具有时代特色的粉笔板报依旧清晰鲜明，仿佛是刚完成不久似的（图3.18）。行政管理楼一侧与花房相连；另一边连接的是一栋70年代建造的2层建筑，黄色砖墙，一楼为消防和救护车库，平开的木质大门因长年失修而腐朽褪色，二楼为厂保卫处，挑出的一排阳台走廊因青海大风和严冬气候而被整个用玻璃罩了起来。行政管理楼的正对面是同时期建造的仪表和电器车间，大门紧锁无法入内（图3.19）。行政管理楼的后面靠山处是供应科及仓库。

图3.18 705厂行政管理楼底楼黑板报

图 3.19　705 厂仪表车间

2. 生产区

生产区设有独立的大门，进入生产区，放眼望去，左边沿着主干道为高大结实的 35 t 锅炉房，而右侧是 3 个高达 7 层楼的塔楼，为当年生产重水的双温冷却塔（图 3.20）。5 层高的锅炉房仍在使用，外表已显得破落，几处窗子已不知去向，只剩下黑漆漆的窗洞，但钢筋混凝土的结构体系依旧坚实牢固，巨大的水泥锥型填料仓成为其内部的主要特征，而锅炉房后侧不远处高达 20 m 的烟囱也是一道不可或缺的工业风景（图 3.21）。当我们一行人顺着室外简易钢楼梯小心爬至锅炉房顶层后，透过一侧被敲开的墙洞，705 厂整个概貌，以及厂外四周的远山和黄色的油菜花田尽收眼底，我们每个人都禁不住兴奋起来。此刻的工业厂房不再是衰败腐朽的象征，它被远山和田野的乡村景色映衬着，在这片群山围绕的狭长丘陵地带里，厂房、塔楼、烟囱及农田竟可以如此和谐共存，其互相包容的图景出乎我们的意料。

比对 1967 年、1975 年及现状的生产区总平面图（图 3.22，图 3.23），可以看到主干道将生产区划分为靠山的西部和靠东峡河的东部两个地块，按生产技术流程设计布局了 3 个主要工艺车间——生产硫化氢和氮气的 1 车间（代号 651）、生产重水的 2 车间（代号 652）及水精馏工段的 3 车间（代号 653），其中作为生

图 3.20　贯穿 705 厂的主干道往厂区深处延伸，消失在杂草和树林中

图 3.21　锅炉房内景

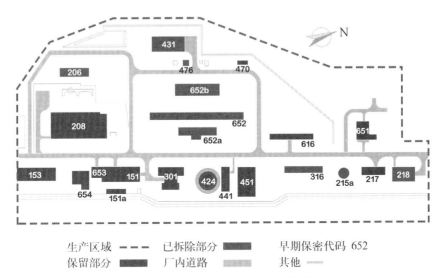

生产区域　- - -　已拆除部分 ▬　　早期保密代码 652

保留部分 ▬　厂内道路 ▬　其他 —

图 3.22　1967 年 705 厂生产区平面图

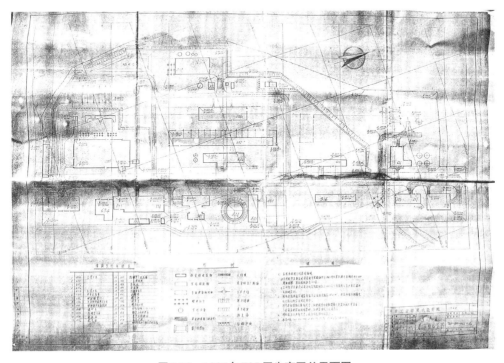

图 3.23　1967 年 705 厂生产区总平面图

产重水的主体车间2车间包括塔泵系统、压缩机和控制室和软水站（代号431）、酸性污水处理站（代号476）等已被拆除，使得靠山的西侧地块上除了伟岸的锅炉房外，只剩下检修间（代号616）和造气工段1车间了，而主干道另一侧的厂房设施却都保留下来，包括减容电解的4车间（代号654）、3车间、防护室（代号151）、中央化验室（代号156）、1号变电站（代号301）、露天水泥圆形蓄水池（代号424）、长条形水池（代号441）、高达7层的几个冷却塔楼及新鲜空气吸入站（代号217）。经现场踏勘和访谈，2车间和软水站、氧气柜（代号215a）、氮氧站（代号218）等都早在20世纪80年代就拆除了，而在原氧气柜位置上已废弃的露天水池则是80年代以后为生产硫酸钾化肥而建造的。通往3车间后面的中心化验室需通过一道铁门，铁门周围都早已长满野草，而铁门上"艰苦奋斗、自力更生"的标语还清晰可辨，这是那个年代建厂到成功生产出军工产品的真实写照和价值观体现（图3.24）。

为双温生产而建造的砖砌塔楼成为整个厂区的制高点（图3.25），如今剩下的3个除了外壳和结构框架外，内部只剩下一些零星残破的设备和不太完整的钢质骨架层板（图3.26）。站在塔楼底部往上看，那种空阔高耸的内部空间仍然给人以一种震撼的力量。拾阶而上，塔楼上部平台的视野因其紧邻厂区边界而比锅炉房顶部来得更为宽广。

图3.24　通往中央化验室的铁门上有"自力更生、艰苦奋斗"的字样

图3.25　3个高耸的塔楼是当年3车间的冷却塔，为全厂制高点

图3.26　高塔楼内部设备拆除，只剩下钢骨架

3. 厂后区

厂后区据厂长许存武介绍是20世纪80年代军转民时期建造的荧光粉厂和磷肥生产的所在地,如今已成为生产碳化硅的主要场地(图3.27,图3.28)。两台大型龙门架处于紧张的忙碌中,集卡车也来来往往地运输着生产物质和产品原料。厂后区的核心建筑是成"L"形的混凝土厂房了,我们来前已被拆得千疮百孔、满目疮痍(图3.29)。

图3.27　厂后区鸟瞰图,从高塔楼上往远看

图3.28　厂后区生产碳化硅的两个大门吊

图3.29　厂后区即将拆除的车间内景

3.4.2　青海705厂附属厂——光明啤酒厂和光明玻璃制品厂

2014年6月30日,全体师生去往705厂的两个附属厂——光明啤酒厂和光明玻璃制品厂做基地调研(图3.30)。这两个厂都紧靠东峡河,一条路将它们分设两边,距705厂并不远。20世纪80年代国际形势发生了变化,国家对重水工程进行了限产。705厂为求生存,于1983年起接连投资开发民用产品,雁鸣牌啤酒及配套的啤酒瓶生产线应运而生,由日本公司提供生产设备和技术支持,年产量达到

图3.30　紧邻东峡河的光明玻璃瓶厂远景

2000万kg啤酒和1500万个啤酒瓶。雁鸣牌啤酒因为水质好,几乎垄断了青海省市场,1987年获得了青海省优质产品称号,后来由于军工企业缺乏现代化的市场运作理念和模式,加上不懂生产管理和质量控制,在90年代初被五星、兰州等其他品牌赶超后其便失去了往日的风采,最后于1996年倒闭并宣告破产。

残缺破损的玻璃制品厂大门早已失去了昔日的风采(图3.31)。进入厂门后,首先映入眼帘的是门前广场上的一个颇具动势的雕塑——带有力量感的一道弧线蓄势待发,在弧线尖顶处停驻着两个准备展翅高飞的大雁,雕塑基座则由墨绿色啤酒瓶整齐码放堆垒而成,将这两个厂的主要产品和品牌形象做了一个巧妙的结合。正对大门的是贯通该厂区的主干道,厂雕右侧为4层的行政办公楼,该办公楼有着20世纪80年代建筑的主要特征——粉刷外墙,窗已做了改动,换上了铝合金白色窗框,增加了保温性能(图3.32)。屋檐口、入口门厅檐口及阳台外侧挂板均有图案装饰,经仔细辨认后发现阳台外挂板上竟然是"囍"字纹样装饰,这是否是80年代的设计美学?

主干道左侧是一排高低不一的厂房车间,均为钢筋混凝土框架结构,外墙粉刷,右侧一个高耸的水塔占据着厂区景观的天际线。几个车间的门都关闭着,快要走到主干道的尽端时,思忖着眼前这个厂里最高大建筑莫非就是啤酒瓶生产车间吧。推开一道虚掩的门,在轩敞高大的生产空间里,这些废弃多年的生产设备显得极为壮观,巨构的金属设备装置高低起伏,整个空间犹如一个巨大的管道森林迷宫,焕发出强大的现代工业气息(图3.33,图3.34)。我们屏气凝神,小心翼翼在其间上下穿行,生怕打扰到了这里的宁静,也感受到了它们遭遇遗弃的无奈和不甘。在大家眼里,它们真的只是一堆废铜烂铁毫无保留价值吗?它能否被我们重新激活和唤醒呢?

图3.31 光明玻璃瓶厂破败大门

图3.32 厂门口的大雁雕塑和行政办公楼

图 3.33　玻璃瓶生产车间里昔日的机器设备高大伟岸,令人震撼

图 3.34　玻璃瓶生产车间内部的高大空间和设备

　　带着这样的疑问大家又去往道路的另一侧东峡河边的啤酒厂（图3.35）。凭借东峡河纯净无污染的优质矿泉水，雁鸣牌啤酒曾经赫赫有名，畅销青海。啤酒厂比玻璃制品厂略大，除了两栋10层和7层的车间外，其余都不超过4层（图3.36，图3.37）。四层黄色粉刷外墙的行政办公楼是厂区的核心建筑，前方有较大的广场。生产区大部分的厂房都紧闭大门，而两排密集型的灰色发酵罐蔚为壮观，也成为啤酒厂的厂标建筑了（图3.38）。

图3.35　啤酒厂厂区

图3.36　啤酒厂厂区一景

图 3.37　啤酒厂内的冷却塔

图 3.38　啤酒厂灰色发酵罐蔚为壮观

3.4.3　调研总结和思考

设计营的调研时间非常有限,大家对现场的建筑物和构筑物只能简单做了测绘和记录,若要深入研究,需要当时还属于保密的建筑原始图纸和相关资料。好在第二天在许存武厂长的帮助下,我们几位老师进入财务楼二楼几间存放档案的房间里查找到了705厂的相关图纸和文件,可惜由于长期无人看管,房屋漏水和窗玻璃破损大风将好好的档案吹散得满地都是,积起了厚厚一层灰。看着凌乱不堪的一地资料我们既兴奋又心疼,蹲下腰去,卷起袖管不顾脏乱,快速查找和挑选出一些对我们工作有帮助的图纸档案,并将包括1967年生产区平面总图、1975年生产区平面图和其他设计图纸,以及几本保密手册等资料带回我们设计营工作点,这些宝贵的历史图纸和资料为我们设计营工作的下一步推进奠定了坚实的基础。

走在这个杂草丛生的旧厂区中,可以看到建于"三线"时期的红砖建筑大都具备一种坚固实用、朴实无华的风范,契合了时代的经济水平和精神风貌,而之后20世纪70年代和80年代所建造的厂房与之相比缺少些令人难忘的时代气质。回想这个曾经为我国"两弹一星"做出巨大贡献的国防军工厂从当年的国家重金投入到八方支援,从近2000人的保密大厂到满眼空荡无人的凋敝景象,从昔日充满理想、青春勃发的年轻人到如今满头银发、身缠疾病的垂暮老人,这所有的一切都发生在过去的50年里。在遗产门类中,"三线"工业遗产恐怕是20世纪遗产中最年轻的了,它的价值还远未得到重视。705厂作为"三线"遗产的一个缩影,它的处境代表了大部分"三线"遗产尴尬无奈的生存状态。岁月在流失,人可以老去,房屋可以崩塌,环境可以改变,外在物质世界再如何辉煌也终究会衰败,而唯有对国家、民族和社会的那份信仰历经岁月的磨炼而不会改变,这也是为何要去保护这些在许多人眼里丑陋和残破的旧工业遗址的动机,留住这些建筑场域便是留住了工业之魂,留住了时代精神,这是设计营的根本目的。

注释:

[1]　张青莲.张青莲文集.北京:北京大学出版社,2001:76.

[2]　李寿生.中国化工风云录.北京:中国工人出版社,1996:157.

[3]　中共中央对新技术进口小组《关于引进新技术工作几个主要问题的报告》的批示,1965.4.

[4]　化工部上海化工设计研究院.上海化工研究院志(1956-1989).化工部上海化工设计研究院,1991:58.

[5]　吉林化学工业公司是国家156项重点工程中,以"三大化"(染料厂、化肥厂、电石厂)为依托组建的新中国第一个化工基地.

[6]　中华人民共和国化学工业部(62)化一局张字第45号:重水中间试验车间设计任务书.1962.

［7］ 陈永仁.杰出的化工专家——孙铭.化工时刊,1989,（2）: 44.

［8］ 见光明化工厂 740 工程设计图纸说明.

［9］ 吉林化学工业公司史志编纂委员会.吉林化学工业公司志 1938—1988.深圳: 深圳市海天出版社,1993: 410.

［10］ 青海省土木建筑学会.青海省土木建筑论文集.1963: 89-94.

［11］ 边勘察、边设计、边施工,也有说"四边设计",还有边调整.

［12］ 谷牧.关于设计革命运动的报告.1965.

［13］ 该刊由青海化工协会和青海化工情报技术中心站联合主办,汇聚科技成果创新及三废治理的国内外资讯,光明厂和黎明厂在杂志上表现颇为活跃,在工艺改进、"技改双革"等方面的成果多有刊载.

［14］ 徐铺东.青海省光明化工厂 40 kt/a 氨碱工程可行性研究评审会在大通召开.纯碱工业,1987,（6）: 4.

［15］ 研制原子弹重点配套工程原名 820 工程,后改为 201 工程.

［16］ 820 是原子能反应堆的减速剂、冷却剂和氢弹的装料原料,主要为重水.

［17］ 王瑞年.青海光明化工厂破产整体出售已获圆满成功.化工管理,1997,（10）: 13.

［18］ 青海化工科研研究所.推行合同制,使科研工作不断前进.青海化工,1981,（2）: 6.

［19］ 1989 年,余兆钧任光明化工厂总工程师,以重水为原料,在中试装置中成功获得氧-18 浓度超过 97% 的重氧水,为核医疗必需原料,该研究被列为青海省重点科研项目,可惜未能投产.多年后与江苏民办企业合作成功,产品大量出口.

第 4 章

第一线建设: 设计的价值

忙碌而又紧张的一周时间很快过去了，迎来了再生设计营成果汇报的关键时刻。2014年7月6日下午大通县桥头镇八一社区服务中心二楼的报告厅里顿时又热闹起来，省县政府领导、嘉宾、业界人士、高校学生、设计营师生及青海媒体等济济一堂，共同见证5组方案的精彩亮相（图4.1）。

再生设计营成果斐然，各组均在工业遗产保护的大方向下充分发挥了各自的研究特长和学术积累，针对705厂及其周围环境的现状，结合大通经济和地方民俗文化及东部新城的未来规划，提出了705厂区的城市和功能定位。各小组在厂史调研和现场分析的基础上划定了705厂的核心保护区，并对其中保存较好的重要建筑物做了适应性改造利用。这些概念方案有理有据，既有创意设想，也有可实施的方法和策略，无疑为当地政府的日后决策提供了开阔的视野和思路。设计营的成功与工作目标清晰、指导教师经验丰富、分组合理及对第一手图纸和档案资料的研究跟进，以及当地资源的积极配合是分不开的。

图4.1　2014青海大通工业遗产再生设计营成果汇报会全体师生与嘉宾合影

4.1　第1组: 代号705

指导教师:徐苏斌　　学生:张家浩　胡鸿源　刘春瑶　姜珍珍

　　该设计以翔实的信息采集与价值评估为基础,在概念上结合了705厂曾经是与我国核工业相关的军工企业这一特殊身份,以及大通县优越的自然景观和农业景观,力求打造一个以军工探秘为主体,20世纪60年代建筑风貌与自然景观、农业景观完美结合的工业遗产再生设计(图4.2)。在设计风格上,采用了现代波谱风格与60年代元素相结合的手法。

图4.2　远眺改造后的705厂

4.1.1　价值评估

　　在工业遗产保护及改造活化利用前,进行信息采集与价值评估,是十分重要的基础工作。这对把握遗产本体价值,在活化利用中达到保护与改造平衡具有重要的意义,也是指导其后设计的现实基础。要保护和再生705厂工业遗存便要对厂区现有建筑做出一个翔实的踏勘记录和价值评估,通过与现任厂长、经理及原厂职工等访谈及对省县志文献查阅了解厂史和建筑功能,并详细对照分析被我们抢救出来的原厂珍贵原始图档,初步厘清了原属保密厂区的建筑分布情况和重要生产区的主要车间布局,对已拆除建筑和厂房的建造年代分类做出标记,然后划定保护区域,确定保护等级,为下一步功能定位和业态分析提供依据(图4.3~图4.8)。

图4.3　705厂保密手册　　　　图4.4　705厂原始图纸　　　　图4.5　705厂原始图档

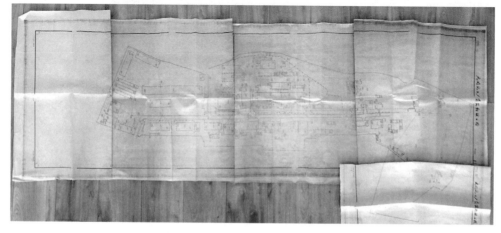

图4.6　1975年705厂生产区平面图

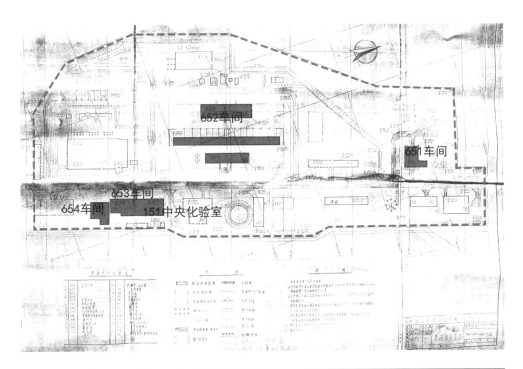

图 4.7　1967 年 705 厂生产区平面图（图中标注为代号 651、652、653、654 的车间，中间 3 个 652 车间已拆除）

图 4.8　705 厂区平面总图（红色推测为 1965 年始建，绿色为 20 世纪 80 年代建造）

第1组着重前期调研和价值评估,结合并运用了徐苏斌老师的最新研究成果——12条中国工业遗产价值评估指标完成了705厂遗产价值评估一览表,为工业遗产保护和遗产价值评估提供了一种很好的示范作用(表4.1～表4.3,图4.9～图4.13)。

表4.1　705厂区价值评估

年代	705厂1965年由吉林辽宁迁来青海
历史重要性	705厂是见证了我国20世纪60年代"大三线"建设时期的重要物证
工业设备与技术	工业设备先不可考。相关重水产品的工艺流程或可通过考证获得
建筑设计与建造技术	705厂内现存大量20世纪60年代建筑,能引起人们的"红色记忆";厂区内建筑具有因特定工艺而形成的形象特色
文化与情感认同、精神激励	705厂是"红色"的伟大象征,有鼓舞群众和教育意义
推动地方社会发展	705厂在"大三线"时期对改变我国工业格局、发展青海省的工业发展有着重要意义
重建、修复及保存状况	暂不可考
地域产业链、厂区、或生产线的完整性	"大三线"时期大量企业从全国东部迁入青海,具有相当大的群体价值(如与704黎明化工厂的联系)
代表性和稀缺性	705厂区作为曾经与核工业相关的军工厂,其生产区曾经有很高的保密程度。有极高的神秘性与吸引力
脆弱性	705厂区现处于大面积荒废阶段。在我国当今经济高速发展、城市化进程加快、产业结构升级的背景下,"大三线"时期的企业正在快速消亡,这更突出了705厂稀有性与脆弱性
文献记录状况	705厂区有着大量而丰富的历史文献、图纸等
潜在价值	705厂在我国核工业以及"大三线"建设当中有着非常重要的历史意义与价值还有待发掘,其以后有成为国保单位的可能

表4.2　705厂建筑价值评估

建筑代号	年代	历史重要性	工业设备与技术	建筑设计与建造技术	文化与情感认同、精神激励	推动地方社会发展	重建、修复及保存状况	地域产业链、厂区、或生产线的完整性	代表性和稀缺性	脆弱性	文献记录状况	潜在价值
N1	☆				☆		☆☆					
N2				☆		☆	☆☆		☆			
N3				☆		☆	☆☆					
N4						☆	☆					
N5						☆	☆					

（续表）

建筑代号	年代	历史重要性	工业设备与技术	建筑设计与建造技术	文化与情感认同、精神激励	推动地方社会发展	重建、修复及保存状况	地域产业链、厂区、或生产线的完整性	代表性和稀缺性	脆弱性	文献记录状况	潜在价值
N6	☆					☆	☆					
N7						☆	☆☆		☆			
N8						☆☆	☆☆					
N9						☆☆	☆					
N10						☆☆	☆				☆	
N11	☆☆	☆	☆☆			☆	☆				☆	
N12	☆☆	☆	☆☆			☆☆	☆		☆		☆	
N13	☆☆	☆				☆					☆	
N14	☆☆	☆☆	☆☆	☆☆	☆☆	☆☆	☆☆	☆☆	☆☆	☆☆	☆☆	☆☆
N15	☆☆					☆☆	☆				☆	
N16	☆					☆☆	☆				☆	
N17						☆	☆				☆	
N18						☆	☆				☆	
N19	☆	☆	☆☆	☆	☆☆	☆	☆		☆	☆☆	☆	☆☆
N20	☆☆	☆				☆☆	☆☆			☆	☆	
N21						☆☆	☆☆				☆	
N22	☆☆	☆		☆☆	☆☆	☆☆	☆☆		☆		☆	☆
N23	☆					☆☆	☆				☆	
N24						☆	☆				☆	
N25						☆	☆				☆	
N26					☆☆	☆	☆				☆	
N27					☆☆	☆	☆				☆	
N28	☆☆	☆		☆☆		☆☆	☆☆				☆	☆
N29	☆☆	☆				☆☆	☆☆				☆	
N30						☆☆	☆				☆	
N31						☆☆	☆				☆	

注：705厂建筑价值评估表，价值从高到低为红色、蓝色、绿色。

表4.3 1967年705厂生产区建筑代码与现有工作营编制的建筑代码对应一览

建筑代码	原名称	功能	是否现存	是否有图纸	建筑代码	原名称	功能	是否现存	是否有图纸
N1			是	否	206	煤堆坊及运输栈桥		否	否
N2			是	否	208	锅炉房		否	否
N3			是	否	431	饮水站		否	否
N4			是	否	476	酸性污水处理站		否	否
N5			是	否	652	不明		否	是
N6			是	否	652b	不明		否	否
N7			是	否	490	曝气池		否	否
N8			是	否	316	电器车间办公室		否	否
N9			是	否	215	压缩空气站		否	是
N10			是	否	215a	氨气柜		否	是
N11	424,441	循环水泵,清水池	是	否	616	生产区检修间		否	否
N12	652a	不明	是	否	218	氮氧站		否	是
N13	301	1号变电站,中央化验室	是	否	615a	不明		否	否
N14	151,653,654	工艺厂房,进餐室,诊疗站	是	151有	615b	不明		否	否
N15	102a,155	进餐室,诊疗站	是	否	615c	不明		否	否
N16			是	否	217	新鲜空气吸入站		否	是
N17	451	冷却塔	是	否	208	锅炉房		否	否
N18			是	否					
N19			是	否					
N20			是	否					
N21			是	否					
N22			是	否					
N23			是	否					
N24			是	否					
N25			是	否					
N26			是	否					
N27			是	否					
N28			是	否					
N29			是	否					
N30			是	否					

注:红色为1965年建厂初期保留至今的建筑,绿色为1967平面图中有但与现存无法对应(拆除的),白色为1967年图纸中不存在而现存建筑,建造年代可能在20世纪70～80年代。

图 4.9　705 厂建筑历史重要性分析

图 4.10　705 厂建筑美学价值分析

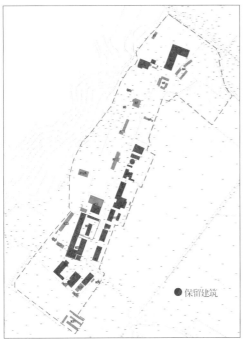

图 4.11　红色为 705 厂保留建筑

注：保留建筑 17 栋，保留建筑面积 21 146.3 m²。

图 4.12　黄色为 705 厂拆除建筑

注：拆除建筑 14 栋，拆除建筑面积 2756.5 m²。

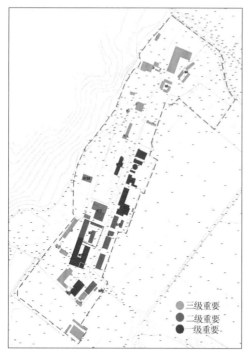

图4.13　705厂建筑保护等级划分

4.1.2　概念设计

1. 保护规划

厂前区为二级保护区,生产区为一级保护区,705厂附属厂(玻璃瓶厂、啤酒厂、塑料厂)都是三级保护区。705厂保护区周围划出一块建筑控制地带,主要为了保护当地农业景观的肌理(图4.14、图4.15)。

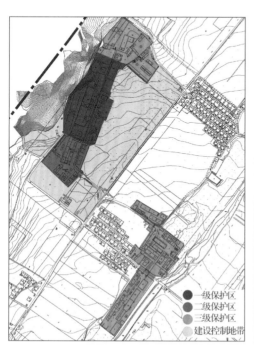

图4.14　705厂保护规划图

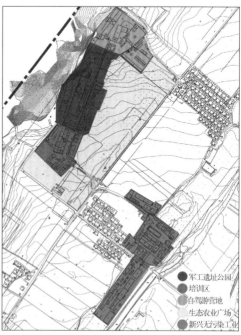

图4.15　705厂新功能分布图

2. 业态定位

（1）旅游资源：红色精神、军工探秘是705厂的旅游资源，对大通县来说，自然风光、民俗都是必不可少的。

（2）政府需求：增加旅游收入的途径一个是增加旅游项目；另一个是增加游客逗留时间。

（3）居民需求：增加居民公共空间。当地居民缺乏优质的户外活动场所，但又热衷于参加花儿会等公共活动，所以设计中提供一些公共开放的娱乐活动空间。

（4）游客需求：提供与红色旅游相关的住宿、餐饮等服务，同时考虑到大通的地理位置设置一个自驾游营地，大通是3条旅游线路的中心点：第1条是从大通到西宁腹地；第2条是向西北到张掖再到敦煌；第3条是向东北到宁夏。此外是民俗体验。

（5）解决途径：① 季节互补，青海旅游主要集中于每年的6～9月，所以仅这个片区做旅游很难保持住这个地区的活力，故在基地中设置了一部分培训学校，淡季时住宿设施为培训学校宿舍，旺季时培训学校放假，宿舍可作为廉价青年旅社。② 业态复合包括复合旅游（军工遗址公园、军工解密展示、民俗旅游、自然风光文化设施）、文化设施（工业博物馆、室内室外展演场地、红色爱国教育基地）、自驾游营地（自驾游汽车养护、住宿餐饮娱乐、租车服务）、复合产业（旅游服务、新型工业如生产当地特色新型农产品及旅游纪念品等）、生态农业（农业与自然景观结合、农业与工业景观结合，在农业景观上利用油菜花的肌理雕刻成不同的花纹，或五角星、毛主席像，或是环青海湖赛和花儿会。利用景观结合不同的主题，达到农业景观再利用。）、培训（旅游淡季培训下岗人员再就业学校、旅游旺季游客体验，住宿部分改为青年旅舍）如图4.16～图4.19所示。

图4.16 培训区

注：1. 住宿区；2. 服务功能区；3. 教育办公区。

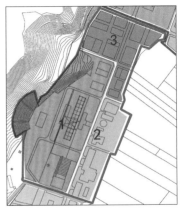

图4.17 军工遗址公园

注：1. 遗址公园区；2. 军工揭秘展示区；3. 综合商业服务区。

图4.18 自驾游营地

注：1. 自驾游营地服务区；2. 租车服务区。

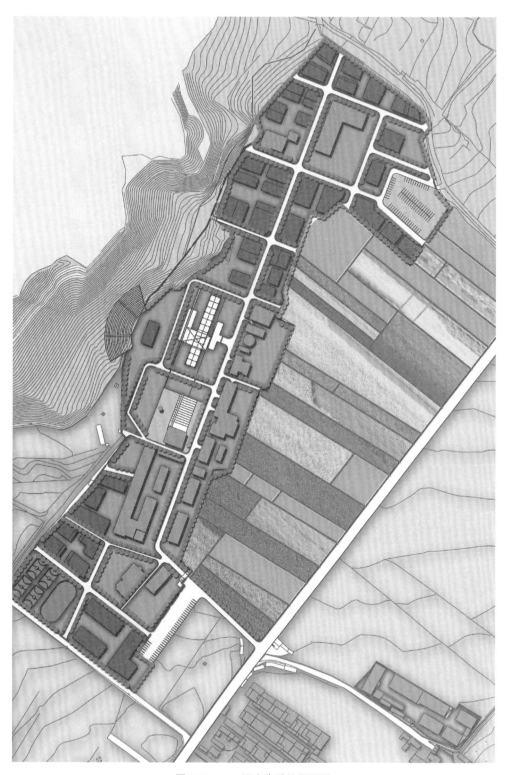

图4.19   705厂改造后总平面图

4.1.3　重点设计

1. 652遗址公园

652遗址公园为下沉式广场，依托已拆除的652工艺车间原址，将现有煤堆清理，保留塔吊，发掘遗址中构件，使其暴露出来，并树立标牌注明其原始功能，观赏者可从广场下方或塔吊上方欣赏遗址（图4.20）。作为重要的生产区，652等工艺车间虽遭到拆除，但我们从历史图纸文档及基地现状可以依稀找到厂区中的红色记忆。因此，本设计希望保留这种记忆。遗址公园一扫庄重肃穆的形象，改为活泼、休闲、时尚的氛围。设计将游客、居民的休闲娱乐与红色记忆、爱国精神相结合，将遗址陈列、展品展示与公园景观相结合。

图4.20　652遗址公园鸟瞰（原431遗址改为露天舞台，原431建筑平面雕刻在舞台上，以达到纪念性效果）

2. 208文化艺术中心

208文化艺术中心以原208锅炉房改建而来，为切合红色记忆主题，主要功能为宣传爱国主义教育和展示厂区历史（图4.21）。红色部分为观展厅，循环播放厂区资料及爱国主义影片等资料，并可根据特殊场合需要改变播放内容。例如，花儿会时期可以作为花儿会的一个舞台，黄色部分为展览空间，紫色部分为展廊，蓝色部分为休闲咖啡厅。生产用水泥漏斗作为室内的景观中心在拆除一面外墙后，成为内外视线交融的聚焦点，因为碳化硅厂的破坏，在已经损毁的墙面处我们添加了玻璃幕墙，并且通过这个玻璃幕墙可以从内部看到遗址公园的景观（图4.22～图4.24）。为了方便观看漏斗这一景观点，避免密集的梁柱遮挡，室内采用树形柱子结构体系，也寓意着我国核工业自主创造的艰难曲折的历程（图4.25～图4.28）。

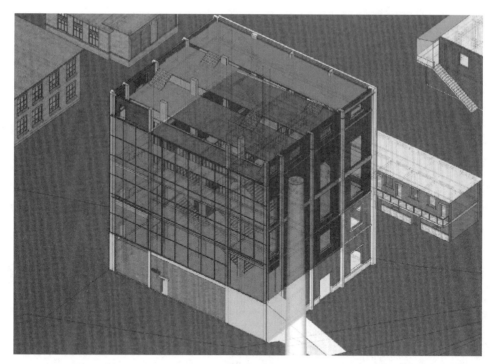

图4.21　由原锅炉房改建而成的遗址公园文化中心功能分区图

图4.22　由原锅炉房改建而成的遗址公园文化中心外观

图4.23　由原锅炉房改建而成的遗址公园文化中心

图4.24　厂区里看遗址公园文化中心，外墙装饰反映20世纪60年代的社会风貌

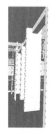

图4.25　遗址公园文化中心底楼大厅

图4.26　遗址公园文化中心剖面

图4.27　遗址公园文化中心树状柱

图4.28　遗址公园文化中心树状柱

4.2　第 2 组：青海省大通县国防工业体验园概念设计

指导老师：刘伯英　许懋彦　　　学生：张萌　马建辉　董笑笑　万玛仁青

　　方案回顾了青海"三线"建设的历史，分析了大通周边的旅游资源及大通县东部新城发展规划，在 705 厂现有条件的基础上策划了大通县国防工业体验园项目，主要包括两大内容：① 基于 705 厂资源的国防工业体验园包括特警知识培训及体能训练基地、真人 CS 大型实训场、印象花儿民族文化大舞台、工业遗产保护体验中心、旅游接待中心，体现纪念性和差异性价值；② 基于大通东部新城的文化中心包括"三线"建设博览馆、礼堂、示范中学，民俗接待酒吧娱乐中心、艺术家工作中心，体现和谐型和现实性意义。

　　方案着重对虚拟的武警特训科目进行了全面剖析，并结合 705 厂工业建筑物进行了大胆设计，在微观上发挥了厂区现有资源特点和优势；中观上为大通县东部新城建设发展提供了功能配套；宏观上为青海大旅游提供了一个精彩独特的体验场所和功能集群。既有印象花儿"文"的一面，又有特警训练"武"的一面（图 4.29）。

图 4.29　改造后的 705 厂鸟瞰

4.2.1 旅游现状

　　大通在西宁总体规划中为西宁北部次级城镇经济区,以商贸、工业、旅游为主,是西宁市的后花园(图4.30)。而大通总体规划中对大通的定位为重要的新城工业基地、现代化农业示范基地、生态文化旅游基地,是西宁市的卫星城市。大通具有很好的旅游资源。大通处于精华4日游的旅游线上,同时还是大西北7天环线自驾游的节点(图4.31),此外大通本身还有两个4A级景区,也是北川河文化走廊和227国道联盟的一个节点(图4.32、图4.33)。大通又是环青海湖自行车赛的重要目的地,大通的花儿会每年都会吸引周边县市非常大的人流量,但大通的旅游资源由于气候原因具有季节性的短板(尽管有鹞子沟的冰雪基地)。所以克服大通季节性旅游短板的一个方式是将农业纳入到旅游体系中。705厂作为"三线"遗留下来的工业遗产代表,它具有国防工业的特性,而这一特性让整个大通、青海与其他"三线"省市不一样。西宁周边的国防工业囊括了各种类型的国防工厂如水下武器、常规武器、军工电子甚至核武器。整个青海需要对国防军工这一特性做出相应的挖掘和再利用,希望此次设计可带动相关研究来填补这方面的空白。

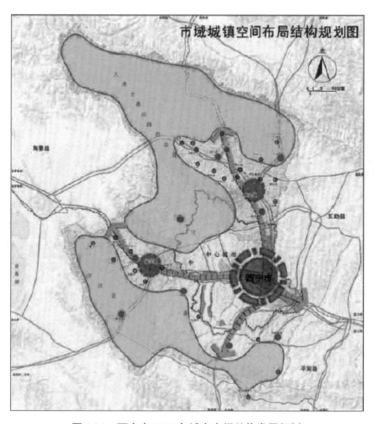

图4.30　西宁市2030年城市空间总体发展规划

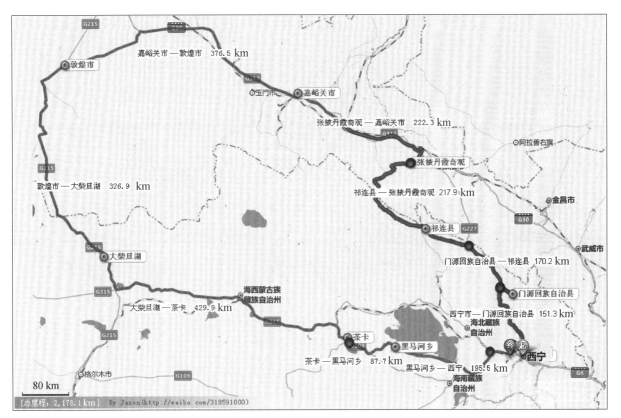

图 4.31　大西北 7 日环线自驾游平面图

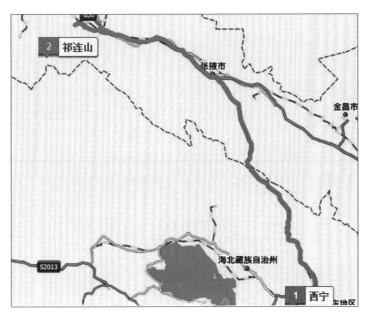

图 4.32　西宁—祁连山，227 国道联盟（青海西宁—甘肃张掖）

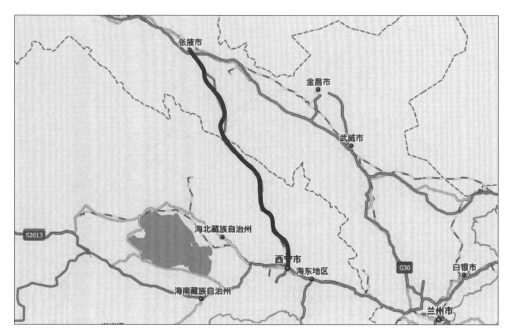

图4.33　西宁—甘肃张掖

4.2.2　概念定位

在概念定位前，首先对"三线"时期迁入青海的工业企业和军工企业情况进行了文献资料的研究（表4.4～表4.5）。在现场的调研工作中通过和留守的厂区工人进行交谈，了解到青海"三线"建设期间存在许多国防企业，那个年代他们的生活是与机器、烟囱、浓烟、早晚广播联系起来的，他们的年代生活相对单调——车间、单元楼和郊区，他们怀着同一个理想来到祖国的腹地，大通经过他们的努力从绿色变成了红色。这个年代变了，曾经辉煌的工厂大多都衰败了，只剩下破败的厂房和年迈的退休工人留守在人烟稀少的厂区，大通从红色变为了灰色。在西宁周边，以221和705厂为主，以国防工业为特征的"三线"老厂不仅为祖国的发展做出了卓越的贡献，而且也寄托了昔日工人和子弟的历史回忆和情感。希望通过此次设计让昔日辉煌的工厂得到某种方式的重生，厂区能够保存它的历史和故事，让厂区从灰色重新变回绿色。

表4.4　"三线"建设时期迁入青海企业一览表

迁入青海后的 企业名称（现名）	内迁时间	迁出企业名称	内迁职工 人数（人）
青海第一机床厂	1965年3月	齐齐哈尔第二机床厂	600
青海第二机床厂	1965年	济南第一机床厂	900

（续表）

迁入青海后的企业名称（现名）	内迁时间	迁出企业名称	内迁职工人数（人）
青海重型机床厂	1967年2月	齐齐哈尔第一机床厂	838
山川机床铸造厂	1967年	齐齐哈尔第一、二机床厂、济南第一机床厂	592
青海量具刃具厂	1966年	哈尔滨量具刃具厂	142
青海工程机械厂	1966年	鞍山红旗拖拉机厂等	930
青海齿轮厂	1965年	上海第二汽车齿轮厂、天津拖拉机厂	29 078
青海齿轮厂	1966年	哈尔滨拖拉机配件厂	850
青海柴油机厂	1966～1967年	天津动力机厂	317
青海工具厂	1966年	洛阳拖拉机厂	1 000
青海锻造厂	1966～1973年	洛阳拖拉机厂	1 200
青海铸造厂	1966～1970年	洛阳拖拉机厂	165
青海矿山机械厂	1965年	旅大市城建局机修厂	190
青海矿山机械厂	1965年	上海力生机器厂	71
青海矿山机械厂	1971年	上海采矿机械厂	187
青海微电机厂	1966年	北京微电机厂、天津微电机厂	100
青海电动工具厂	1966年	沈阳电动工具厂	259
青海海山轴承厂	1966～1970年	洛阳轴承厂	900
青海汽车改装厂	1966年	洛阳拖拉机厂、天津拖拉机厂、开封机械厂	185
青沪机床厂	1965年	上海劳动机床厂	674
西宁标准件厂	1968年	无锡标准件厂、镇江标准件厂	62
青海机床锻造厂	1966年	济南第一机床厂、齐齐哈尔第一、第二机床厂	270
合计　19	—	31	10 800

注：据省志和县志的有关材料整理而成。

表4.5　"三线"建设时期迁入青海军工企业不完全统计

序号	军工厂代号	原厂性质	现用名	厂址
1	52	青乐化工机械厂	青乐化工机械有限公司	在乐都县城西7 km，从县城西门桥头坐车，有车直接到52厂
2	151	山鹰机械厂（水上军事演练，鱼雷）	青海湖南岸旅游观光码头	距离西宁市151 km，得名151

（续表）

序号	军工厂代号	原厂性质	现用名	厂址
3	221	中国核工业总公司原国营221厂	原子城（又名西海镇）	位于青海省海北藏族自治州州府所在地，有铁路专用线38.9 km，沥青混凝土标准公路75 km，距西宁市110 km
4	506	西宁钢厂	西宁钢厂	西宁市柴达木路
5	701	黎明化工研究所	已迁走	青海省海东地区乐都县寿乐镇马家湾
6	704	黎明化工厂（火箭推进剂）	青海黎明化工有限公司	青海西宁宁张公路28 km处
7	705	青海光明化工厂（重水）	1996年破产	青海大通县朔北乡下吉哇村
8	706	青海重型机床厂	青海重型机床有限责任公司	西宁市大通桥头镇体育路1号
9	805	昆仑机械厂	昆仑机械厂	青海省西宁市湟中县多巴镇
9	3419厂	干燥机	青海3419干燥设备集团有限公司	西宁市柴达木西路93号（现为柴达木路481号）
10	—	镁、硅、金属镁、金属	民和镁厂	青海海东史纳
11	3045厂	航天科技	—	青海省格尔木市盐桥中路16号

注：据省志和县志及网络的有关材料整理而成。

　　大通除具有北川河文化走廊和227国道联盟两大自然与人文优势外，还具有"三线"国防军事厂区的优势特征，若与周边其他国防厂区形成一个体系，就能成为一种新的旅游资源（图4.34）。705厂区有着高耸的塔楼和裸露的混凝土结构，是极佳的国防工业和军事拓展的体验场地。该厂区再利用的定位不仅仅是集中展示整个西宁周边的国防产品和设备，而是要注入更多的国防主题体验项目，如军事拓展、国防工业产品实际体验，甚至还可以在一小段时间内让整个基地变成特警的培训场地。若单纯的从国防工业企业园出发会发现，脱离城市的日常生活会成为它的一种短板，城市生活无法与国防体验园相互联系。因此，我们将光明啤酒厂和玻璃瓶厂一同纳入到厂区规划范围，将705厂的小部分地区和啤酒厂、玻璃瓶厂的大部分地区改造为学校、"三线"建设博物馆、小型演艺中心等城市配套设施，让整个规划能够很好地融入城市，将705厂和附属厂打造为国家级"三线"国防工业体验园和军工纪念园（表4.6）。

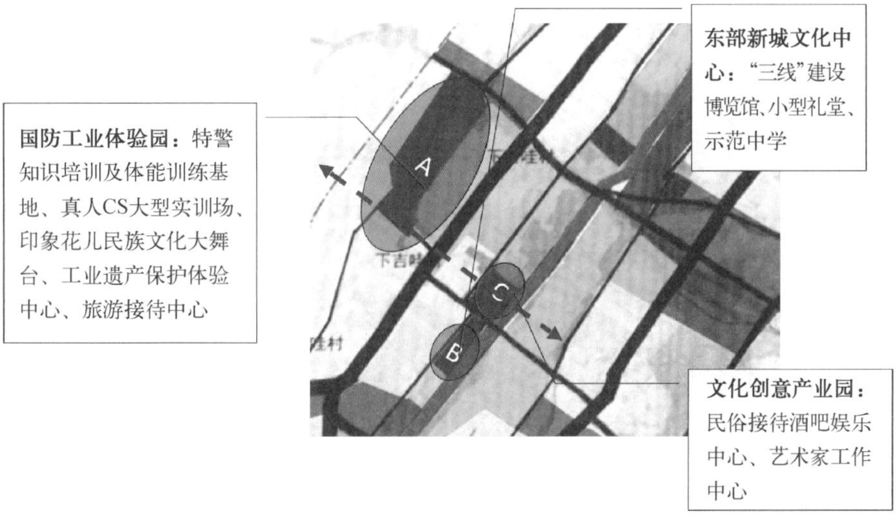

国防工业体验园：特警知识培训及体能训练基地、真人CS大型实训场、印象花儿民族文化大舞台、工业遗产保护体验中心、旅游接待中心

东部新城文化中心："三线"建设博览馆、小型礼堂、示范中学

文化创意产业园：民俗接待酒吧娱乐中心、艺术家工作中心

图4.34　705厂及其附属厂功能定位

表4.6　国防特种训练项目和技术一览

基础知识	警务实战理念（实战理念、训练理念）
	警务实战法律法规（强制手段的类型；使用警械、武器的依据及程序；使用警械武器的法律责任等）
	巡（特）警工作的特点及突发情况的处置
	特警装备及穿戴方法
	单警战术基础动作（长枪、短枪）
	战术行动指挥
	应急处置行动指挥
	对付可燃性气体和腐蚀性液体
	搜索及处置爆炸装置
徒手防控	自我保护的方法
	滚翻技术
	体能、身体素质（根据特警比武项目有所侧重，例如武装越野、3000 m耐力跑、泅渡等）
	抓捕控制技术（倒臂转移、潜入转移、抱腿抓捕技术；一对一、二对一、多人对一控制技术；控制手臂、头部技术）

（续表）

攀登索降	坐式索降
	90° 置身下滑索降
	倒立垂直下滑索降
	双人攀登技术
	三人攀登技术
	400 m 障碍
武器训练	手枪和冲锋枪战术性简介
	武器使用安全（安全守则及四种状态）
	手枪和冲锋枪基本使用技术（手枪弹 200 发，冲锋枪弹 100 发）
	四种光线环境下的射击（背光、顶光、前方光、逆光）（手 20）
	手枪、冲锋枪战斗射击及武器互换（手 50、冲 50）
	在掩体或盾牌后射击（手 50、冲 50）
	移动中手枪、冲锋枪射击（手 50、冲 50）
	暗弱光线环境中的射击（手 20、冲 20）
	使用夜视装备射击（手 20、冲 20）
	引导射击（手标 20）
	对抗反应射击（手标 50）
	信任射击（手 5、冲 5）
特种攻击（人质环境）	危机谈判
	行动计划的制定（4 个方案）
	人质解放（平面推演、实兵推演）
	特种狙击（1 m、3 m、5 m）
特种侦察	特种战术观察及监视设备简介
	定向与定位
	战术观察及战术监视运用

（续表）

	特种攻击技术简介
	组行进与组跃进
	楼道中搜索推进和撤退（手标20）
	楼道中搜索推进和撤退（与装甲运兵车协同）
	"单扫帚"和"双扫帚"（手50、冲50）
	盾牌技术
	瓦斯房体验
特种攻击	战场控制与协调（集结点、展开点、攻击点、检查点、调整点、攻击限制、交战规则等）
	突击计划制定
	突击计划转换
	平面推演和实兵推演
	渗透及协同
	战场重组
	特种攻击战术演练（手标20）
	贴身狙击、近距离狙击和远程狙击（手10）
	狙击武器简介
狙击战术	狙击步枪基本使用技术（狙步弹200发）
	狙击步枪两人使用技术（狙步弹50发）
	狙击手及观察员
	狙击阵地的选择与伪装
	战术通信设备简介
	通信码表使用
特征通信	手势信号
	通信死角与接力通信
	无线电强制静默与备用信道
	群体性事件处置行动技术

4.2.3　功能分析

详见图4.35～图4.47。

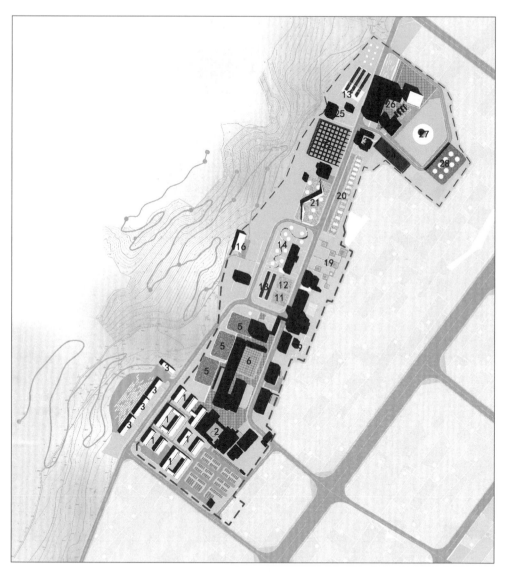

图4.35　705厂改造概念总图（褐色建筑是保留，白色为新建，蓝色为加减）

注：1. 酒店区；2. 接待及餐饮中心；3. 印象花儿演艺区；4. 多功能射击区；5. 室外格斗区；6. 战术交流区；7. 国防基础知识学习区；8. 体能训练区；9. 战术情景模拟区；10. 高空攀登区；11. 人质解救训练模拟营；12. 巷战训练模拟营；13. 碳化硅工艺展示区；14. 下沉碳化硅材料展示；15. 保留龙门吊；16. 山地战术训练及露营区；17. 国防工业博览序厅；18. 特种通讯训练室；19. 工业机床设备展示区；20. 坦克展示区；21. 工业原料展示区；22. 铸造设备展示区；23. 后勤服务区；24. 鱼雷展示区；25. 劳动牌钣手展示区；26. 火车及轻武器展示区；27. 国防工业纪念碑；28. 重水设备展示区。

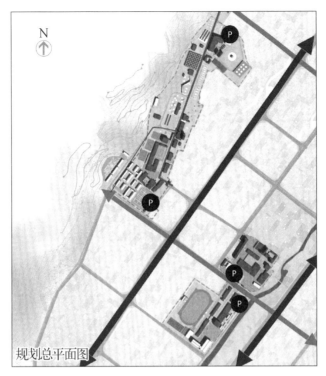

图4.36 705厂与周边东部新城的道路肌理分析

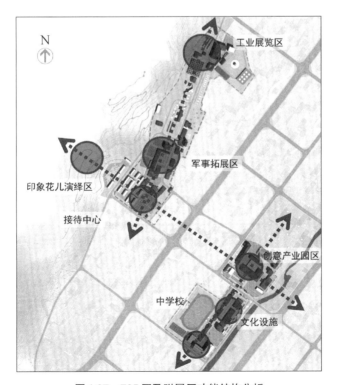

图4.37 705厂及附属厂功能结构分析

图4.38　大通国防工业体验园大门

图4.39　鱼雷体验区

图 4.40　引入当地植物景观的坦克基地

图 4.41　废旧厂房作为设计展示和训练基地

图4.42　碳化硅车间改造的意向

图4.43　废弃机床作为工业设备户外展示

图 4.44　结合地形的大型演艺活动——花儿会

图 4.45　国防工业体验园鸟瞰

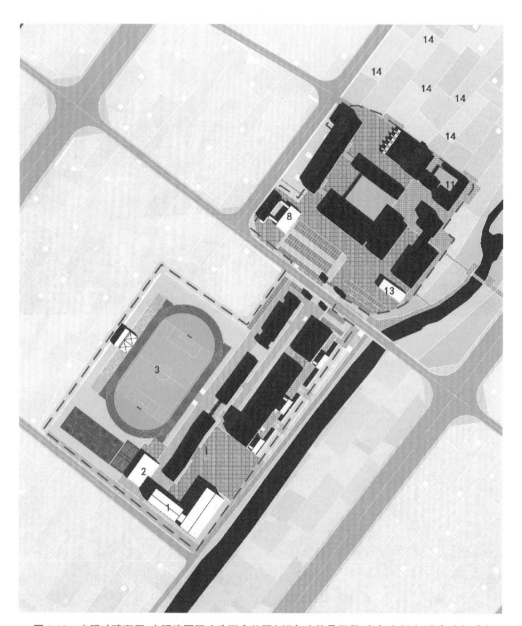

图4.46 光明玻璃瓶厂、光明啤酒厂改造概念总图（褐色建筑是保留，白色为新建，蓝色为加减）

注：1. 教学楼；2. 餐饮中心；3. 体育场；4. 教学楼；5. "三线"建设博览馆；6. 新城小剧场；7. 办公楼；8. 装备配给中心；9. 酒店住宿部；10. 酒店接待餐饮表演中心；11. 创意产业中心；12. 餐饮酒吧；13. 特色商服务中心；14. 油菜花宿营点。

图4.47　光明玻璃瓶厂内通过外加其他结构改造而成的教学建筑示意图

4.2.4　重点设计

　　底层空间为开敞打通的大空间，结合外部空间的两个室外场地，将此块功能作为模拟各种对战场面和模拟实战的训练场地，塔楼的标准层部分则依据其高度优势设置相应的高空速降和攀爬项目，尤其在道路左侧部分塔楼的场地范围内依据地势优势建立攀爬项目的训练场地，充分发挥其高差优势。两处塔楼使用廊道连

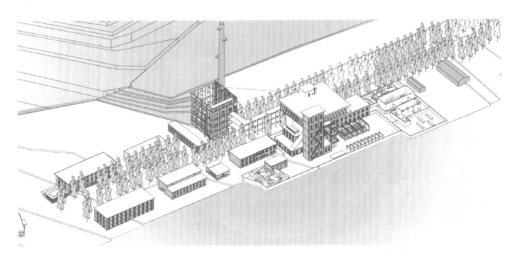

图4.48　705厂区改造的国防工业体验园重点建筑区域鸟瞰

接,使得本来狭长的场地在横向上得以拓宽以容纳更多的训练项目。塔楼部分主要作为武警的特训场所,包含特有的训练项目,并在底层空间布置间歇使用的模拟对战训练场地(图4.49～图4.52)。

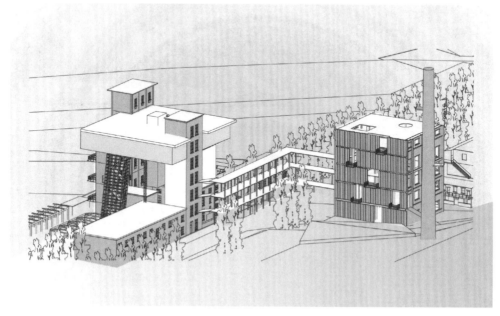

图4.49　以保留的塔楼为核心的军工体验园建筑综合体

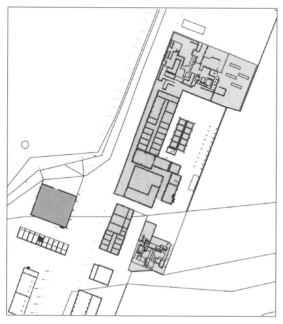

图4.50　塔楼军工体验综合体底层平面图

图4.51　塔楼军工体验综合体训练时场景

图 4.52　塔楼军工体验综合体剖面图

4.3　第 3 组：光华 1965

指导教师：张松　　　学生：张雨奇　黄瓒　张之洋　王浩

本方案以"光华1965"为题，第一个字取光明化工厂的第一个字"光"，"华"取的是化工厂"化"的谐音，也是当年独立自主、自力更生、艰苦奋斗精神的写照。设计以遗产保护优先，对已在城市规划中所确定的场地周边路网与用地进行适当调整，在不破坏遗产的前提下增加场地自身的活力及其与城市的联系。在总体设计方案中基本保持了705厂原有建筑的空间结构和工业场所环境肌理，并确定了重点保

图 4.53　锅炉房及周边建筑、烟囱改造意向

护、一般保护,以及拆改留的设计策略。在功能结构方面,规划引入民俗文化产业、观光农业、汽摩展示交流等新的功能和业态,在保护工业遗产的价值和场地特征的前提下,将这一工业遗产地段塑造为新城开发建设活力的激发点(图4.53)。

4.3.1　规划调整

1. 优势分析

东部新城规划面积约有9.38 km²。尊重原规划框架,保留部分结构关系,针对本地区的区位优势、资源优势做出相应调整,以使其更科学合理、结合实际(图4.54、图4.55)。通过现状分析后发现,大通的优势资源主要有两个:一是生态资源;二是文化资源。生态资源包括"山、水、田"的概念,文化资源既包括大通本地多民族的民俗文化,也包括目前没有被开发的工业遗产文化。大通现状有以下特点:① 区位地理优势,与西宁市空间联系紧密,是西宁到门源的旅游交通线的一个节点;② 自然资源非常好,有天然的生态基础,新城区域四周环山;③ 大通历史悠久,是一个多民族地区,拥有皮影、刺绣、剪纸,还有老爷山花儿会等多种特色的民族文化活动。但目前其文化产业并不发达,有很多有利的文化资源被忽视了,工业遗产文化是目前

图4.54　大通县总体规划

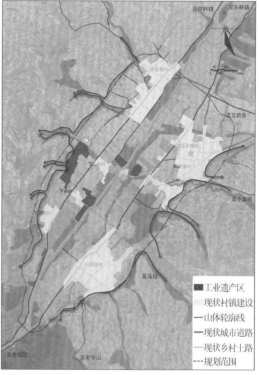

图4.55　大通县东部新城基地现状分析

被忽视的一个文化资源,大通作为全省著名的工业县,现在有200多家工业企业。在产业结构调整的背景下,许多企业面临着转厂、关停的问题。我们将挖掘工业遗产的文化内涵,将它作为一个资源纳入新城的建设当中。最后一个是汽摩文化,它并不是大通的文化遗产,却是非常流行的时尚元素,结合了青海湖自驾游和环青海湖自行车赛等有利契机,利用这样的区位优势将旧厂房改做汽车营地。综上所述规划定位的总目标为"大美青海,情在大通,创意西宁,文化新城"(图4.56)。

东部新城基地现状以自然村庄和农田为主,新区场地内所含有的工业遗产以"飞地"的空间形式嵌入到场地的自然山水机理与农田环境当中。城市建设方面,目前新区的两条主要道路已经建设完成并与现状村庄道路相衔接。

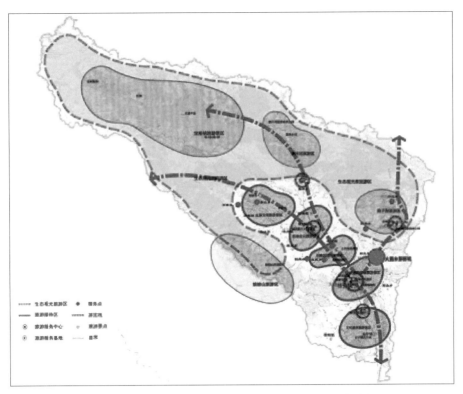

图4.56　大通县旅游景区规划(红点为东部新城所在地)

2. 路网调整

基于对新区内工业遗产区的保护与发展规划,应对东部新区的路网结构进行一定的调整,确保新城道路不破坏遗产,并适当提高路网密度,提升交通可达性,提升土地利用效率,增加城市空间场所的人气(图4.57、图4.58)。另外,应当适当缩小道路红线宽度,实现集约土地利用的目标,并聚集人气,提升城市土地的综合效益(图4.59、图4.60)。

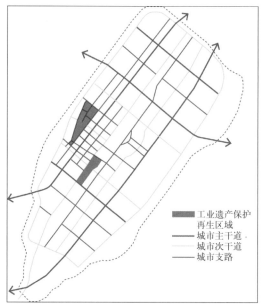

图4.57 东部新城规划路网调整

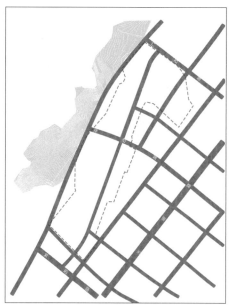

图4.58 705厂所在区域规划路网调整

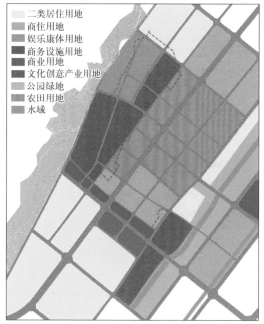

图4.59 705厂及附属厂用地性质调整

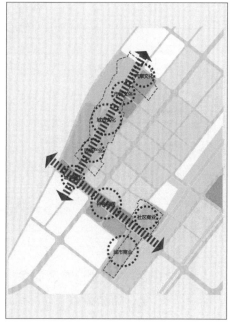

图4.60 705厂及附属厂东部新城用地性质调整

4.3.2　现状评估

　　现状评估包括建筑年代调查、建筑类型分析（如生产车间、行政办公、仓储车间等）、特色构筑物分析（如锅炉房后的烟囱、光明玻璃厂里的水塔等）、绿地和植被分析（如705厂被大片农田包围及厂区里一些生长多年的高大乔木等在未来的改造中需要保留）、市政和公共设施分析（大片油菜花地里因架设高压线而考虑将其作为景观保护区不做高强度的开发）（图4.61～图4.64，表4.7）。

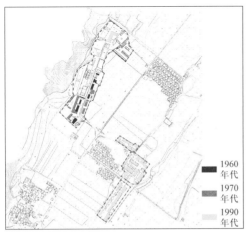

图4.61　705厂及附属厂建筑年代分析

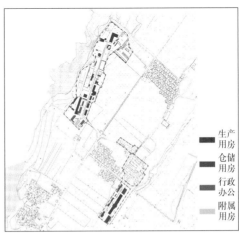

图4.62　705厂及附属厂建筑类型分析

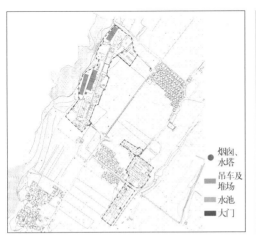

图4.63　705厂及附属厂构筑物分析

图4.64　705厂及附属厂绿地植被分析

表4.7　705厂建筑遗产价值评估

因子		价值描述
本体价值	历史价值	该厂为"三线"时期重点建设的国防军工企业,其意义不仅限于大通,对西宁、青海乃至是整个西部都具有代表性和稀缺性,可以成为中国特色工业遗产和工业文化的品牌。保留了许多建厂初期的建构筑物及20世纪90年代以后的生产设备,反映了由军工改民用的历史,具有很高的遗产真实性和完整性
	真实性	
	完整性	
	代表性	
	稀缺性	
	科学技术价值	发展了重水、啤酒、啤酒瓶、注塑、碳化硅等多条生产线,保留了一些建厂图纸、生产工艺,具有一定的科学技术研究价值
	社会文化价值	自行设计和建设了重水产品生产线,反映了当年"独立自主、自力更生"的艰苦奋斗精神,在当下具有宣传教育意义。建设于乡野田间,是特殊时期的"工业飞地"。对支援建设的工人具有特殊的情感价值,对本地农村的社会发展也产生了影响,具有突出的普世价值
	艺术审美价值	部分厂房和设备造型独特,对先锋艺术爱好者具有吸引力
再利用价值	使用价值	节约资源、能源,低碳、环保的开发模式
	经济价值	发展旅游经济

另外不容忽视的是环境污染和将要面临的耕地治理问题。该厂早年为重水化工厂,之后又先后生产过聚合氯化铝、聚合硫酸铁、碳化硅等产品,生产过程中排放了不少废水、废气等污染物,几十年的排放积累对厂区的土地包括植被等都有较大的污染,因此要先做环境污染测评,然后再制定土壤修复策略,这将会直接影响到今后的开发定位。

4.3.3　保护规划

我们对705厂区内部的建筑进行评估,对建筑保护进行分级,形成两个核心保护区。确定了拆除部分,重点保护部分和一般保护部分。重点保护面积10 423 m^2,一般保护面积11 387 m^2。现有建筑面积约22 000 m^2,新建面积58 668 m^2,拆除面积1734 m^2,拆除率7.6%,改造率92.4%(图4.65,表4.8)。

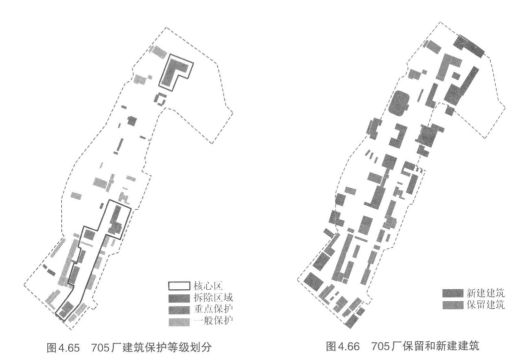

图4.65　705厂建筑保护等级划分　　　　　图4.66　705厂保留和新建筑

表4.8　705厂现有建筑保护分级一览

保护分级	保护对象编号	图片示意	
重点保护	N2、N14、N15、N17、N18、N19、N20、N22、N28、N31	重水生产车间	35 t 锅炉房
一般保护	N3、N4、N5、N7、N10、N11、N12、N13、N16、N26、N27	厂区公安处	厂区仓库
局部保护	N1、N6、N8、N9、N21、N23、N24、N25、N29、N30	一般建筑	一般建筑

4.3.4 概念规划

　　首先厂前区作为民族文化产业园，包含生产、销售、展示等功能；中间是"三线"建设文化主题公园，包含雕塑、文化等；厂后区域更接近普通民众，有体育场和音乐厅等，最后是自驾车营地。我们在705厂植入民俗产业，一方面带动民俗产业与传承，如唐卡制作，传统手工业，农牧业等；另一方面将其发展为观光产业产生经济效益。北侧发展为城市文体中心，与汽摩文化场地，满足城市需求（图4.67～图4.71）。

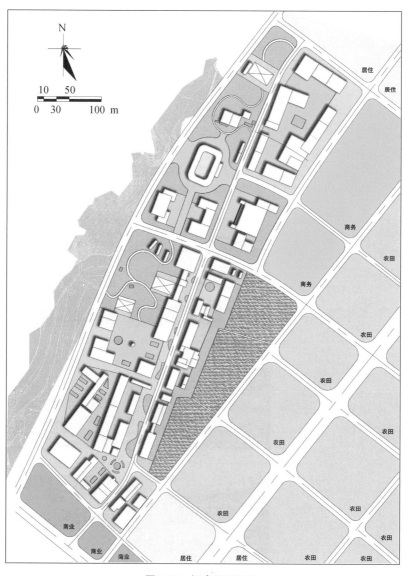

图4.67　概念总平面图

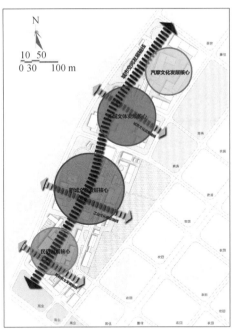

图 4.68　规划结构图

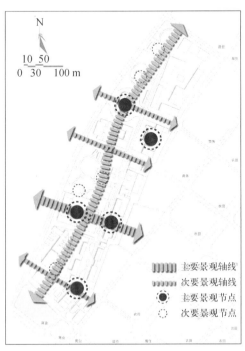

图 4.69　产业划分图

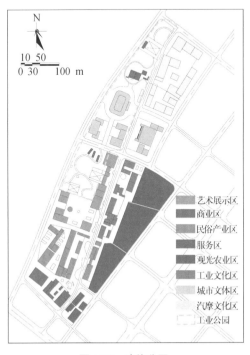

图 4.70　功能分区

图 4.71　景观轴线

4.3.5　重点设计

　　针对705厂原锅炉房进行单体改造（图4.72～图4.75）。由于20世纪80年代所建的锅炉房下面是60年代的一个厂房基址，旁边新建的博物馆建筑需要考虑到该厂房基址，并和原有建筑形成一个新旧对比。烟囱的改造可参考上海当代博物馆的改造，里面做螺旋楼梯。

图4.72　锅炉房及周边建筑、烟囱改造意向

图4.73　锅炉房内部改造效果1

图4.74　锅炉房内部改造效果2

图4.75　锅炉房内部改造效果3

4.4　第4组：705重水城核聚力

指导老师：董卫　陆地　　学生：田国华　李欣　任佳前　田启晶

本方案关注705厂所在的整个新城基地，敏锐地发现705厂推进周边地区城市化进程可能的巨大潜力及其在这种作用中的合理定位，提出以工业遗产区为"触媒"，以其曾经的重水处理塔楼为历史线索，将其作为某种"核聚力"，形成影响周边区域发展的辐射效应，建设双重的活力新城（图4.76）。另外，以此为基础，根

图4.76　3个塔楼连接后的新建筑体

据当地的实际开发可能性,突出了疏密有致的规划思路,一方面利用带有自然之
美的田野组织规划建设用地;另一方面用多功能混合的模式强调原有工业遗产
区的开发密度和开发量,使之成为城中之城,成为一种真正具有凝聚力和推动力
的发展核心。

4.4.1　价值评估

　　原先厂区的主干道被保留下来,它贯穿了厂前区、生产区和厂后区(图4.77)。
改造后的厂区情况如下:厂前区为辅助功能和餐饮住宿区,入口处通过适当改造
作为工业遗产博物馆,生产区北侧是文化办公和商业,南侧是最重要的塔楼建筑,
再向南是休闲娱乐和依山势而建的露天剧场——可以举办大通花儿会等民俗活
动,带来可观人气。对于遗存建筑的策略是把质量好的和有价值的都保留下来,而
一些位于厂后区的厂房由于非常破败而拆除重建,因此厂中区主要是保留,厂前区
为改造。保留下来的两个7层和一个6层的塔楼,以及一个5层的锅炉房构成了整
个厂区的工业灵魂和记忆。

4.4.2　概念规划

　　新城规划首先提取3个重要元素——山、水、建筑遗产(图4.78)。对明清以

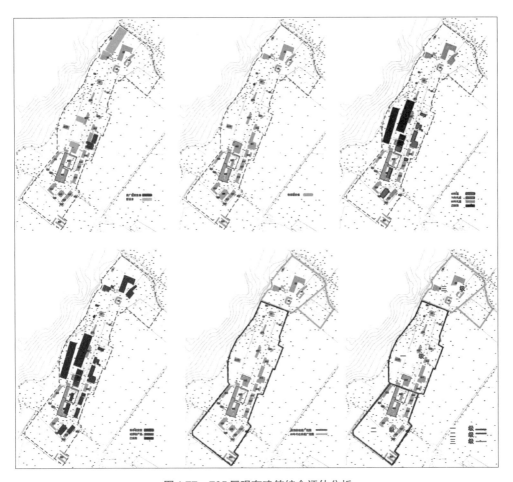

图 4.77　705 厂现有建筑综合评估分析

来现有的村落遗址进行分析——明代的阿家堡村、清代乾隆时期的下吉哇村，历史
都比较久远，可惜大都只有史料记载，没有现存实物（图 4.79）。因此第一次概念
生成是采用以保留元素＋保留村落＋引入绿源的方式，并对方格网进行规划，形成
了第一次的路网系统和概念分析，"一带一轴"，工业田园城市。绿树带可以穿过
这个城市，将山、遗产保留这一规划设想比较理想化，需要更加深入的探讨。在第
一次规划基础上，对核心区进行更详细的功能定位，即 705 厂区及周边附属厂，形
成"一核两翼，核聚发展"的规划思路，即新城中心是商业区，作为核心发展驱动，
两片工业遗产地是两翼。整个 705 厂区均分布在河道一侧，中间是商业用地，啤酒
瓶厂和啤酒厂因为保存相对完整，可以改建成学校等。城市要兴起则必须有商业，
针对土地比较缺乏情况应进行土地高强度的开发，但同时又要进行遗产保护的工
作。因此这块土地将被赋予一定的功能，并进行一定强度的开发，来唤起它的活力
使它能够真正存活下来（图 4.80～图 4.84）。

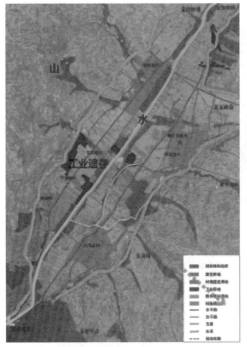

图4.78 山、水、建筑遗产

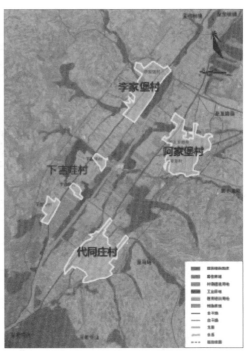

图4.79 村落遗址

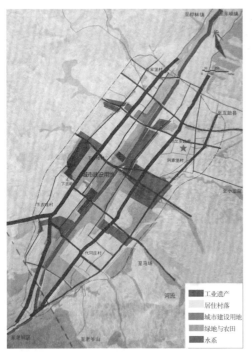

图4.80 基地用地性质分析

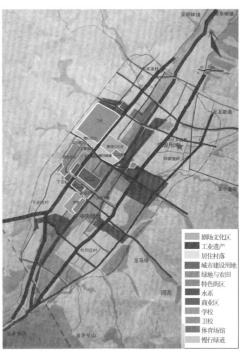

图4.81 重点区域功能定位

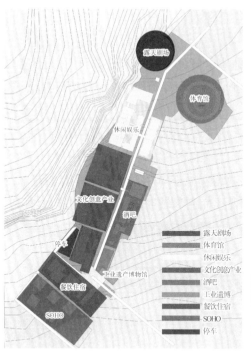

图4.82　705厂概念规划定位

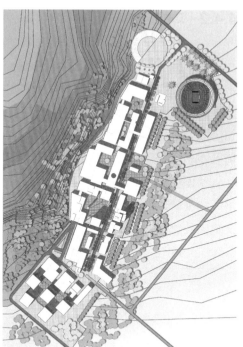

图4.83　705厂概念总平面图

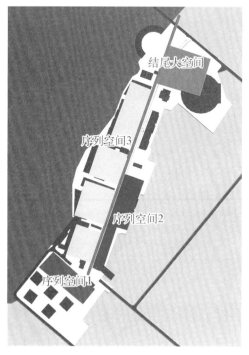

图4.84　705厂概念规划空间序列

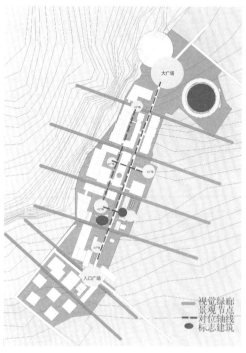

图4.85　705厂概念设计景观视觉走廊

4.4.2 功能定位

705厂南侧与规划的绿荫道相连,而体育馆和露天剧场建在这里可以形成非常大的人流集散地,因为离它们最近的地方人流量大,所以它们的南侧可以设置休闲娱乐和健身设施。再向南是文化创意产业园,这与厂区自身的特点联系密切。改造为酒吧的地方曾经是厂区最重要的区域——厂中区。厂中区南侧是厂前区。

空间布局以道路规划为轴,形成一个空间序列,开辟视觉通廊,保留基地与山之间的视觉连通。从厂门入口后依次排列餐饮住宿等辅助功能、工业遗产博物馆、文化商业、休闲娱乐、公共广场到达最后区域的露天广场和体育馆。规划中的重点

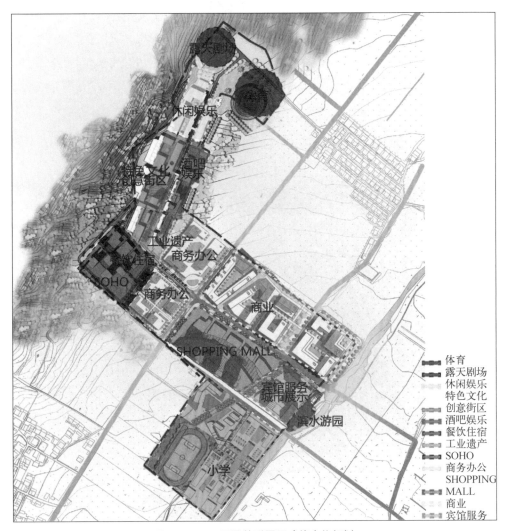

图4.86 705厂及其附属厂功能定位规划

区域节点通过设计形成人流核心区（图4.86～图4.89）。其中新建体育馆、锅炉房和塔楼3个建筑形成本案的标志性建筑。

　　对现有建筑的改造分为几个层次，厂前区改造为餐饮住宿，将原先靠近大门的职工食堂改为餐饮，使方便出入。餐饮住宿区后的空地上作为SOHO办公区域，文化创意产业园区占据了原生产区的较大的面积，有各种艺术家工作室等。几个保留下来的塔楼改造成酒吧，并用玻璃盒子把它盖起来进行保护，而锅炉房利用玻璃幕墙既获得良好的经济收益，也使现有的烟囱附近形成一个广场。建立酒吧是考虑到青海旅游及各种产业都很多，它们要真正存活下来会受到季节性的影响，加上塔楼每一层面积都不大，隔成小空间会有别致的感觉，特别合适酒吧空间类型的使用定位。

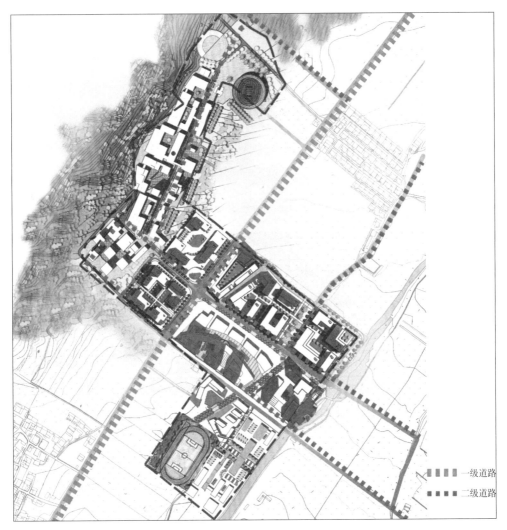

图4.87　705厂及其附属厂概念设计总平面图

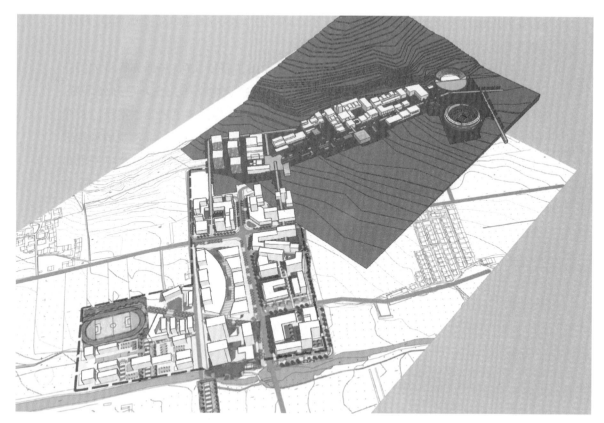

图4.88　705厂及其附属厂概念规划鸟瞰1

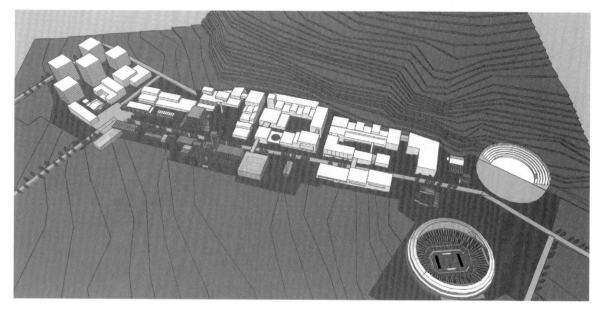

图4.89　705厂及其附属厂概念规划鸟瞰2

4.4.3 重点设计

图4.90 3个塔楼保留和连通后的建筑综合体

图4.91 3个塔楼保留和连通后的建筑综合体线描图

图4.92　3个塔楼保留和连通后的建筑综合体外广场1

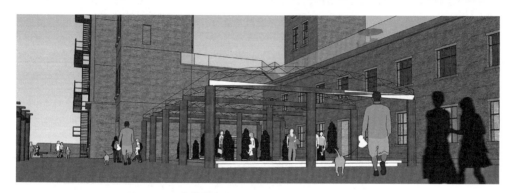

图4.93　3个塔楼保留和连通后的建筑综合体外广场2

图4.94　3个塔楼保留和连通后的建筑综合体外广场3

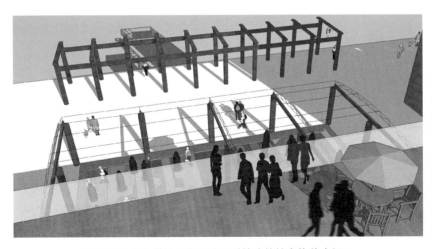

图 4.95　3 个塔楼保留和连通后的建筑综合体前广场 1

图 4.96　3 个塔楼保留和连通后的建筑综合体前广场 2

图 4.97　3 个塔楼保留和连通后的建筑综合体前广场 3

4.5　第5组: 新光明工坊

指导老师: 周立军 朱晓明　　学生: 刘晓丹 蔡少敏 叶长义 李青青

通过调研对705主厂区等工业遗产进行价值评估,确定其历史价值和经济价值。在此基础上,确立了活态保护的基本设计理念,即在不破坏原有厂区和建筑空间肌理的情况下,注入新的功能,让旧建筑再生。将厂区环境与周边的农业景观紧密结合,在保留厂区主干路基础上,让支路打通成环路,方便交通,将厂区内的一些空地开辟成农业科研示范田,与周边农田交错融会。利用厂区的地理区位和空间特点,拟将现有旧厂区改造成"乡村基层干部培训基地",以提高广大农村基层干部的文化素质和管理水平,这也是国家十分关注的工作之一,采用参与式、互动式的空间组织方式,将厂区的工业设施和特殊空间建筑改造成游乐休闲建筑和设施,吸引周边农民参与活动,形成友好型空间环境,产生一种特殊的教育教学空间(图4.98)。

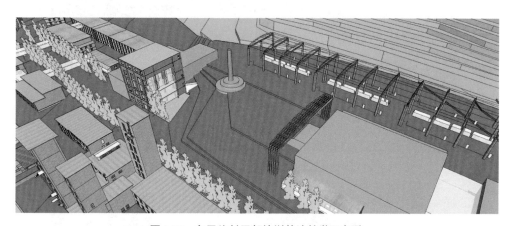

图4.98　多民族村干部培训基地教学区鸟瞰

4.5.1　价值评估

首先对厂区现有建筑情况做了一个细致的普查统计,包括建筑结构、层数、功能性质及建造年代等因素。经现场调研和价值评估后,确定建筑保留级别,保留建筑和新建建筑各占到一半左右。

表4.9　705厂现存建筑概况一览

厂区位置	建筑编号	原图编号	建筑层数	建造年代	建筑结构	建筑性质
厂后区	N1	—	1	20世纪60年代	砖混结构	不详
	N2	—	1	20世纪80年代	钢混框架	生粉车间
	N3	—	1	不详	不详	不详
	N4	—	1	20世纪60年代	砖混结构	不详
	N5	—	1	20世纪60年代	砖混结构	不详
生产区	N6	不详	1	20世纪80年代	砖混结构	工艺车间
	N7	651	1	20世纪60年代	砖混结构	工艺车间（造气工段）
	N8	不详	1	不详	钢混结构	不详
	N9	316	1	20世纪60年代	砖混结构	不详
	N10	616	2	20世纪60年代	砖混结构	生产检修间
	N11	441	1	20世纪60年代	砖混结构	循环水泵房
	N12	652a	1	20世纪60年代	钢结构	652车间控制室（已拆除）
	N12a	431	局部2层	20世纪60年代	砖混结构	软水站
	N13	301	1	20世纪60年代	砖混结构	1号变电站
	N14	653	2	20世纪60年代	砖混结构	工艺车间（生产重水）
	N14	654	1～7	20世纪60年代	钢混结构	工艺车间（减容电解）
	N15	153	4	20世纪60年代	砖混结构	气体防护站及诊疗室
	N19	208	5	20世纪60年代	钢混结构	35t锅炉房
厂前区	N16	—	2	20世纪60年代	砖混结构	工艺车间
	N17	—	3	20世纪60年代	砖混结构	不详
	N18	—	3	20世纪60年代	砖混结构	仪表车间
	N20	—	2	20世纪70年代	砖混结构	上层保卫处，下层救护车库
	N22	—	3	20世纪60年代	砖混结构	行政办公
	N23	—	1	20世纪60年代	砖混结构	供应科
	N24	—	1	20世纪60年代	砖混结构	仓库
	N25	—	1	20世纪60年代	砖混结构	仓库

（续表）

厂区位置	建筑编号	原图编号	建筑层数	建造年代	建筑结构	建筑性质
厂前区	N26	—	3	20世纪80年代	砖混结构	科研办公
	N27	—	3	20世纪80年代	砖混结构	财务会计
	N28	—	1	20世纪60年代	砖混结构	职工食堂
	N29	—	3	20世纪80年代	砖混结构	冷库（食堂用）
	N30	—	1	20世纪80年代	砖混结构	不详
	N31	—	1	不详	砖混结构	温室

注：以设计营汇报文件为基础，做了进一步补充和整理后重绘。

图4.99　705厂区建筑现有建筑编号图

图4.100　705厂区建筑保留分析

注：可拆除建筑：5953栋18.9%；宜保留建筑：25 484栋81.1%。

4.5.2　片区规划

作为西部工业百强县的大通县，可谓青海工业的摇篮，工业遗存成为青海省其他县乡不可替代的优势资源。基地所在的片区有非常优越的自然资源，背靠青山，濒临东峡河（图4.101）。由于该厂是"三线"建设时期的一块"工业飞地"，在概念设计中希望延续"绿轴贯穿村庄，村庄围绕其间，夹杂城市建设用地"的规划意向。这一地块在东部新城规划中是以行政中心为核心的"城市活力区"，现改为文化和教育中心。片区规划分为3部分：村干部培训基地和民俗体验区、农田保留区及民族特色产业研发区（图4.102）。目前东部新城中已建设了一条道路，以这条道路为基础，根据规划需要对其进行拓宽，根据村庄保护和厂区利用设置合理的路网分割，同时在河道两侧设置绿地。村庄被保留下来成为特色农业示范区，与干部培训区之间有景观上的连续性（图4.103）。

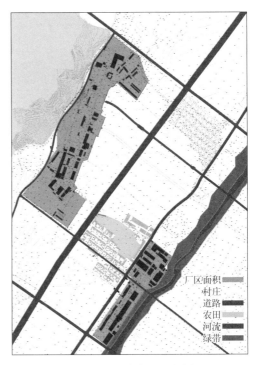

图4.101　基地片区现状分析

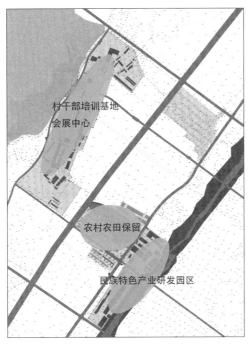

图4.102　基地片区三大功能分区

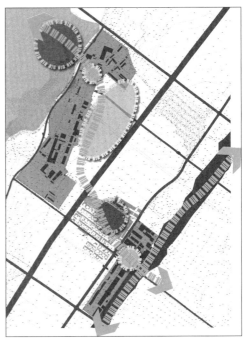

图4.103　景观分析

4.5.3　功能定位

图4.104　功能组团分析

705厂的功能定位为多功能复合,融合文化教育产业和特色旅游经济,传承工业历史记忆和民族特色(图4.104)。其中村干部培训基地是基于中共中央办公厅印发的"关于基层党员教育培训"的指示精神建立的。在2014～2018年全国党员教育培训工作规划中提出,每年基层党员干部领导集中培训不少于56学时(图4.105)。因此党员村干部教育基地具备一个宏观的政策背景,可实施性较强。通过查阅相关资料,发现西宁整个片区有4个干部培训中心,但只有湟中县有农村党员干部培训中心,但它离大通县有很远的距离。因此我们在大通县开设多民族的村干部教育培训基地,不光辐射到大通,也可以辐射到整个西宁,受众面比较广。民俗文化体验园里包括大通皮影、刺绣、花儿、彩陶、唐卡、特色饮食文化、农业种植等内容,突出大通特色旅游和民俗文化的优势(图4.106～图4.108)。

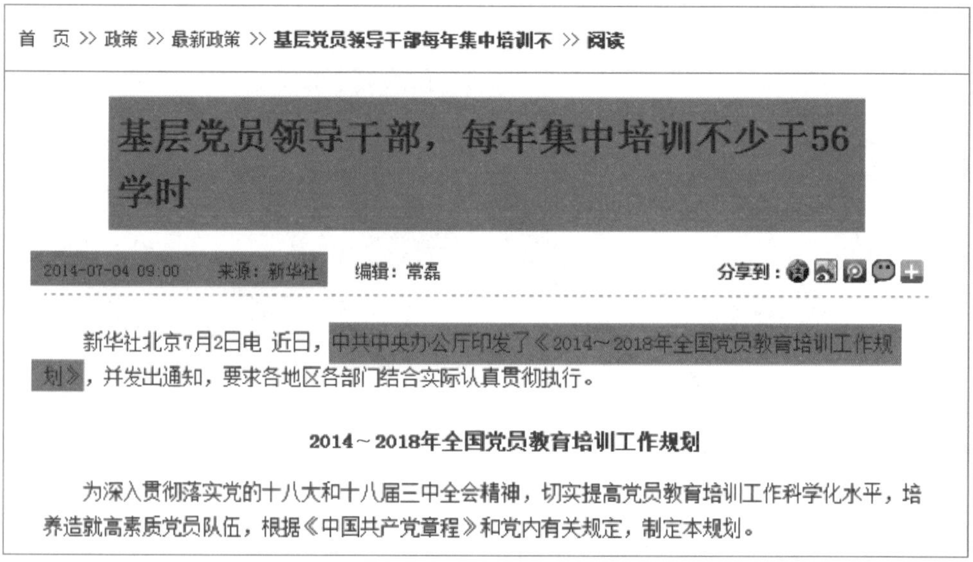

首　页 >> 政策 >> 最新政策 >> **基层党员领导干部每年集中培训不** >> **阅读**

基层党员领导干部,每年集中培训不少于56学时

2014-07-04 09:00　来源:新华社　编辑:常磊　　　　　分享到:

新华社北京7月2日电　近日,中共中央办公厅印发了《2014～2018年全国党员教育培训工作规划》,并发出通知,要求各地区各部门结合实际认真贯彻执行。

2014～2018年全国党员教育培训工作规划

为深入贯彻落实党的十八大和十八届三中全会精神,切实提高党员教育培训工作科学化水平,培养造就高素质党员队伍,根据《中国共产党章程》和党内有关规定,制定本规划。

图4.105　关于基层党员教育培训的指示

图4.106　大通花儿会

图4.107　大通皮影

图4.108　大通刺绣

从主入口进入主广场，主广场背山面田，连通两个片区，可以作为举办花儿会等大型晚会或者开幕式的承办场所。主广场向南是村干部培训教学区，教学区中心为开放式广场，以保留的大烟囱为景观标杆，将围合的7层塔楼区域作为工业景观展览区，将5层高的锅炉房改建成图书馆、大礼堂和排练厅等，培训教学区在农闲时可培训农业种植等技术。再往南是后勤服务区，原有的职工食堂保留原始功能，临近的两栋建筑为宿舍区和新建小宾馆。篮球场作为这个区域的生活设施，对周边民众开放（图4.109）。

主入口广场向北是民俗体验和会展中心，保留的厂房改造为民俗博物馆，以博物馆为中心设置的大型会展区可以展示当地的风土人情，也可以承办一些农民的文化展，车展、画展等以弥补大通县会展业的短板，带动整个区域的经济。充分利用现有的空地，在有会展需要的时候可以利用钢构架搭建临时会展的展棚，冬天无展览时可全部收起恢复此平地，浇上水作为滑冰场。保留原工厂的生产构建，将软文化的生产如刺绣、彩陶等取代污染性生产，作为民俗展览的一部分，也解决了原厂工人的再就业问题。

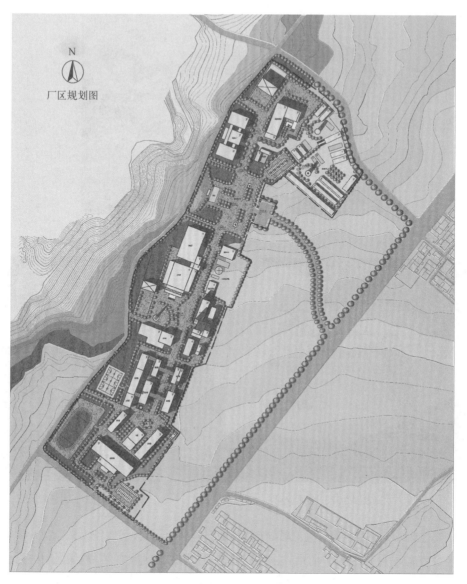

图4.109 705厂区规划图

注：建筑用地面积12.7万 m²；总建筑面积52 383 m²；其中新建建筑面积26 899 m²；保留建筑面积25 484 m²；容积率0.43；建筑密度21%。

交通规划上一条车行道外侧包围基地，厂内靠近道路处设置3处停车场。主入口车流向后山引导，整个厂区内部保留步行系统。景观上以山体和田地为重点自然景观，并在山体田地的连线上设置景观视觉通廊，将一些景观小品根据厂区走向连成整体，在自然景观的映衬下重塑当年的工业景观。保留原来工艺流程的生产区域，用景观绿地来处理和修复污染处，并用景观的方式将工艺流程的生产展示出来（图4.110～图4.112）。

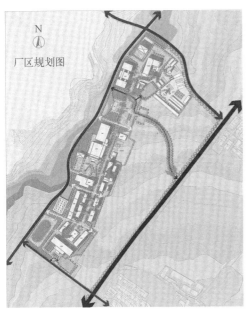

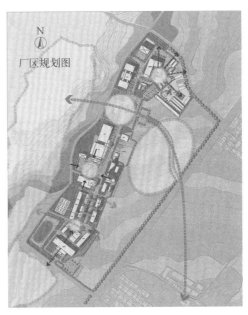

图 4.110　705 厂区规划道路分析　　　　　　图 4.111　705 厂区规划景观分析

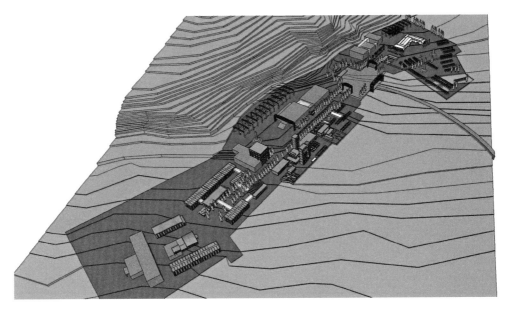

图 4.112　705 厂区规划鸟瞰

　　南邻河道的文化创意产业园引进一些非遗项目来传承和保护当地的濒危手工艺。例如，皮影，可以单独划出一小部分区域作为生产、教学、展览和售卖。而农业示范园有几个特点：第一它的多民族性；第二为片区提供软配套服务；第三可以做一些生态技术性示范，如沼气、风能利用等；最后为农家乐功能。总之把它改造为一个集生产、旅游及文化宣传为一体的综合体（图 4.113 ～图 4.115）。

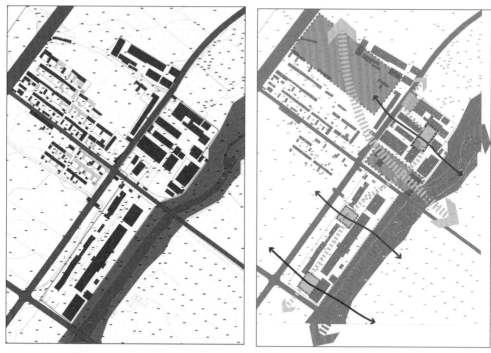

图4.113 光明啤酒厂和光明玻璃瓶厂现状分析　　图4.114 光明啤酒厂和光明玻璃瓶厂景观分析

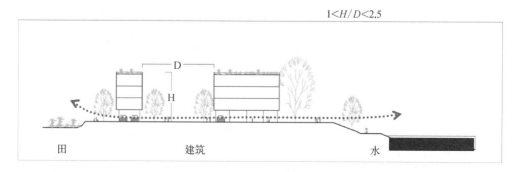

图4.115 光明啤酒厂和光明玻璃瓶厂剖面导则

4.5.4 单体设计

　　生粉厂位于基地厂后区,大小两个生产车间之间结构完全脱开,小食堂也与两厂脱开。主体建筑柱跨6 m。生粉厂厂房基本结构保留完好,但是外墙大面积损毁。改造的出发点是避免工业建筑的冰冷感,在这些建筑之中加入一些方盒子,未来可以在上面做颜色处理(图4.116～图4.118)。

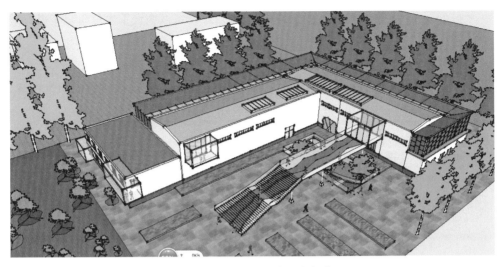

图 4.116　生粉厂厂房改建鸟瞰

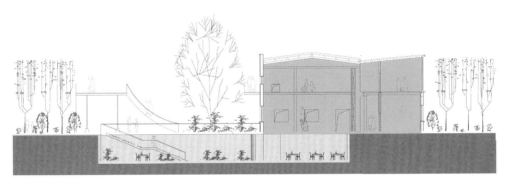

图 4.117　生粉厂厂房改建剖面图

图 4.118　生粉厂厂房改建外观效果图

由于厂后区是整个705厂基地最高处,利用这一特点增设了大台阶以将将视线抬高,为了增大使用面积计划在厂房楼上加建一层。周边的乔木得以保存。

为了拓宽建筑面积,形成比较好的空间关系,设置了地下室空间。结构上为了保护建筑的原有柱基,地下空间采用了柱中心向外开挖1.5 m的方式来保护柱基。地下室改造为咖啡厅和报告厅。地下室建成部分呈"L"形,前有景观绿地,高大的部分是厂房,"U"形结构的地方是原化验厂。

生粉厂厂房改建步骤为第一步沿着外圈梁上加壁梁,在此基础上增加木梁,外围表皮可能采用玻璃或者金属板,以减轻重量和体现工业性,并与下方形成新旧对比,利用钢结构或木材建造屋顶,两侧屋顶有采光天窗(图4.119)。

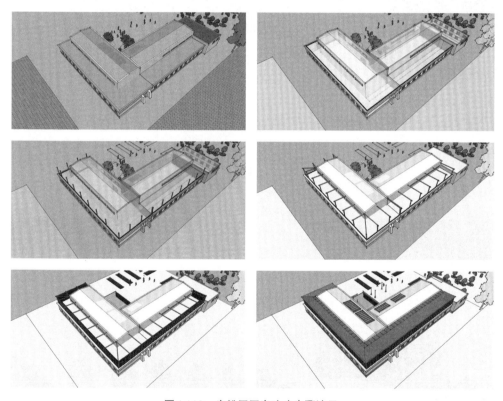

图4.119　生粉厂厂房改建步骤演示

4.6　嘉宾与指导老师点评

参加此次青海大通工业遗产再生设计营汇报的领导、嘉宾、专家和老师名单如下:当地政府和相关部门的有孔佑鹏、李群、熊士泊、王涛、杨来申;高校方面的有刘伯英、徐苏斌、左琰、陆地、周立军、苏谦、支文军、李欣、王刚、韩秀茹。

1. 政府

孔佑鹏： 非常感谢有机会参加这次成果汇报，我认为设计营的目的在于如何使大通老工业基地重新焕发新的生命力。今天听了几个组的成果汇报，很有启发，也很受感动，专家教授和学生们在这短短几天里梳理了大通工业遗产的脉络，而且和大通的发展现状结合起来，非常难能可贵。想提两个建议：第一个是前三个组的概念都和旅游相结合，而工业旅游产品需要考虑市场和游客的需求。这三个组的汇报规划偏多，实施上谈得少。青海观光性的旅游产品比较多，体验性的比较少，所以这个希望大家要引起注意，要体现出差异性。第二，作为我们政府来说，若要完成这个项目开发需要将方案做成项目文本，这样推荐给开发商形成一个可操作性项目，便于我们招商引资，那就会起到更好的作用。

2. 嘉宾

李群： 听了各组学生的汇报后感到很欣慰和感谢，三句话来概括：一是大家对场地的分析很深入；二是目标定位很丰富；三是设计构思很精彩。在这么短的时间内拿出这些成果确实不简单。设计营开营那天我就来了，但是我没讲什么，我一直在看，觉得这事在青海是一个大事，5个全国著名高校加上青海两个、甘肃一个学校，这么多著名教授还有这些学生，多数都是研究生，聚集大通来研究青海工业遗产。在没有深入调研和定位之前，大家都觉得705厂只是个被人遗忘的破厂房，而大家做出这多好的设计后，再研究这个问题，我觉得无论从文化、社会发展角度或是学生的研究角度来说，都觉得意义重大，特别是我们长期在青海工作的人，我们从心里是很感谢的。下面我提3点建议。

第一，有些小组的目标定位是深入分析的结果，这种研究方法值得鼓励和推荐。例如，给村干部做培训，这个有特色，结合了青海市场，青海已有3个，这个可以作为第4个。还要提出一个概念，要能说出它在青海省的地位、在全国甚至在世界的地位，目标定位是我们做任何事的基础。这次通过大家的共同努力，目标定位丰富了，提出了多种可能性，非常好。如果时间允许，希望对目标定位继续深化。例如，这个区域做成文化产业，这个产业定位和功能业态一定要和大通县、西宁市、青海省、全国，甚至是和世界联系起来，做一些必要的研究。

第二，从规划层面，我觉得大家这次都比较客气，把已有的东部新城规划当作一个既定的事情，其实现在东部新城还在一张图纸阶段，只修了两条路，其他还没有呢。新城怎么搞、我们的工业遗产保护项目在新城发展格局中的定位等，需要大家深入研究，工业遗产的盘活是否可以作为大通振兴新区启动的一个发动机呢？从这个角度说，新城的总体规划该不该改？工业遗产所在地就是一个文化产业区，可以通过分区规划，把它在新城里的生长和发展的关系说清楚，所以应该有个规划调整意见。刚才孔佑鹏县长临走时说了要立项才能审批，如今要立项必须有规划，没有规划，那不是项目，批不了。所以对于新区未来规划上胆子应该再大一点，提出一些建议和要求，我们要将自己的想法主动勇敢地放在新城规划中，要让新城围绕着我们的目标做点什么，这样这个项目才能真正落地。

第三，很多组今天汇报都做了城市设计。这一点我很佩服，大家这么短时间做了这么多事情，那么从城市的下一步发展来看，就要扩大范围来研究，新城周边环境和城市区域发展，这个我们也得控制起来，包括我们对河道的改造，对其他建筑的高度、形象、色彩等控制。现在很多省市在发展阶段都要做片区的规划和设计，若工业遗产保护这么重要的话，可能只研究他还有点不全面，可以在更大范围内加以考虑。

王涛： 我完全赞同孔佑鹏和李群两位同志的说法，首先肯定这次大通设计营汇报会非常成功，所有专家学者、老师同学，利用这么短的时间，加班加点克服重重困难，完成了设计成果并汇报。各组老师经过反复周密的研究，各有侧重和亮点，在705厂区做了总体概念规划设计，总体规划布局上既有保留也有变化，从比重上讲，一大部分保留，小部分拆除甚至还要增加一些项目内容，这就是我们最大的特点和共识。另外，尽管时间短，我们各组的成果按照行业概念设计标准来衡量，国家标准的内容、深度都差不多达到了，有深度，还建立了模型，不简单。

支文军： 从这些小组的汇报中看到了所有师生对工业遗产保护的一份热情和责任，相信这么多工作肯定是加班加点做出来的，所以对大家的成果我还是非常肯定的。这5个组汇报有不同特点，倾向性非常多，有些组关注的是工业遗产本身的调研、价值评判、定位等；也有的把工业遗产和当地旅游项目的开发相结合；还有的小组成果相当于一个房地产开发，做一个概念设计。所以对工业遗产的关注度是不一样的。作为西部地区，青海、西宁、大通县遗留下这么多"三线"时期工业遗产，它们的价值有待于我们去挖掘和研究，这项工作非常有意义。另外，当年大通工业遗产为国家备战做了贡献，站在国家的层面来看待这些遗产的保护和这种历史文化的价值就更有意义了。我今天去了金银滩的原子能博物馆，感觉还是非常震撼，被几十年前参与建设的人们的满怀斗志、报效祖国的精神所打动。

李昕： 我主要谈两点，一是我对这个项目的看法；二是对设计方案的点评。我觉得这五组各有特色，但大多数都能以保护为依托，但不容忽视的是"三线"是我国一个特殊时期的历史产物，在社会大多数人眼中705厂并不是工业遗产，而只是一个破厂房，那么如何真正推动有关利益相关者在实践中认识的转变包括行动的转变，这是一个关键。所以最重要的是应该在再利用方面下功夫，如果能拿出好的利用方案,拿出很好的项目,让大家看到705厂潜在的效益,那么保护的成本就不再是问题,由此最终的功能定位十分关键。军工文化体验园是一个不错的创意,是否还可以加一些运动或与训练有关的活动。例如,青海湖自行车赛,这里能成为自行车赛线路中的一个点,或是结合新城的活动作为一个综合性的文化园区,同时与外围有关活动相结合,这更需要多方的共同合作。为了推动这个项目的发展,我们以后可以引介一些文创发展方面的专家和企业一起深入探讨大通新城的未来发展。

3. 高校

周立军: 这次来参加大通工业遗产再生设计营,从开营一直到今天我参加了全过程的指导。今天是一个丰收的日子,非常高兴看到大家把成果展示汇报出来。回顾和梳理一下整个过程,第一,我们进行了调研,调查是研究的基础,调研工作无论是同学还是老师的态度都特别认真,我们对705厂区做了近乎是地毯式的调查,其中有一个比较高的建筑——5层高的锅炉房,外墙面只有一个简易的钢楼梯可达顶部,为了看清建筑内部的结构,左琰老师、张松老师、董卫老师,以及苏谦老师等都爬上高空,跟同学一起拍照、勘察,这个场景让人非常感动;第二,就是对资料的分析整理,徐苏斌老师参营后给我们带来了关于遗产价值评估的一些概念和方法,这些方法和步骤非常有效,使我们工作更有理论性,在这次汇报中都体现出来了;第三,从设计理念形成方面,同学的概念是多样性和差异性的,且都有一定依据和研究支撑。尽管时间比较短,最后的成果各组都选择了适宜的表达方法,基本上圆满地把大家的设计理念表达出来。

在整个过程中,我还有3点感受:第一是学生那种积极投入的热情,大家都有想利用这个机会为大通的工业遗产保护尽点力的心愿,很多组连续几天都在加班,这也表达了我们行业、我们建筑师的一种责任感和一种追究完美卓越的职业精神;第二是组内学生间的合作精神,这点我感受也非常深,我们组都来自不同的学校,在学校受到的教育有所不同,但大家在一起都能够非常和谐地相处,虽然中间也有争论,最后都能通力合作,发挥个人所长,积极认真地去完成工作;第三是同学们最后的成果汇报,设计理念清楚,设计重点突出,图面表达清晰,反映了大家的工作内容和设计创新,表现出同学们较高的专业素质和设计能力。

徐苏斌: 我在2013年开始承接关于工业遗产价值评估的国家社科重大项目,可见这课题在当代是一个非常重要的课题。我们在这个课题研究中做了很多文献资料的研究,但是我们更希望有一个适合中国背景下的实验场所,可以验证我们这些理论和探索是否合理,这次青海设计营就给我们提供了很好的机会。特别感谢李群参事、王涛理事长、熊士泊总工等青海的领导等及专家给我们提供的这个好环境,他们一直抱着非常民主的姿态跟我们切磋,并没有强势给我们布置任务,按他们说的去做,这非常令我感动,这次给我们老师和许多年轻学生有这样的发言机会,与政府及职能部门互相探讨和座谈,这是一个非常好的方式,以前学校的设计营还没这样做过。另外对同学来说也是一个跨学科研究的绝佳机会,以前我们在学校往往只立足于建筑学、规划或是景观等本专业,对学生的训练比较受限,这次让他们走向社会,走向更广阔的天地,让他们思考更多的内容,这可能是我们设计营最大的意义,这一点与周立军老师有同感。

对于汇报的方案来说我觉得各具特色,其实我们老师在筹划时就有这个意图,规划的老师尽量向规划靠,遗产保护的老师尽量向历史调查和遗产价值评估方面靠,大家都非常努力,由于时间有限,我们做得不够深入,调查方面还有遗憾。例如,我们计划是做个考古公园,利用中间的大门吊位置做一个考古发掘现场,大吊车底下是原主厂房652的地基,人坐在门吊上能够看到地下挖下1 m左右基石的整体状况,这个主厂房是建筑里非常重要的一个部分,但我们目前在图纸里没找到。记得那天在档案室看到大量的原始档案堆散在地上,无人保管,我们只是抽调了一小部分,不清楚工厂的整个生产流线和工艺技术,这是非常遗憾的事情,如果我们能更深入地了解遗产的背景,就可以将其更好的价值挖掘出来。此外,就是保护利用的主题和定位没有做足,哪些可再利用,再利用的新功能等,我向东部新城的马云主任探讨了一些问题,他建议我可以不考虑容积率,可以在其他地方进行容积率补偿,我想这么一个宽松的条件促使同学可以更好地去思考。

陆地: 今天我看到这个成果还是挺惊讶的,其实之前我们各组没有交流过,每个组侧重点很不一样,今天的交流会成一个多元化的结果。第一组和第二组更侧重于把705厂当作一个工业景观来保护利用,而第四组是五组里开发程度相对最高的,剩余的两组介于这两组概念之间。我觉得学生思维比较发散,正好需要各种可能性来讨论。第一组特别重视对历史价值的评估和对历史的梳理,这个对有些组就是启发。例如,我们组有学生要拆的东西很多,问及拆除的理由,回答说没有价值,有一个厂房地面坑洼不平,学生认为它没法用,我说你要想办法,地面坑洼不平,就做一个玻璃的架空地板就搞平了。第四组拆的有点多,第二组把工业景观将来能可能达到的气氛就表现得非常活跃。而开发程度比较高的组若布置过密,就要提醒他们想办法空出一些地方作为广场。我们组先前只是想做一个概念保护规划,要求同学不考虑单体设计,但有同学就一直深入到单体,这是很难能可贵的,当然表达上略微欠缺点。若是有时间,最好再把它细化整理,深入做下去。

刘伯英: 工业遗产作为一个新的遗产类型,如今已经变成一个时髦话题,不论从城市规划还是建筑来说,清华参与的联合教学活动如六校联合毕业设计就有一年以北京 798 为设计命题，低年级或四年级学生都有将工业建筑改造再利用作为设计课题的。此次设计工作营是我知道的国内第一次，这个意义相当重大，而且这次我们的选题，涉及西部"三线"军工遗产，在区域上也有它的特殊性。705 厂不在一、二线大城市，也不在西宁这样的省会城市，而是在一个县，它的选址是比较偏的，那么对于工业遗产保护与再生来说，难度就大大提高了。另外我们召开第一次交流会时我就说过这个选题的成果内容会非常丰富，从规划、城市设计、建筑设计到景观设计无所不包，时间只有 8 天，同学们在这么短的时间做出这么丰富的成果，很不容易。我们组有的图纸在我昨晚离开酒店时还没见着，今天就神奇的出现在面前了，令我非常感动。值得一提的是这次设计工作营的整个组织工作非常有新意，我们来此既作为老师给予小组同学设计指导，同时我们又作为遗产保护领域的专家带着一份热情和责任，开展了许多社会活动，包括与李群参事、省住建厅领导、政府各职能部门的领导代表以及大通县委书记、县长、当地画家和文化名人等共同座谈，可以称之为"第二条战线"，大大丰富了我们工作营的意义，也是对我们工业遗产保护工作的一个宣传，希望能引起省领导的重视和支持，设计工作营结束后能够把这项工作继续下去。

　　每个组都有其侧重点，我认为项目的目标定位最重要，不是说其他的不重要，但是重中之重就是要把这些工业资源留下来再利用，就必须要找出一个明确的发展方向和适宜性的再利用方式，否则即便这个遗产再有意义，保留下来的用途不吸引人，保留下来的难度就会很大，所以我们这组的任务重点就放在了把这个工业资源再利用的发展方向和方式上。思考这个项目能给大通带来什么，能为大通的东部新城带来什么。705 厂有它特殊的遗产价值，但还没高到可以不顾一切代价投钱去保下来，所以项目的目标定位是重中之重的工作。我们组分析了包括旅游和周边区域功能定位，就是想表达我们并不希望这个项目变成若干其他项目的服务基地，而是要找到自身的价值，建立自身吸引力，然后在这样的条件下，再去怎么跟大的线路、大的旅游规划来做相应的功能配套，这是一个前提。再一个我们这个项目出发点是要刺激我们大通新区的开发建设，因为原来的城市设计有行政中心、文化中心，利用这几个项目，把新区整个带动起来，但是现在实施这些项目的可能性不确定，因为整个大的经济形势和政治环境在这里。所以，我们要思考如何通过705 厂这个项目起到刺激大通新区发展的作用，这是我们首先要回答的一个问题。

　　我们组学生来自清华大学、同济大学、东南大学，实力很强，同学们很有激情，很有想象力，也很拼，最后一天熬夜工作了整晚。最后的成果很完整，有调查的内容，设计结合现状和评价后需要保留的建构筑物，有一个很有想象力的功能安排。尤其是男同学，充分发挥了当一个军人，当一个特警，需要具备各种能力，进行各种训练的想象力，个性非常突出；最后的表现很有场景感，很生动。在很短的时间内，从现在资源调查、价值评价、功能策划、规划设计、成果表现，又是集体作战，集中每位学员的想法，的确是不容易的事，虽然有些细部还欠推敲，但最终成果已近乎完美！我作为指导老师也感觉很过瘾，为同学们感到骄傲！

左琰：设计营共8天，5组同学做了精彩的汇报，应该说是圆满完成了设计营预期的任务，我作为一个策划和组织者，感到非常的欣慰和感动。起初我对这个设计营的最终效果心里不太有底，因为调研加设计总共只有7、8天，原本我们可以策划10天或2周，考虑到老师们假期都很忙，没有那么多时间来青海指导。我曾经在2004年暑假参加过上海黄浦江畔一个旧工厂里举办的亚洲工业遗产再生设计营，为时2周，学生老师加起来有70个，规模很大，那时我组织招募了10来个同济大学研究生参加，我作为学校的领队没有直接参与具体指导，而是进入记录组，了解了整个设计营的活动策划和过程记录，所以我就带着这样一种经验跟杨来申主任提议，在青海也组织一次类似的设计营活动，来推动工业遗产保护与再生。今天看到短短几天里大家的成果如此丰富，有些汇报文件打出来就是一个比较成熟的文本了，众所周知，设计项目委托无论是规划或建筑都需要一个设计周期，短则一月，长则数月，而我们只有短短一周就做到这个地步，让我非常感动，感动的是老师们和学生们日以继夜的付出，有些学生因为有高原反应或水土不服还带病工作，大家都咬紧牙关坚持到了最后，这与当年军工人顽强拼搏的精神是一致的。

这次青海设计营是一种新模式的尝试，这种模式依托了高校强大的科研和设计力量，为政府决策部门献计献策，对城市和区域的未来发展提供概念规划设想和一些可能性方向。这次青海的设计营活动非常成功，其中可以总结为以下几点：一是设计营从内部专业角度来讲，老师和学生都来自全国各地，分组就是力求多校混合，并发挥老师和学生的专业优势，这在小组工作中得到了充分的交流和沟通，二是从设计营的成果效果来说，五组概念从规划、建筑到景观几乎是全覆盖。如果我们时间宽裕的话，玻璃瓶厂、啤酒厂等705厂的附属厂甚至还有周边其他"三线"工厂我们还可以深入调研，以点带面来做。刚才刘伯英老师也提到，705厂的价值未必在大通县里面甚至在青海里面很高，但是705厂是幸运的，它被废弃多年但未被拆除，这次我们大部队来了，就有可能通过大家的力量把它保下来。这次大通设计营的成功有两个因素：一是我们这次的策划和组织管理，包括师生分组我觉得还是比较合理的，老师的投入和小组之间的互动都比较积极，确保最后的成果汇报有深度；二是要感谢这次设计营在大通县举办，大通县人民政府尽管有花儿会、自行车拉力赛等民俗、体育等活动，但是他们非常重视，韩生财县长特别抽出时间来听取学生汇报并点评。此外今天要特别感谢杨来申主任，他的团队对这次活动的食宿、接待等投入非常大的精力，还有在座的几位专家，包括《时代建筑》支文军主编和李欣副秘书长都是远道而来，给予我们支持，你们对青海的热情感染了我，这就是天时地利人和。尽管设计营结束了，但是它的影响很深远，后面还要持续发酵。

这是我第二次的青海之行，真是山美，水美，人美。一次青海行，一生青海情。

在设计营和大家共同努力下，将人们早已遗忘的705厂纳入到大通新城规划中，将工业遗产再利用与新城发展融为一体来考虑，如何在旧工业建筑中植入新的城市功能以促进新兴文化产业的成长是本次设计营面临的主要挑战。文化创意产业的兴起使得废弃的工业厂房重新受到青睐，其快速发展对于培育新的经济增长点、促进城市产业转型、安置就业及推动城市有机更新具有一定的积极作用。

第 5 章

第二线建设：学术的力量

2014青海大通工业遗产再生设计营除了第一战线上来自多校的师生经过一周的紧张工作和默契配合，围绕青海705厂这个长期处于半废弃状态下的"三线"工业遗产完成了5份针对性强、可行性高的概念方案以提供政府决策部门参考外，在设计营开展阶段，指导老师们不怕辛劳积极投入到与当地高校的学术交流活动和政府各职能部门的座谈交流中，以期通过多种形式和渠道在青海大力宣传工业遗产特别是青海"三线"工业遗产的保护价值和再生意义，引发和建立当地社会各界对"三线"遗产保护的共识，为705厂保卫战的顺利进行保驾护航。

5.1　整合多校学术资源的主题论坛

2014年7月2日下午1：30在青海大学科技馆报告厅举办了一场别开生面的学术论坛，主题为"中国工业遗产保护与再生"，除了再生设计营的全体师生参加外，还邀请了青海省住房和城乡建设厅、青海省土木建筑学会、青海省勘察设计协会等领导，以及青海大学土木工程学院、青海建筑职业技术学院等院校部分师生参加。论坛由同济大学左琰教授主持（图5.1）。7位来自清华大学、同济大学、东南大学、哈尔滨工业大学的专家教授做了精彩的报告，并在全部嘉宾演讲后进行了热烈的互动答疑环节（图5.2，图5.3）。此次高水平的学术论坛作为再生设计营活动的一个重要环节，集结了多位学界富有影响力的专家学者共聚西宁，与青海几所学校的师生及青海相关部门领导一起分享和交流中国工业遗产再生及遗产保护领域的最新研究成果，论坛以工业遗产再生为主题，其选题方向和嘉宾阵容上都属青海首次，具有较好的学术价值和社会影响力（图5.4）。

此次学术论坛分为上下半场，上半场4位嘉宾聚焦我国的工业遗产现状和发展情况展开论述，下半场3位嘉宾的报告则从西方工业遗产保护的角度出发，探讨了其保护发展历程、政策分析及实践启示。

图5.1　论坛主持人左琰老师

图5.2　董卫老师为学生答疑

图5.3　朱晓明老师回答学生问题

图5.4　"2014中国工业遗产保护与再生"论坛演讲嘉宾和领导等合影

2014 中国工业遗产保护与再生论坛
2014 Preservation and Regeneration of Chinese Industrial Heritage Forum

时间　7月2日 13：00
地点　青海大学科技馆报告厅
主持人　左琰　同济大学建筑与城市规划学院教授

学术论坛安排

13：00　开始

13：00-13：30　领导和嘉宾致辞

13：30-14：00　中国工业遗产的现状与发展
　　　　　　　刘伯英　清华大学建筑学院教授，中国文物学会工业遗产委员会会长

14：00-14：30　新型城镇化背景下的工业遗产保护与再利用
　　　　　　　董卫　东南大学建筑学院副院长、教授

14：30-15：00　中国工业遗产价值评价导则的说明
　　　　　　　徐苏斌　天津大学特聘教授，中国文化遗产保护国际研究中心副主任
　　　　　　　　　　　中国文物学会工业遗产委员会副会长

15：00-15：30　上海工业遗产的保护机制及其特点
　　　　　　　张松　同济大学建筑与城市规划学院教授

中场休息 15 分钟

15：45-16：15　西方工业遗产保护的发展及其启示
　　　　　　　陆地　同济大学建筑与城市规划学院副教授

16：15-16：45　抢救与分享
　　　　　　　——近期"英国遗产"的工业遗产保护政策分析
　　　　　　　朱晓明　同济大学建筑与城市规划学院教授

16：45-17：15　西班牙工业遗产再生的实践与启示
　　　　　　　周立军　哈尔滨工业大学建筑学院教授、院长助理

17：15-17：45　问答互动半小时

图5.5　"2014年中国工业遗产保护与再生"论坛议程安排

1. 讲座题目：中国工业遗产保护与再利用的现状与发展

演讲人：刘伯英　清华大学副教授、中国文物学会工业遗产委员会会长

工业革命开启了工业文明的历史。城市因工业的发展而兴盛，带来了巨大的社会变迁。在全球化背景下的产业升级与产业转型中，给我们遗留下了大量的老工业区、工业企业和工业建构筑物。它们因政策、资金等原因而缺乏保护，长期闲置甚至被废弃。我们对工业遗产价值的认识刚刚起步，工业遗产的保护需要扭转传统的思维方式，必须建立科学的方法和行之有效的途径。我国工业遗产保护的实践取得了很大成就，也存在很大障碍，正在曲折前行。我国工业遗产保护还面临着非常多的问题，需要我们一个一个去破解。

2. 讲座题目：新型城镇化背景下的工业遗产保护与再利用

演讲人：董卫　东南大学副院长、教授

青海大通"三线"工业遗产具有十分重要的历史价值、科技价值和城市价值。在西部新型城镇化过程中，应当注意避免东部地区曾经出现的一些问题，避免就事论事地"保护"工业遗产，将遗产保护与城镇可持续发展割裂开来。在此次研习营活动中，我特别告诫同学们要注意以下方面：首先，这组工业遗产所具有的独特的历史背景，几代工人和科技人员曾经在此为国家核工业发展作出过重大贡献，这是值得大家学习和铭记的；其次，这组工业遗产具有明显的体系性特征，我们可以从中看到当年的开拓者们从规划到建设都充分考虑到了与周边环境、道路交通和农业生产的关系，尽量在保证安全、高效生产和健康生活的基础上少占农田、降低生产成本，形成有关融于山水农田中的现代化生产——生活空间系统；最后，这组工业遗产具有很高的再利用价值，能够成为城镇未来发展的空间"原型"，真正实现城乡一体、融入自然的新型城镇，而这最后一点恰恰是此次规划设计研习活动的挑战所在。

3. 讲座题目：《中国工业遗产价值评价导则》(试行) 的说明
演讲人：徐苏斌　天津大学特聘教授、中国文化遗产保护国际研究中心副主任

和古代遗产相比，近代遗产的遗产化历程较短——20世纪50年代曾经涉及近代建筑研究，真正开始研究近代城市和建筑则是在80年代以后，而工业遗产研究则时间更短，因此人们对其认识深度十分有限。而90年代以后"退二进三"的政策和城市化的发展使得工业遗产和经济发展之间的问题变得十分突出和紧迫，甄选和保护工业遗产已经成为迫不及待的工作。但是如何甄选、保护什么，并不十分明确，这意味着需要推进标准的制定工作。

国家社科重大项目"我国城市近现代工业遗产保护体系研究"课题组在综合国内学者的既往研究成果，并在参考英国工业遗产的价值认定标准基础上，归纳提出了中国工业遗产价值评价的初选指标。它分为两个部分，首先是围绕四大价值构成因子进行深化并提炼；其次参照英国导则和国内研究，增加了真实性、完整性、代表性、稀缺性、脆弱性、多样性、文献记录状况、潜在价值等其他影响遗产价值的评价因子。在2013年的第四届工业建筑遗产学术研讨会上，课题组和与会专家学者围绕该导则草案进行了热烈讨论，提出了一系列修改意见。最后筛选了12条因子作为《中国工业遗产价值评估导则》(试行) 的基本内容，并希望发表后继续得到社会的反馈。

4. 讲座题目：上海工业遗产的保护机制及其特点
演讲人：张松　同济大学教授

上海的工业遗产保护起步于1999年第三批优秀历史建筑公布之前的专项调研，此后在第四、第五批优秀历史建筑名单中也有少量遗产项目列入，此外在旧区改造规划及黄浦江两岸再开发中也有一些工业建筑被列为保留历史建筑并将其进行了改造利用。在文物保护领域一些重要的工业、产业发祥地如杨树浦水厂等已被列为全国或上海市

重点文物保护单位。在第三次文物普查中，上海针对工业遗产资源进行了重点普查，大量工业遗产项目被登录为文物点。在实际工作中，有保护身份的工业遗产建筑容易得到相当好的保护利用，此外在十多年的创意园区建设中，有不少厂房、仓库作为艺术家的工作室、画廊和创意办公功能得到了一定程度的保存和再利用。这些在上海工业遗产保护实践方面的经验，可以供青海大通的工业遗产保护规划借鉴和参考。

5. 讲座题目：西方工业建筑遗产保护与再生的发展及其启示

演讲人：陆地　同济大学副教授

早在20世纪50年代中期，由于产业转型等缘故，西方就开始了去工业化过程，由此产生了无尽的铁锈地带（rust belt）。尽管各国步入"铁锈时代"的时间略有不同，但到80～90年代，这无疑已成为一种全球性现象。人们对于工业遗产的态度也从以往的彻底抛弃转向了价值发现与保护–适应性再利用。自从胡德森（Kenneth Hudson）1963年写出首部《工业考古学导论》之后，全球开始普遍将工业建筑视为历史文化遗产的重要组成部分。自70年代中期，尤其是80年代初至2014年，在各国政府的积极参与和引导下，运用极其多样化的保护与再生方式开始了"铁锈的救赎"，除博物馆和创意产业之外，还有商业、展览、观演、办公、居住、教育等可能的功能转变模式。人们也开始欣赏工业遗产的"老化价值"（age value），并尽可能将其斑驳的历史印记或者说古锈（patina）保护下来。

6. 讲座题目：抢救与分享——近期"英格兰遗产委员会"的工业遗产保护政策分析

演讲人：朱晓明　同济大学教授

英国是工业革命的策源地，工业革命肇始特征首先表现在对昔日手工操作部门的摒弃，技术革新改变了工作系统，极大地提高了生产的机械化程度；其次工业生产绝不是一个简单的工艺流程，它涉及自然资源禀赋及多个劳动组织和个体，与"人"密不可分。基于上述两点，英国的煤炭、炼铁、机械制造、棉纺、印染等均达到

了领先的工业化规模,并留有大量遗产。英格兰遗产委员会(English Heritage)是英国政府管理英格兰历史环境的首席顾问和核心咨询机构,2011年起它的工作重点之一是工业遗产的认定与保护。"英国遗产"在政策上连续颁布了《工业构筑物登录标准》《濒危工业遗产登录制度》《国家遗产保护规划(2011—2015)》等文件,积极回应了英国政府2010年颁布的《国家规划政策框架》。讲座基于对历史沿革的梳理,对这些文件产生的背景、执行状况、资金资助进行了细致的解读,涉及理解、评价、抢救、参与、传承、分享组成的"工业遗产保护环",其实施核心是抢救和分享。

7. 讲座题目: 西班牙工业遗产再生的实践与启示

演讲人: 周立军　哈尔滨工业大学建筑学院教授、院长助理

分析了西班牙在当代工业转型影响下工业遗产保护与利用的特点和方法,结合带领学生参加与西班牙拉科努尼亚大学举办联合毕业设计期间赴西班牙马德里和斯图加特等地的考察,在对一些关于遗产保护设计的优秀案例进行体验、分析和思考的基础上,总结了一些当代工业遗产保护的方法。重点介绍了3个典型案例,包括由赫尔佐格德梅隆设计的马德里现代艺术馆、矶崎新设计的斯图加特博物馆及多位著名建筑师联合设计的马德里宰牛厂改造项目,3个项目对于工业遗产保护与活化利用都有不同的探索与创新,有高超的设计技巧和理念内涵,结合大量现场考察图片,详细分析和讲解。

5.2 学界与政府对接的圆桌研讨会纪实

2014年7月4日下午,由青海省政府李群参事召集青海当地各职能部门与来自全国著名高校的工业遗产保护专家代表共同就青海705厂的转型再利用

进行了一次富有意义的座谈和研讨，这是在设计营期间学界与政府之间的一次深入交流。与会者对705厂所代表的青海"三线"军工遗产的保护价值很快达成了共识，并积极探讨如何发挥政府与学界的合作优势，在政府各职能部门的协同作用下，在新的西部开发形势下，保留和盘活我国"三线"时期特殊工业遗产的方法和策略。此次研讨会从实际情况出发，通过学界、当地文化界及政府各职能部门之间的有效沟通和交流，以求达成多方共赢的目的。并进一步以705厂为范本，以点带面，为青海"三线"工业遗产保护与利用贡献一份力量。

研讨会由青海省住房和城乡建设厅总工熊士泊主持，与会嘉宾有：

青海省人民政府参事、住房和城乡建设厅原副厅长李群，青海省文史馆名誉馆长谢佐，青海省勘察设计协会理事长王涛，西宁市城乡规划局总规划师廖坤，大通县人民政府副县长何斌，西宁市文物管理所所长曾永丰，青海省经信委材料工业处处长袁荣梅，黎明化工厂军品部长单正军，大通县东部新城指挥部办公室主任马云，CIID青海专委会主任杨来申，青海省美术家协会会员朱树新。

高校教师代表有清华大学副教授刘伯英，天津大学教授徐苏斌，同济大学教授张松、左琰和副教授陆地，以及哈尔滨工业大学教授周立军（图5.6）。

图5.6　2014年7月4日设计营指导教师代表与青海当地职能部门领导、文化界座谈交流

表5.1　2014年7月4日青海西宁研讨会座谈嘉宾与教师代表一览

李群 青海省政府参事、住房和城乡建设厅原副厅长	熊士泊 青海省住房和城乡建设厅总工	谢佐 青海省文史馆名誉馆长	王涛 青海省勘察设计协会理事长
杨来申 CIID青海专委会主任	廖坤 西宁市规划局总规划师	何斌 大通县人民政府副县长	曾永丰 西宁市文物管理所所长
单正军 黎明化工厂军品部长	袁荣梅 青海省经信委材料工业处处长	刘伯英 清华大学副教授	徐苏斌 天津大学教授
张松 同济大学教授	左琰 同济大学教授	周立军 哈尔滨工业大学教授	陆地 同济大学副教授

5.2.1　关键词1：青海"三线"遗产价值、705厂再生

　　熊士泊：这次由同济大学和CIID青海专业委员会牵头发起，大通县政府就705厂工业遗存再生利用课题和国内几所著名大学共同举办了学术交流设计营活动，这两天经过一番调研和讨论，教授们也有了一定的心得。这次专家来，有什么问题可以在这个会上和我们对接，今天大通县人民政府、青海省经济委员会、黎明化工厂以及西宁

的有关部门的人都在。谢佐教授对青海的基本情况很清楚，欢迎专家多问一些情况。下面先请这次活动的主办方代表左琰教授对设计营的工作进展情况先简单介绍。

左琰： 这次设计营是在青海大通开展的第二阶段的活动。第一次是 2013 年 11 月，当时 CIID 杨来申主任做了推荐，我和日本的乔治国广教授一起给当地政府领导做了关于工业遗产保护与利用的讲座，那次讲座对大家来说有了一个初步的认识。这次设计营我们同济大学牵头把几个和工业遗产研究有关的著名高校的学者、专家请过来，他们带了各自的学生，学生规格较高，都是研究生，共有六七所高校一起参加，老师人数超过了 10 人，学生共有 20 多人，计划在为期 8 天时间里以705 厂工业遗产为主，包括 20 世纪 80 年代改造的啤酒厂和玻璃制品厂两个附属厂在内，共同探讨其遗产价值和未来出路。

我们的设计营共分为 5 个设计组加 1 个记录组。目前的情况是：从 2014 年 6 月 29 日开营到现在进展顺利，7 月 2 日在青海大学做了一个学术论坛，这个论坛的阵容齐全，本次设计营的指导老师作为演讲嘉宾，他们都有丰富的研究成果和工作经验，他们从规划、保护机制、工业遗产价值评估及工业遗产改造实践等不同方面展开了介绍，使得这次论坛成为青海首次重量级的学术活动，为青海工业遗产保护和城市更新起了积极的推动作用。从 6 月 30 日起，学生们对现场进行了测绘，几个小组通力合作，以 705 厂为主要对象，从场地到主要单体建筑逐一进行了简单测绘，部分测绘成果经计算机建模出图。这次设计营在现场踏勘和基础调研中有了重要发现，我们在 705 厂靠近厂门的废弃建筑的二楼里幸运地发现了许多该厂当年的建筑资料档案，估计在搬场清运时遗留下的，散落一地，有些已破损，无人问津，非常可惜。当时我们选择性抽调了几张厂房和工艺流程的原始图纸和几份资料用作设计参考，又联系了目前该厂厂长许存武、朱经理到现场给师生讲解生产情况，他们向我们提供了一张 1967 年绘制的生产设备总平面图，该图标注了生产核心区和非核心区，所有生产区建筑都有代码标号和图例，告诉我们这些建筑在 20世纪 60 年代的真正用途，后来我们又找到一张 1975 年的厂区总图，图上分厂前区、核心区、厂后区，将两个年份的总图放在一起比较整理后，就形成了与现状吻合的 705 厂厂前区、宿舍区、办公区、核心区到厂后区这一长条状的厂区总平面图，这是设计营实地调研和测绘的一个重要发现。

接下来设计营安排 7 月 6 日最终成果汇报，在此也邀请各位领导参加指导和点评。希望 5 个设计组能够多出一些具体的设计方案，让大家能够看到从宏观规划到单体建筑改造利用等不同方面的设计成果。这次设计营的老师和学生工作都非常努力，希望通过今天的座谈会把大通的 "三线" 工厂遗产价值和保护意义挖掘并发扬，为青海、西北地区乃至全国做一个示范。

李群: 国内多个高校的老师和学生来帮咱们研究这个课题,把一些废弃的工业遗存特别是"三线"遗产利用起来,在经济发展到现阶段,我觉得思考这个问题正是时候,所以这次是非常好的一个机遇。今天座谈,我觉得重点不是老师们提问题我们来解答,谢佐教授也在这里,而是探讨工业遗存再利用将来发展的方向,大家通过讨论取得一些共识,在今后的工作中可以统一思想把这项工作推动起来。

刘伯英: 针对705停产又转产,进而出租土地,它对今后区域发展会起到一个什么样的作用,大通东部新城也做了总体规划,现在的厂址和今后的开发建设是什么关系都不太清楚,我们这次工作营的目的就是想解决这几个问题。这些厂房留还是不留,如果要留为什么要留?留下来干什么、怎么用,要给出一些答案。同时调查705厂史的时候也发现,青海省内跟705厂比较接近的一些军工企业还很多,大都是围绕核工业、机械工业等"三线"时期的主要工业门类。青海的工业遗产尤其是"三线"工业之前的工业遗产,有否做过专题调查? 我们希望通过705厂的研究把以核工业主题的青海"三线"军工遗产做一个汇总,通过历史文化的再提炼,整理规划出一条以"三线"文化为主题的青海工业遗产旅游线路,既可以作为青海新的旅游题材,也可以使这些破产的老企业资源得到盘活,为今天的城市发展发挥所用。

我们这次工作营的时间比较短,对整个青海的工业建设情况还不很了解。我们查阅了资料,20世纪60年代"三线"建设中,31家企业从外省迁过来,到青海变为19家,迁来了约10 800人,加上家属约25 000人,那个时候的青海是什么样的条件? 作为青海人对那段历史怎么看? 在青海长期工作的领导们怎么看这段历史? 我发现"三线"网上有个贴吧,青海单独有一个板块。青海是多民族地区,工业文化和民族文化是什么关系? 想听听各位专家这些方面的介绍,给我们一些启发。

谢佐: 刚才各位教授和专家对青海工业遗产做了精彩的发言。对青海工业遗产先做调查了解,再进一步提出再生方案,我觉得意义重大。刚才刘伯英教授提到,"三线"建设时期青海有31家厂迁来,又合并成19家,有两万多人来这里,这在青海工业发展进程中是个重大的事情。新中国成立前,青海所谓八大工厂实际上都是些手工作坊,过去青海手工业较为发达,但管理较落后。青海的省情特点,第一点是高寒及复杂的自然地理环境,青海南部地区有30万 km^2 海拔在4000 m以上,"黄果树"(黄南、果洛、玉树3地区),黄南有4个县,果洛有6个县,玉树有6个县,这些高寒地区既有雪山也有湖泊,是三江源发源地。所谓复杂的地形除了高寒、雪山草原还有两个盆地,一个是柴达木盆地,因矿产资源丰富被视为国家聚宝盆,另一个是青海海南州的盆地。由于高寒的地理环境,每平方公里不足3个人,青海东部河湟地区人口较为集中,每平方千米110人,全省人口不到600万,其中

300 多万都在河湟地区。第二点就是由于自然地理环境的原因，人口分布不明确，民族宗教问题比较突出。在宗教彼此相适应的过程中宗教不是问题，宗教引起的社会问题才是个问题。20 世纪 60 年代由于国内外形势，我们国家领导人号召自力更生、艰苦奋斗，搞起了"三线"建设。青海地广人稀，迁来了好多企业和移民，来了以后提高了这个地方的发展水平，一是科学，二是技术，三是管理，四是效率。青海的老百姓很纯朴，当年为"三线"建设做出了好多牺牲。

廖坤： 我今天十分有幸来参加这个会。今天确实对青海包括西宁的工业遗产来说是一个标志性的日子。因为过去西宁在工业遗产方面大家对它的价值及今后的作用包括对文化的挖掘还处于一个很朦胧的状态。大家觉得有价值，但怎么保护和利用、怎么来发扬确实没有一个明确的目标。大通规划是同济做的，我们在西宁做规划的时候都没有考虑工业遗产保护这一块，其实我们在规划中从来没有提到过，这次提到这个问题，对我冲击力非常大，我们西宁有好多东西应该保存下来，特别是毛纺厂、棉纺、汽车制造厂等。由于改革开放，好多企业破产改制，加上城市的开发建设力度大，这些都没有重视，想保留的东西没保留下来。这次做大通的705厂改造确实是个机遇，也是非常关键的时刻，如果再晚一点，有些可能就留不下来了。作为城市发展的规划师来讲，感觉既高兴又有责任，把城市的文脉历史保留下来，以实体形象呈现当年特定历史时期对国家的贡献，这不仅仅是考虑人们的物质生活更是精神层面的需求，它将成为我们对下一步城市总规的启迪，如何保护和发扬我们应有的历史财富，让青海的历史特别是新中国成立以后工业发展史在我们面前逐渐清晰起来。

单正军： 刚才听了各位专家的发言很有感受，705厂、704厂同属"三线"企业，也是同时建的厂。我们企业当时属于军工企业，为国家航天事业的发展而建，企业为国家做了一系列大的贡献。我们当时第一个自行研制了用于中国第一颗人造卫星上天的燃料，包括后面发射的导弹、载人航天器、嫦娥系列等都是用我们生产的燃料。记得人民大会堂举行嫦娥二号工程表彰大会的时候特地给了我们企业一个名额。2009年中央领导来青海的时候特意提出要看一看黎明化工厂。704厂、705厂性质相同，但命运迥异，705厂后来没有产品了，而704厂却坚持下来了。同样作为文化遗产，我们企业虽然现在还在生产，但我觉得若把705厂重新利用起来，包括离厂区大约1 km处的建于20世纪60年代的家属区，把这些为国奉献的精神放进去显得特别有意义。当时建厂是先生产后生活，条件非常艰苦，那一代人从最艰苦的时代走过来。黎明化工厂的这段历史及对国家做出的贡献一直没有完整记录下来，很多老职工都退休了，有些资料也没有了，黎明化工研究所当时也在大通县,后来也解散迁走了。我真心希望通过此次活动,把这段工业历史不管是从政府层面还是企业层面能完整保留下来。倘若没人做这个事情,再过几年后这个企业产品随着科技发展可能被替代,而这段企业的历史和曾经为国做出贡献的这群人也会很快被遗忘了。

王涛: 我们要有个共识,青海工业遗产再生工作刚刚起步,许多被废弃和闲置的旧工厂都是在"三线"时期建设的,是给国家争脸、争光、争气的,所以那个时代的建筑包括我们青海一些大型企业,一个很大的特点是车间和厂房乃至仓储系统,建筑的跨度、净深和高度都比较大,建筑结构本身比较牢固,青海那个时候建的"十大建筑"到现在都保存完好,所以现在我们提倡要保护利用它,实质上是要把这些城市废弃的资源很好的再生利用,且它们投入的建设资金可能会相对减少,建设周期也缩短许多。这次学者和专家研究的课题紧紧抓住了这点,策划将它们改造为博物馆、展览馆、展示厅等,这些功能都比较吻合建筑的特点和环境。所以再生利用的的确确是个好事,不是把它当作遗产供起来,而是要更好的活化利用它,让它得到新生,创造更好的环境、经济和社会价值。

谢佐: 这次专家教授带着学生到大通705厂来做设计营非常有意义,我觉得有三件事要做:第一,了解705厂的历史和建厂背景;第二,了解705厂当时的生产状况和职工生活状况;第三,了解705厂的经济效益和社会效益。刚才左琰老师提出的档案问题,当时我参与了青海省志的编写,省图书馆有地方文献及省志、重工业志、轻工业志等,大通县县志也要去查看一下,省宣传委员会也出了好多册子,此外也要了解厂里的现状和设备,这些都很重要。西宁市正在搞两个文化走廊的建设,一个是北川河文化走廊,另一个是南川。西宁市经过多年的努力,南川搞得比较好,北川现在投资10多亿元,要是再把工业遗产的再生利用放到里面就更有意义了。我曾经参加过东部新城规划的讨论,当时没有想到利用工业遗产,现在看起来要反思,要利用它。大通县自古以来就是处于民族文化走廊的重要位置,风景非常秀美,这次的工业遗产再生设计营希望能对原工业遗址、厂房和建筑在整治设计中创造出一些优秀方案,为大通和西宁做出一些贡献。

李群: 这件事是个非常好的开始,原来对今天这个座谈会不是很了解的人在一起有了共识,都愿意把这个事做下去。怎么做呢?我们也想了很多,前期也做了很多文案,其实青海"三线"建设意义非常大。青海的四大支柱产业:第一盐湖,第二矿产资源,第三水电开发,第四石油化工。这四大产业都是重工业,为推动青海的发展,至今仍是重工业为首,这对于改善民生、增加就业带来了一些影响。"三线"建设主要给我们青海引来了一些机械制造的工厂，当然还有一些电子、高级化工等。当时青海有一些工业产品曾经排在全国的前列，如青海生产的扳手、高压锅、万能机床等这些都是能跟上海的产品一拼的，因为厂里的工人技师都是上海来的。后来大批的人走了，设备也卖掉了，卖给了南方省份，非常可惜。所以我们从这儿续写这段辉煌的历史，通过这样一个活动，整理出翔实的历史资料，不但使之成为青海省的工业历史博物馆、展览馆和爱国主义教育基地，还可以促进和提升西宁周边地区的旅游业的发展。

左琰：这个座谈会有李群参事、熊士泊总工等各位领导和我们设计营的老师，在一起碰头开会非常好，在这个会上各种声音都能发出来，这样把政府各职能部门的多种诉求结合到一块，既有专业层面又有管理层面，这种模式很先进，值得以后保持下去。我们以一个点去挖掘，先做一个示范样本，通过这个样本大家再合力往下做，从一个点到一个面，普查哪些县有工业遗产，是否已被开发了，我们先要做基本记录，以后再建一个网，甚至可以编一本书，叫青海"三线"工业史，这个工业史可以是现代工业，从20世纪60年代开始，不往上推了；也可以从705厂着手，在大通范围内先做起来，随着资料的丰富，文物单位有依据，继续上报，这些厂房建筑大都有很好的经济价值。而且工业遗产不像其他遗产，因工厂的起点比较低，可以搞成平民化、大众化之类的功能业态。那些厂房很牢固，空间也很大，利用起来可以开展很多活动，空间可以多次分割，体现了较好的经济价值。

谢佐：我建议把这个工业遗产保护利用的方案成果写成参事建议报告，给省领导做个宣传。目前领导们对于工业遗产保护方面还没有引起重视。

李群：谢佐教授，我今天把你请来就是咱俩一块写。

谢佐：给领导宣传一下很重要。我们青海有这样一批工业遗产，不要让房地产先入为主。他们只发展房地产，对公共文化设施不够重视，刚才王涛同志的发言我也完全同意。还有曾永丰说的，你们初步拿出一个方案，然后由参事室甚至参事们可以搞一个调研，或者写一个参事建议，往西宁市和省领导层层宣传，这是个好事情。

袁荣梅：听了大家一讲，我慢慢明白了。我们这个座谈可以畅所欲言。这个课题的确好，至于它的作用有多大，现在还说不定，但有一点是肯定的，就是可以引起省领导和有关部门的重视。通过这种设计营的活动方式，对你们来说既是一种研究成果，对青海来说也是一种贡献。再回到这个话题，调查基础工作一定要做好，搞清楚到底有多少工业遗产要保护、有哪些保护价值等，青海新兴产业比较多，像太阳能等,要保护的工业遗产没那么多,有的土地被利用了,厂房被利用了,有的车间和产品都变化了,有的几乎找不到痕迹了。空置的705厂被你们发现,这是一个好的开始。你们完成这个课题,对省领导有个交代,就非常有意义了。

熊士泊:非常感谢国内五大建筑名校的教授来青海做这项有意义的事。青海过去是遥远而又神秘的地方,青海的大美环境体现人和自然的和谐,自然风光更美。"三线"企业在这里艰苦奋斗做出无法想象的巨大贡献,这些工业遗产如果我们不总结、不挖掘、不发展利用,我们就对不起这几万人的职工和他们的后代。有些职工不愿意离开,因为他们的根就在那里,我们现在发展到这种程度,尤其是青海虽然是后发展地区,在经济各方面都很贫穷,但我们有更好的机遇和发展优势。这次活动要以最新的理念统一思想,形成一个参事报告汇报给省领导,下一步能否纳入规划,在将来大通的发展宏图中也许就是一个亮点。

5.2.2　关键词2:青海工业遗产普查

徐苏斌:你们有西宁市和大通县的文物保护名单,有"青海三普"(全称为"青海省第三次全国文物普查")吗?

曾永丰:青海我们这儿没有,省文物局有。

李群:西宁市作为省级国家历史名城,文物方面经过普查后设立很多点,明清前、明清后、民国、一直到新中国成立后都有一些,比较好的建筑都做了普查登记,网上应该有公布,可以查到。

曾永丰:网上公布了,但这些建筑不叫"历史建筑",而称作文物保护单位。

李群:诸如西宁宾馆一号楼就不让动、不让拆,还有大十字邮政局等,其实没有正式公布,因为什么呢? 在建设中间,有的一公布就很被动。特别补充一点,就是今天早上给省文物局局长打电话的时候,问及青海工业遗产保护情况,龚副局长回应说:"你忘啦? 咱们221厂就是国宝!"

刘伯英:"青海三普"里面有几个工业点?

曾永丰:"青海三普"中涉及工业的不太多,我们有西宁市的"三普"报告。好像就公布了一个朝阳的水电厂。

李群： 手工业的应该还有一个，就是青海酒厂的作坊和酒窖，也是国宝，我专门去看了一下。因为"三普"没有把它作为工业遗址单独提出来，只是指出了近现代文物在里面。近现代文物名单里的工业还比较多，这个要感谢你们把工业遗产这个概念提得这么高。当时对于这样大的单位仅仅由文物管理部门去介入往往解决不了问题。

刘伯英： 这方面应该做一个专题的工业遗产普查，可以弥补"三普"的不足。通过这次现场调研，把我们的工作成果纳入到今后的调查计划中，通过专项保护规划来实现工业遗产保护，并纳入法律的层面，规定何种级别用何种保护方法，这样才能更好地发挥其作用。

何斌： 我谈下我个人的看法，可能观点不一样。我觉得工业遗产保护要有一定的经济基础，经济发展到一定水平才会考虑遗产保护这些问题。我们和东部沿海地区还有一定差距。那些厂为什么好多都要拆掉？第一要素就是经济利益，青海汽车制造厂拆除就是一例，当时我在市政府当副秘书长协调过此事，最后还是无奈被房地产商开发了。我们要发展、我们要吃饭，这是首要的。

刘伯英： 我们要纠正一个观念，工业遗产保护利用不是限制发展，给发展设置障碍，更不是抢你"饭碗"，不是不让你吃饭，是让你吃的更香、更有滋味。现在好多开发商的开发项目都是利用这些老厂房的特征和记忆，如天津的水晶城、长春的1948，以及武汉和上海的一些项目，都保留了一部分原来工业的痕迹。这些工业遗迹并不是一个负面的形象，恰恰是原来工业的这一点魂，成为了日后房地产开发的一个亮点。长春1948那个项目利用工业厂房建的工业博物馆，成为新地产开发的售楼处和商业配套，市政府带人参观都往那儿去呢。它是一个好事，不是包袱，要改变这个思维。

谢佐： 内地大学的一些专家教授认为，所有保护内容都不能动，这个理念不对，它应该是在保护中利用，不能产生经济效益和社会效益的话，这些工业遗产你也保护不了。这个文化理念我们比较清楚。

袁荣梅： 青海工业不像东北的老工业基地，破产改组的时候一下子垮了一大批，非常痛心。前面参事和老师们也都介绍了，青海的支柱产业以矿业资源为主，主要集中在西部，盐湖化工、黄河水电、有色金属等。支柱产业在这个地方，青海的装备制造业总是起不来，眼睁睁看着当年企业倒闭。当时大部分工业集中在西宁市的南川,刚才提到的制造"青海湖"牌汽车的青海汽车制造厂及许多"三线"企业都在这条路上,现在大家都改南川叫"冰川",许多老人都知道,原因是许多老企业都破产了、打冰了。这些企业改制后产品结构和人员都发生了变化,且换了好几轮。所以那个厂区都被土地置换和房地产开发了,如今几乎看不到什么遗址了。同意刚才李群参事所说的,应该从现在起会同省里有关部门搞一个工业遗产普查,调研青海省有多少工业遗址及目前的状况。

何斌: 大家有所不知,我当时在市政府是协调工业遗产保护这一块的副秘书长,我有心想办成这事,但涉及中央企业和省属企业市里没有权限管,最后这些倒闭企业没有能保下来,全都拆完了,既心疼又无奈。现在来做705厂保护有这条件,它处于大通县域经济里,并且现在县领导班子的认识特别到位。

李群: 当时何秘书长在那个位置上没有办法,很无奈。

何斌: 我目前主管县财政和发展改革,韩生才县长考虑到我以前在市政府曾做过这方面的协调工作,比较熟悉,因此让我来参加座谈,学习一下。

张松: 这个设计营活动的目的就是希望引起省领导和有关部门的重视,通过规划、法律等手段来推动和提高,就如刚才谢佐先生所说的,这个事情不是一个人能搞定的,要靠大家一起同心协力。

王涛: 刘伯英教授前两天和县长及书记提到的一个信息,就是国家发改委在项目立项名录中有一项关于城区老工业搬迁改造示范项目,这可是个好事情。

刘伯英: 青海拖拉机厂的产品还支援过这个南极科考站的建设。

曾永丰: 我补充一点,从文物角度出发,现在大家的认识改变很大,以前开规划论证会时,文物部门总是最后一个发言,而且是会上最不和谐的一个声音。如今开会时大家都要我们先说,这是对文物保护重视的体现。

5.2.3　关键词3：705厂转型、文化地产开发

袁荣梅: 这次设计营以705厂为对象,我在思考705厂的亮点是什么? 221原子城当年为国家"两弹一星"的建设做出过巨大贡献,全国人民都知道,这就是它

的亮点，该遗址成为爱国主义教育基地和国防科工局（国防科技工业局）的军工文化教育基地，国家投了1亿多元，如今再争取向国防科工局申请一部分钱，追加投到原子城去。青海省许多"三线"工业都是在20世纪60年代国家战略政策转移、工业结构调整时期建设起来，现在许多企业都撤迁或关停了，221厂的核心部分撤走迁至绵阳，省内只剩下海北州的一个基地。当时对厂区环境内的放射性物质作了处理，在原址上立了一个碑，作为爱国主义教育和文化旅游线路来定位，和青海湖景点串联起来，以它为核心的还有金银滩景区等共同形成了一条成熟的黄金旅游线路。

我想705厂要保护利用必须要依托大通的规划，大通的规划有土地规划和20年的城市规划两个，大通县是西宁一个区，与西宁市北川贯通，若从"三线"军工角度开辟一个旅游热线的话，一定要把大通、北川串起来，就大通的自然景观，老爷山、鹞子沟、察汗河等都是绝佳景色，再往北去门源看油菜花海，去祁连看东方小瑞士，一年四季的景色都连动起来了。我觉得705厂这个点选址挺好，但是就要挖掘它的亮点。从军工角度上来看，亮点不亮，705厂当年生产了重水，后来重水不用转给别人了。真正的亮点在704厂，当年为"两弹一星"做了贡献，现在仍然在做贡献，不过704厂作为旅游肯定不行，牵涉到保密的问题。要宣传就宣传军工人的精神，这些人真不容易，当时市场不好，破产的时候全靠这点军品养活着，现在为了这些军品还在付出，他们最有发言权，现在国家已经看到了这个问题，也认识到他们的重要性，为此国家从国防科工局、财政部国防司等下拨了5000多万元，来扶持和补贴他们。

刘伯英： 像这样的企业有多少？

袁荣梅： 这样的企业还真不少，当时军工、化工、电子、机械门类非常多。青海军工企业虽然不像陕西、四川军工大省占的经济比重那么高，但我们的军工电子产品非常有特色，门类齐全，比如，"三线"企业西宁钢厂生产的是特种钢、飞机大炮，天安门广场阅兵的装甲车的轴都是西钢的产品。"三线"企业除了大通县，乐都县也有，比如，乐都锻造厂，还有制造鱼雷的山鹰机械厂，在青海湖边上建了一个鱼雷发射试验用的塔，你们都应该见过，可惜该厂都已经撤走了。

张松： 现在还在生产的企业可能许多工艺都淘汰或改进了。如果还有，有意识保护一点也是好的。企业要发展，生产技术和工艺早晚会更新改变的。

刘伯英： 我们要保护利用的就是已经停产或撤走的厂。目前还在生产的企业我们只是了解一下。现在705厂产权属于谁？

何斌：它已经破产了，谁收购就属于谁。这个不是关键，我们最后可以打包做项目。705厂在我们县域里，只要我们有决心做这事，没有什么做不成的。

徐苏斌：当时您碰到问题是什么？主要是产权问题吗？

何斌：那几个破产老厂在西宁，却是省属企业。一方面企业要卖地，另一方面又要救职工，想安置职工，又没钱。

刘伯英：那边的文化地产已经做了规划方案？最后又全都废了？

何斌：没错，已经做了方案，最后全部废了。就说汽车制造厂，企业已经倒闭了，如果政府掏一点钱把职工安置好就可以解决问题，但政府当时很困难，掏不起这个钱，不知如何盘活这资产，当时我们连规划都做了，向省领导做了汇报，规划全通过了也没有实行。然后我们还想为青藏铁路的建设留下一些印记，青藏铁路可是天路啊！第一批上来的铁道兵很苦，那种艰苦奋斗的历程我们想留下来，还包括制造坦克的青海拖拉机厂也想保下来，它当时是从洛阳拖拉机厂迁来的。

刘伯英：青海拖拉机厂的产品支援南极建设，为国家生产制造了第一台推土机。

何斌：对。那个企业破产了，我们也想保下，最后还是没保成。

张松：这个要通过自下而上的方式来做，然后再需要横向的相关法规的制定和推行。

刘伯英：归纳起来，一个是意识的问题；另一个是算账的问题。若迫不得已要卖厂卖地，别全卖，稍微留一点。

单正军：记得当时军转民的时候，光明啤酒厂有一个塑料厂及玻璃瓶厂，后期还建了一个荧光粉厂。最早都是国企军工企业，产量很小。1997年以后，青海这几个化工厂破产之后重新又成立了恒立化工有限公司，荧光粉生产也没进行下去，当时是通过政府协调的，最早的上级是省重工厅。

李群：光明啤酒厂产品过关的关键是地下水质好。青海仅有的两个啤酒厂在20世纪80年代都经营不善导致破产。这些厂址现在是大通新城的主要组成部分。新城的区位优势非常好。青海人口分布极不均匀，东部占全省面积的近5%，但一半以上的财力和发展都在东部，聚集了全省一半以上的人口，西部柴达木盆地是个干旱荒漠的地区，有用的资源都在地下，也是丝绸之路的南线，现今重新打造丝绸之路，大阪山—祁连—西宁—西安，这条线路风光很美，看看如何结合到大通旅游产业上来。

朱树新： 我对城市规划和园林设计很感兴趣，也一直在做。我这次到705厂画了很多作品，可能今后还去拍些影视片。这片工业遗址若未来既能给艺术家当画室，又能作为影视基地，对它开发利用多元化使其价值就更高了。

曾永丰： 工业遗产再利用与实际使用最好能结合得更紧密些，若大通县将这些工业遗产保护下来，利用原有的厂房把政府要推行的公共服务体系的内容装进去，做成工业博物馆、群艺展示厅等，装得比较紧密的话就较易实现。

杨来申： 我们就想利用705厂遗址做个青海省工业博物馆或者工业文化博览园，把上述内容全部置入进去，这就是工业文化的亮点。同时它的位置还在新城区里面，可以把新城区里的人气、旅游和文化方面带动和提升，使"三线"时期的工业精神能延续和传承下去。

李群： 705厂再生是地产开发的一个类型——文化地产。青海已有三个文化地产——一个是西宁市商业港边区的改造，一个是贵德县旁边的丹霞地貌地质公园，还有就是塔尔寺门前带点禅意的小区。在工业遗产再利用方面，类别不同相互结合，就看我们怎么做。

张松： 东部新城有9.6 km^2，705厂区若保留不动，才0.12 km^2。前面提到北川河文化走廊综合治理一期工程要投资75亿元，若往这里投入1亿～2亿元就可以解决问题了。

左琰： 工业遗产中的社会价值是看不见的人文价值，是遗产保护中非常重要的部分。据705厂原厂长说，那些老职工们在鼎盛期有4000～5000人，他们响应国家的号召来到青海，献了青春献子孙。705厂的第二代也有一大批，再去考察不知道有多少为了"三线"工厂服务的一代、二代人现在生活在西宁、大通，这些人的情况了解后，若有就业岗位他们都可以过来。以"三线"工厂为专题在大通作为一个亮点，若改建为青海工业博览园、工业博物馆，工作人员或导览员可以聘用厂里老职工来担当，他们应该会非常乐意的。这些昔日的职工向游客讲解过去的建厂历史,现身说法,很有感染力,在国外也有许多这样的例子,再也找不到比他们更适合的人来讲述这段辉煌的过去,这里面有个"情"字在,应把这个"情"字的文章做足了,这就是社会人文价值的具体体现。"一次青海行,一生青海情"。若能以情感人,能影响更多的人来青海体验,不是看一圈就走人,而是使人留下来,把青海工业旅游线路做起来,把其社会价值、经济价值、历史价值和艺术价值等各方面尽可能挖掘出来并整合在一起,看清目标往前走,不要急于上马,做细一点、做慢一点,这样我们一定会在全国引领这个潮流,一旦去做,就要让它许多年仍不落后。若是这厂区一下子变成房地产开发,那么这些宝贵的工业遗存便会很快消失掉了。

5.2.4 关键词4:大通东部新城

何斌: 我是2014年1月调到县上,原来在市政府负责协调文化旅游方面的工作,首先对各位与会者表示真诚的感谢! 我们想去做一些事情,但是有想法没方法,不知道从何处下手。刚才专家提到类似的项目广州、杭州、上海也有,北京也有798,我们也想做,但不知怎样从专业、规划、文化等多角度来切入。我们把专业的事交给专业的人来做,他们做完了以后给政府部门提供有效的信息、思路和方法,由我们来实现。不管"三线"工业也好,现代工业也好,通过一个点能不能带出一个面,我不知道,但只要我们去做,星星之火可以燎原。我也很痛心,那些倒闭的厂最后只能拆除让位房地产,市领导后来也意识到了,朝阳水电站的保护就是例子。我们的政府财力极度困难,西部财政与东部相比完全两个概念,我向各位教授做一个介绍,就明白极度困难性在哪里。我们既要发展,又要运转,还要吃饭,多重压力。西宁既没有交通便利,又没有政策支持,我们为一个文保单位投入300万~400万,市长都定不了,还得上市委常委会共同讨论后决定。好在西宁市已慢慢转变了这方面的意识,文庙、城隍庙、山陕会馆一系列的文保单位由市政府政务中心出资,把居民和企业迁走,把它们一个个恢复起来。我从市调到县上,也想推动同样的事,一个点一个点去做。我把大通县的情况简单向大家介绍说一下。我上任才三个月,不是了解得很透彻。

大通县在西宁市北,是连接河西走廊的重要节点,号称青海第一工业强县,共有16家中央和省属工业企业,加上县属一部分企业,大通县的工业比重占全县的75%,比重特别大。大通县城是一个老工业区,有704厂、705厂、706厂、电厂、铝厂、第一水泥厂、第二水泥厂等一批"三线"企业,它们是地区经济的有力支撑,因此大通县号称青海省第一经济县。大通人口46万,是青海的第二大县(第一大是湟中县,50万人口),2013年GDP为109亿元,财政收入是5亿元,增长率是15%,成为西宁市管辖的3个县中排名第一,但是和西宁市的4个区仍有差距,它们的

"三产"和城建都非常厉害。我们困难到什么程度，今天也不瞒大家说，大通县一年的总财力近30亿元，一年收入50亿元，剩下的25亿元是中央和省上的转移支付。5亿元里面有2014年2.35亿元的还本付息债务，大通县有13亿的债务，这是历史形成的。我们又要吃饭，又要发展，又要保稳定、促民生、保民生、促改革这些工作，所以我们将近要有一半的钱拿去还债，在这种情况下，发展与改革的压力特别大。我以前在市政府时睡不着觉，因为事情太多睡不着觉，怕把事情遗漏耽误市长的工作，到了大通县后我整夜睡不着觉，一直思考着大通县经济的发展。我早晨一去上班，办公室门口就排成了长队需要处理各种事务。我曾为了5万元和财政局长发愁了一个上午，这是以前在市政府工作时曾未遇到过。话说回来，大通必须发展，发展的眼光要独到，县的区位优势和自然风貌在青海省中较为突出。大通县的森林覆盖率是38.1%，为全省最高，我们有很大的自然优势——境内有察汗河、鹞子沟国家森林公园，老爷山4A级景区等，下一步我们在旅游上做文章。我们同时也在推行产业结构调整，原工业比重过大，想通过调整第三产业来增加人气。每年大通的旅游人数很多，但是人均消费很低，如何为这些旅游群体安排吃、住、行、游、购、乐是门学问。大通离西宁只有30 km，高速上行车20～30 min就可以折返了，不能仅仅让游客在大通转一圈，吃个午饭甚至连午饭也不吃就走了，和去塔尔寺情况一样，怎么把旅游和文化结合起来，留住游客，我们大家都在想办法。工业遗产保护利用为我们提供了一个特别好的思路，705厂所在地正好位于大通县东部新城区域内，东部新城的定位刚好与工业遗产再生合起拍来了。

现在制约我们的瓶颈是道路问题，从县城去往东部新城的路很窄，东部新城的区位优势很显著，在我们的积极努力下，明年大通县的道路会有一个翻天覆地的变化，光通过东部新城的就有两条高速，第一是兰新高铁和客运专线，大通会设一站"铁路西站"，有高铁必定有普通列车；第二是大通到武威的高速公路，今年8月开工，核心区走东部新城，在东部新城里有个立交匝道，车可以下来，非常便利，去到县城距离不远。再一条甘肃白银到西海镇原子城的高速路近几年也要开工建设，三条高速再加上宁大高速都在东部新城交接，因此以后这里的交通会特别便利。下一步给大通带来的人流不仅仅是当地人了，我们不再自娱自乐，请外地人来旅游，必定在这里吃、住、行。我在向交通厅汇报工作时得知，交通厅今年给我们代建老城区到新城区的道路，打造一条穿山隧道，现在正做前期工作，明年就征地拆迁开始建，完全打通老城区和新城区的道路瓶颈，一个隧道的代价可能就是1亿～2亿（元）。新城区的各种建设项目今明两年都要大规模开工建设，现在已经有许多开发商主动和我们衔接了。

我们准备把东部新城按照它的定位，把行政、旅游、休闲、文化等各种功能区在里面显现出来，而且工业遗产保护项目与它的功能定位相配合，所以我觉得这个项目不管从现实的需要或是长远发展的角度来说都特别好。项目要运转要有个依托，单单就项目是没有生命力的。我认为有两个依托：第一个是内部的依托，靠产业来养这个事业，要让参观旅游者去体验和感受，一定要有内容，不能光去看，原子城（221厂）全部整成了一个博物馆，它没有一种人与环境的交互体验，牵头的是宣传部门来做，纯粹变成一个爱国主义教育基地了。我们这个地方功能要比它多得多。再一个是项目大环境的依托，东部新城往里走有一个鹞子沟国家森林公园，距离705厂10 km远，风景特别美，就像到青海湖一样，按李群参事所言到那儿特别养心，你们去了肯定会震撼。鹞子是什么呢？就是那个隼，那里隼特别多，当地老百姓就取名叫鹞子沟。除了项目内部之间的产业和事业的互相支持外，外部环境的依托也很重要。大通现在正在打造冰雪基地，前两天我和韩生才县长同一个开发商正在谈合作开发，为的是把这个鹞子沟打造成不单单是夏季旅游点，这儿的旅游季节性特强，每年6～9月的三四个月为黄金期，外地人也来，自己人也去，自娱自乐，但收入很低。如今我们再打造冬季旅游，把国家滑雪协会的秘书长请来后又引进了一位开发商，他准备把鹞子沟的一面山开发出来，投资几十亿元，然后打造成整个西北地区的冰雪基地。那次座谈会上专家们说，那片山坡是目前见到的全中国最好的一块天然草坡。鹞子沟距离这个工业遗产10 km，那个草坡距离这儿20 km，这几个景点串在一条线上，那个龙头就是东部新城。这个项目是国家级的，采用商业模式开发，不是训练用的。各位教授你们从705厂来的时候，经过的是老爷山和牦牛山中间的沟口道路，往里整个沟叫作东峡沟，东峡沟里有塑北、华林、向华、东峡4个乡镇，整个就是东峡大旅游片区的概念。夏季鹞子沟人满为患，为了解决季节性旅游问题我们就在冰雪上做文章。这样一来冬夏互相依托，变成了整个旅游线路完整的一环，让旅游者来品茗、感受和回忆。为什么"舌尖上的中国"那么受欢迎？那都是一个"情"字在里头。我们的父母都是"三线"时期过来的职工，那种历史怀旧的氛围能把他们留住，留住一次可能他们下次带来的人会越来越多，有个过程。这条产业链若形成了，大通就有口碑了，大通好了，西宁、全省的人都来了。冬季旅游的打造是我们政府下一个重点，冬季旅游打造若成功，旅游的人来了，你就成功了。否则，不管是什么遗产、什么基地，没人来一切都是零，人是最主要的，一切目的就是要把人吸引来。

从遗产保护这个角度去考虑，这个是国家工业历史沿革的产物，利用现存的厂址发挥其最大效益是我们要考虑的焦点，不管是社会效益还是经济效益。我再说最后一句，除了产业依托，就是想办法一年四季都往东峡沟引人，要叫旅游者有玩头、有看头、有花头、有享受头。另外，从整个西宁市到张掖国道上的这条国道227（宁张公路），我们今年把沿国道227的几个县市建立了一个旅游联盟，也就表明大通不单单靠项目把西宁的人吸引到大通来，还要把河西走廊、整个227沿线的人都引进来。

刘伯英： 你们联盟有多少个城市？

何斌： 西宁、大通、门源、祁连、张掖，5个，首先做的事是省内的大通、门源、祁连三个核心区联盟，西宁和张掖是两头，中间是3个县。这3个县在旅游方面特别有特点：大通的森林覆盖率、植被是亮点，各种旅游景点也正好在这周边，门源主要是油菜花海，祁连主要是"东方小瑞士"的风格。今年这3个县的旅游呈现井喷状态，祁连县如果现在各位领导去，晚上住不到宾馆，要自己带帐篷去住，全是自驾游的人。所以这一条旅游线从外部来说，第一是形成一个内部设计定位；第二是依托老县城和东部城市群的功能定位；第三是东峡整个片区一年四季旅游的带动；第四是西宁到张掖的227国道沿线旅游联盟的带动，这是现有具备的客观条件。此外通过我个人的感受，旅游不能做成纯文化的内容，要雅俗共赏，毕竟我们游客都是普通民众，纯文化的东西可能接受不了。简单地谈这么多，不对之处希望各位教授、领导批评指正。

与以往纯学术界和教学界举办的设计营不同，此次青海设计工业营的第二条战线显得格外活跃，其意义非同小可。通过与青海省政府相关部门领导和大通县领导的多次沟通和座谈（图5.7），通过青海大学主题论坛的举办，从不同角度和方式来引发当地政府和民众对"三线"工业遗产价值的关注和重视，这是整合了多位学者专家学术资源的一次集体合作，是促进学术成果转化的有力推手。第二条战线作为设计营的另一大功能扩大和增强了高校学者和教师的社会责任和担当，也是高校与政府对接、高校与社会对接的产研结合的一次积极尝试。

图5.7　设计营教师代表与大通县县委书记、县长讲解欧洲工业遗产再生案例

第 6 章

第三线建设：记忆的回响

6.1 705厂的口述历史

千军万马的"三线"建设,这一举世罕见的国家动员曾迅速成为了被遗忘的爱国主义行动,"三线"建设在某种意义上已无法用失败、成功简单地评论。历史并未走远,可以分成两方面来看:自身要强大,"落后就要挨打"是对历史的基本判断;要有反省精神,让憧憬美好和追求理想的时代薪火相传,以沉重代价换来的精神遗产不该被忘记,由此很有必要以705厂为契机进行深入的历史回顾。

化工设计总体上是由工艺设计和工程设计两部分组成,工艺设计是化工设计的龙头,也必然与设备、材料、仪表、动力、传输等诸多专业相关。国家重大技术装备是一个非常大的系统工程,重水研发、生产时空跨度大,涉及的重要事件节点多。705厂是这一战略部署中的重要一环,它不仅是一座遗存完整的"三线"建设产物,而且凭借优质的产品在青海积累了化工技术开发的丰富经验,是联合攻关、勇于攀登科技高峰、重要科研成果迅速转化为生产力的时代镜像。

我们所认识的"三线"遗产大多数都在文字和回忆里,口述历史已然具有了无形价值,有助于公众理解历史与现实,有助于文化遗产的挖掘、整理与教育传播,甚至间接地影响对未来的预期。705厂是从无到有、自力更生,内地工人、科研人员和管理者支援"三线"建设的时代缩影。即便多年后大量"三线"建设工厂被废弃拆除,口述与回忆依然可独立于物质遗存之外而存在,帮助我们从单纯的建筑角度的文化遗产观向更多元的集体记忆层面转变,这是大量年代久远的史迹不具备的条件。美国历史学家卡尔贝·克尔(Carl Becker)声言"人人都是自己的历史学家。"记忆是当下鲜活的情感现象,而历史是对过去有选择的、批判性的重构。集体的记忆既是个体碎片的叠合,更是有甄别的传承,这些记忆也必然影响了后代个体,用以观照现实。试图构筑一部整体的705厂史无疑极为困难乃至无法实现,705厂的记忆不过是从中采撷了一些碎片而已,但倘若能从中理解到"光明人"的内在精神,研究的目的就已经达到了。"光明人"的记忆与遗产保护相关,它是对历史的实证补充,遗产的真实性是讨论的焦点,回忆与思辨正在"三线"建设的研究中发挥着越来越大的社会职能和影响力。

搜寻合适的访谈者并不容易，"青海长云暗雪山"的大通县毕竟是过于遥远了。回到内地的支边者散落各地，好不容易辗转联络上，但有些人并不希望接受访谈，有健康原因，也有其他难言的苦衷，一切尽在不言中。接受采访的"光明人"不局限在下文的实录里，往往是几个老伙计结伴就来了，五湖四海的"光明人"还建立了QQ"光明帮"。他们可被分成第一代和第二代光明人，"光明人"差不多都是随着大中型化工企业移民来此的职工、徒工、退伍军人，以及他们的后辈。孩子们长大后也基本进厂，延续成为企业的一代产业工人、技术人员，直至1996年705厂破产。被访谈者长者近九旬，年青的也出生于20世纪60年代末，他们的个人经历分别横跨了中苏友好、"三线"建设、"文化大革命"、拨乱反正、改革开放、高考求学、下岗买断、突围青海等关键阶段。职业上分为技术专家和普通工人两类，基本能反映705厂的运转特征，很遗憾705厂的管理者或已离世或尚未能联系到，这也是未来补充的方向。

条分缕析出访谈内容，可以看出记忆既属于受访者，也是采访者的思维组织，口述记录量大且分散，无论是关键人物的撷取，还是访谈的深度与广度均受到主客观因素的限制。口述的真实性要尽可能与客观史料相印证，在长期的阶级斗争和内耗背景下，很多档案本身就是各取所需的产物，由此提问者具有历史概览的知识储备，是"口述提问"极为必要的铺垫。

有趣的是，不同的提问者不约而同会关注相同的问题，如"您是怎样到达青海的？""具体负责什么工作？""有怎样的切身体会？"等。年长的被访谈者均有一个共同的特征，是"三线"建设"好马配好鞍"的选择结果，技术和思想可靠，至少在当时的评价体系中如此。他们均回应了爱国主义的国家诉求，与保家爱国的传统文化精髓相匹配（图6.1）。回答不尽相同，特别是对大西北青海的印象，有人是"下了火车就哭了"；也有人觉得伙食和收入比东北要强，在特供方面有优势。收入甚至也说法不一，有专家觉得"文化大革命"的时候挣100多元也不高。而同期的工人却表示，有几十元工资，奖励补助比工资还高。不同回应本身就是生活多变性、承受力的反映。从国家层面看1964～1979年，中国因"三线"建设

图6.1 毛主席语录

的超前工业发展非常困难，以上海为代表的东部对西部进行了倾力支援，在"勒紧裤腰带"的日常生活中，青海一度享受了内地不具备的福利，这是既往研究较少谈及的。随着工厂的投产，后面的故事均曾如生活一样安稳不乱地被打开：任务饱满，人也好组织，工作危险辛苦，福利不错，精神世界中充满了略带自豪的记忆。

某些提问与专业背景相关，如"山散洞"选址、工艺与建筑设计，与代号密切相关的工艺流程，它们极具工艺逻辑性，令人印象深刻。705厂的建厂准备与吉化的试剂厂成功主持中试的试验环环相扣，正如几位工人提及最初的培训是在吉化完成的，705厂的记忆可以从很多方面饮水思源。

在生产运转中，多发的恶性事故触目惊心，是一连串与艰苦卓绝紧密相连的典型事件。参与伤亡抢救的防护站建筑体量虽小，却如同塔器一样成为工人心中的地标，反倒是大礼堂作为集会场所鲜有人提及。有些问题难以统一，特别是705厂草创与破产阶段的"一头一尾"。选址，中间的细节多为道听途说，需要辅助一定的历史档案加以拼合（图6.2）。有一点可以肯定，即最初重水生产厂定址吉林，因中苏关系破裂而移至原子弹研制基地青海。从转产到破产的过程长达10年，各方回应无序散乱，从一个侧面反衬出当时的迷茫，生产上的技术转型只有少数当事者可以说清，其他工人浑然不知。当然，破产前后每个人感同身受，工资锐减、家庭生活巨变多半言之凿凿，20世纪90年代初生产任务不足，也不乏经常下舞厅的陌路狂欢。

图6.2　705厂各设备工艺操作规程与保密手册

口述历史立足对往昔的回忆，记忆并不一定都可靠，它往往隐恶扬善，或被某种情感及经验操控，还存在一种奇特的现象"回想增长"，美化过去不满现状。口述难度是受时代局限，被采访者往往对事实的陈述与评价杂糅共存，要区分哪些是对事实的陈述，哪些是对事实的评价，这通常是困难的，但这种区分又是必需的。在不断增加的细枝末节中确定出有共性的记忆，再进一步寻找确凿的史实（文献、档案）与记忆关联，这对形成完整的认识颇为关键。为便于对访谈内容加以解读，本口述中尽可能加以注释，但对回忆内容采取了最小干预的态度（包括口语化），尽可能不做结论性评论。白云苍狗，昔日的国家行动遗留下诸多问题。"40 后、50 后"留守人员在医疗、住房、养老和子女就业上困难很大，家国情怀，政府虽有大量投入，但为什么不受群众欢迎？"光明人"等、靠、要有用吗？"献了青春献子孙"的说法是否妥当？怎样完成自我救赎，并想为之付出努力？历史也许永远没有真相，只残存一些道理，而懂道理、讲道理是最难的，部分访谈中已经有了答案（图 6.3）。

时间足够久到一代光明人老去，另一代光明人长大，一种精神的流传需要相应的成就感作为心理支撑。如果"光明人"都过得凄苦无助，"光明人精神"也绝不会被集体唤醒，更不会历久弥坚，精神的流传或成为新的社会意识形态需要事迹重新点亮夜空。正如第一代"光明人"化工专家、耄耋之年的洪小灵先生掷地有声："我就说一下人生的价值观，就是天生我材必有用！一个人来到这个世界，一定要为自己的国家做出贡献！我觉得活着不为国家做贡献这个人就是白来这个世界一趟。"还有 705 厂第二代，毕业于天津大学化工系的纪子博先生直言："从 705 厂出来的这些人都拼出来了，而且都过得不错，这是值得欣慰的。"

图 6.3　2015 年 5 月 705 厂原职工居住区成立业主委员会

6.2　705厂人物访谈

访谈1

　　受采访者：洪小灵，男，1928年出生，广东潮州人，1956年毕业于苏联列宁格勒苏维埃工程学院化工系无机专业。曾任吉林化学工业公司试剂厂（重水试验）717车间（重水中间试验车间）副主任，1965年年底从吉化赴青海，曾任705厂革委会生产组组长。现居青海西宁。

　　同时参加受访者：王斌（原705厂办主任，已逝）、张丽娜（王斌之妻，原705厂供气208车间工人，现已回北京居住）、谢萍（原705厂仪表车间工人，现退居大通）

　　访谈时间及地点：2015年5月29日，西宁禾田居茶餐厅。

　　杨：洪老先生给人的印象是快人快语、思维敏捷，都快要到90岁的人了还那么健康乐观，精神矍铄。

　　洪：杨主任你想了解什么问题呢？ 你就开门见山，咱搞技术的人喜欢资料收集，总的来讲我信中国一句老话"好记性不如烂笔头"，我对工作方面记录得比较完全（图6.4）。

　　杨：我们现在做的这个访谈活动就是与705厂和它的遗址有关。据了解您在705厂重水试验和生产方面作了很大的贡献，想知道您是怎么跟重水、跟这个厂结缘的？

　　洪：我觉得那个遗址是死的，但是人是活的。需要我在这方面贡献点什么力量你就直接讲。

　　我把705厂怎么由来的先说一下。我确实带了本回忆录，这是我个人的回忆录，牵扯个人的事比较多。在那个年代大家想一想，报效国家也不是很容易的。中国的H_2S制造重水是怎么研制成功的？ 这个项目是怎么开发的？ 我们（吉化）是成功的第一家，在这以前是中科院石油所搞的，但没搞成功，最后国家科委才决定由我们来搞。这个项目最早属于二机部，后来他们顾不上了，因他们要搞放射性同位素分离，很费力。最后国家决定放在中科院，中科院又决定放在大连石油所，他们没搞成功的主要原因就是耐腐蚀的问题没解决。那时在美国发表的资料很多内容是开放的，可以借鉴。举例讲，美国做了个仿制航空母舰的玩具，内部有些结构在玩具上就表现出来了,当然最核心的还是保密的,许多国家就从中得到启发。1959年美国有个报告讲出了他们几个重水厂是怎么搞的,H_2S用双温交换法就会搞成功,这个方法搞重水是最好的。什么原因呢,水嘛,地球上很多,当然这个水要提纯,而且不是随

图6.4　2015年洪小灵（右）与原705厂办主任王斌

便一个地方都可以建厂,要找一个重水含量较高的地方来建厂。但是这个方法（H_2S双温交换法）要过三关,必须解决几个问题：一个是腐蚀问题,H_2S在高温下腐蚀性比较强,这一问题解决不好,生产和试验就做不下去,阀门里的填料,压缩机里面的部件,还有塔器里的链接部分等都给你腐蚀完了,那么就生产不下去了,所以要解决腐蚀问题。二是控制问题,H_2S对质量要求很高,对液量、气量要精确到5/1000以下,做重水的意义很大,国家很早就重视了,用重水作为中子减速剂。一方面和平利用原子能发电,一方面铀238经过中子的冲击后吸收了1个中子后变成钚239,钚239也可以制造原子弹。用液氢精馏法生产,但成本太高,1公斤（kg）1万元。H_2S双温交换法生产成本低,这方法好是好,就是技术上难控制；第三就是安全问题,腐蚀、控制和安全三关必须要通过。实际上我们也是在资料中得到启发,设计一个生产厂必须先搞一个试验厂,确实别的国家也是这么探索的。中国搞原子弹就要搞重水,而且是双温法重水,国际上公认的最好方法,定这个路线并不难,难的就是要把这个实验做出来。当时中科院搞实验的负责人是张原琦先生,还有一位,他们是第一个搞的,他们没搞成功的原因就是试验设备的耐腐蚀问题没做好。

　　只要决心大,方向对,办事就没有不成功的。我是第一届国家派出去留苏的学生,我的毕业文凭成绩全优,当时付出的代价也是挺大的,我出去学习时已经27岁了。我有两年指挥工厂大生产的经验,从我1957年回国后就担任当时最大化工厂里的总值班长,虽然科研我是新兵,但对于生产我还有一定的经验,更可贵的是有苏联专家在那里帮忙,当时中苏关系很好。我们接了任务以后去大连石油所做试验,负责做100 kg的重水。在没接到这个任务以前,心里根本没底。研制过程中最要命的是压缩机里的碳钢部件耐不住腐蚀,最后解决的办法谁也想不到,是用了优质牛皮……腐蚀中最难解决的问题给解决了,保证了压缩机的正常运转。

　　我经历过生产重水的所有过程,从1966年2月到1974年我做了大量的前期工作。我们705厂的大记事：1965年7月,中国第一个重水厂青海光明化工厂开始筹建,到年底第一套生产线开始土建,1966年2月我调到这个厂,担任生产储备

科副科长，我是副职正用。1966年5月，青海开始"文革"运动，7月4号，我被化工部六建工作组开始批斗。原因是我这个技术干部绝对不能当领导，我讲过要搞重水一定要把仪表先搞上去。1967年10月19号705厂成立，我担任常委生产组组长，主管生产。1968年8月，705厂的工艺车间主体车间652所在的第一套生产线建成，同年10月开始试验，1969年年底第二套也建成竣工了。1969年10月14日，工艺车间1车间（代号651）建成，进行化工投料试车。1970年3月11号，我分工做全厂生产准备工作，那时第一套H_2S生产线进行化工投料。不久发生重大事故，那时候新工人居多，技术力量比较薄弱……

杨： 请您再介绍一下在705厂的生活状况？

洪： 我目前最想的是，政府能否把我们厂兄弟姐妹的生活真正改善一下？现在他们过的确实太苦了。

杨： 这样吧老先生，把您来厂的过程说一下，还有家庭状况。

洪： 家庭状况就不用多说了，书上都有（指他自费出版的自传）。我就说一下人生的价值观，就是天生我材必有用！一个人来到这个世界，一定要为自己的国家做出贡献！我觉得活着不为国家做贡献这个人就是白来这个世界一趟。我老伴经常说我"跟着你受了一辈子的苦"，我说可能我老洪命不好。乐观主义是我最大的一个特点，我们这一代就是靠信仰过日子。

杨： 说得好！

洪： 我的孙子也看过这本书，今年高考（2015年），他说爷爷你们那时怎么那么傻？我说没办法，我们那时就有那么一股子傻劲。建厂初期，生活、工作条件都非常艰苦，那环境就连当地的建筑工人都受不了。我还记得歌谣：青海好青海好，黄土山上不长草；青海好青海好，男的多来女的少；青海好青海好，吃青稞放屁拉稀受不了！哈哈，我是当时厂里的生产组长，工作中无论多么艰苦危险，冲在最前面的总是我，厂里的H_2S那可是剧毒，又在高温高压环境下。

杨： 现在看来，当时许多时候都是在冒着生命危险工作的呀！您还真是命大呀！

洪： 我是命不好，但命特别硬。我们那时候小试验搞成功给奖励了，100块钱，在吉林我的工资是每月90块，来青海后给加到了105块，应该算是很少的。那时的项目负责人拿100多块，工人要少得多，我觉得不好，工人拿得太少了。我这也不是要搞平均主义，我觉得钱够用就行了。我在苏联上了5年大学，在中国上了两年，共是7年。我的眼镜是到了大学二年级才开始戴，近视才100多度，后来在搞重水试验工作的这一年中，猛涨了400多度，连头发都白了，后来离开705厂才慢慢恢复了一些。

张青莲同志（清华大学教授，我国同位素化学奠基人）在我们那里起到很重要的作用。我现在最大的一块心病就是老伴的身体不行了，青海有一个缺点就是气候不养人。

（杨来申采访整理）

访谈2

受采访者：邹国兴，男，1949年出生，吉林人，1966年进厂，曾任705厂化验室实验员和司机，1985年离厂，现居山东淄博，QQ"光明帮"群主。

采访时间与方式：2016年8月14日，电话访谈。

朱：您怎么到的705厂？

邹：1966年705厂在吉林省招学徒，200多人吧，我作为学徒被分到化验室，一般两三年后出徒。

朱：学徒怎么培训呢？

邹：到了青海后马上又回到吉林，在吉林化工公司的试剂厂（为重水中型实验建设）学习，讲课方式就是手把手实际操作。当时试剂厂有了两套重水设备，一个是电解法，一个是双温法（705厂所采用），都要学习。培训有3个点：吉林、北京和兰化，吉林主要培训化验室、仪表、电器工种。

朱：一起分过来的还有什么人呢？

邹：1965年的大学毕业生，清华的也有，还有复员军人。湖南、广州、安徽、河南、大连都有。也有上海人，少，大家相处都可以，没什么特殊的。

（根据1966年职工日记也证实，有段时间厂里没人，都出去学习了。）

朱：是否招收当地人？

邹：没有，建厂的时候当地人很少，到了1972年吧，招了一部分当地人。

朱：青海苦吧，为什么想来青海呢？

邹：没想得那么苦，甚至比东北要好。青海80%供应的是细粮，20%是粗粮，大米在青海、甘肃、宁夏都属于粗粮，白面是细粮。东北是20%细粮，80%粗粮。我们的奖金也高，60～70年代就有20块。青海主要是蔬菜少，萝卜白菜土豆，要到兰州去买。还有个优势就是青海当时有国家规定的定点供应，如自行车、手表都是上海供应的名牌，在上海很难买到，在青海能买到。当地人少，消费也低，所以生活福利都不错。

朱：你们刚去的时候是"文化大革命"，对生产学习有没有影响呢？

邹：青海1966年"223事件"就开始了"文化大革命"，武斗死了2000多人，运动开始的早，结束的也早。我们建厂的时候"文化大革命"已经没多大影响了，正常运转。领导抓政治学习，办学习班专政组，工人该生产还生产。

（根据技术负责人洪小灵的回忆，"文化大革命"中705厂内斗严重，一些关键岗位的技术尖子开展工作受到严重影响。）

朱：你怎么当的司机呢？

邹：我分到化验室，1969年就去当兵了，在工厂也招收解放军的，在部队学的开车。1974年回厂就是司机了，干到1985年回老家。厂里有3个司机，拉煤烧锅炉，拉灰渣，拉水，拉设备，去买设备、买东西。

朱：当地气候恶劣吧。

邹：刮大风，干旱，但没暴雨暴雪，还行，跟东北差不多。老爷山下的这块选址确实好，比较好种树，也产麦子，再向上就只能种青稞了。我们在厂里还种树，沿着道路有杨树和榆树。

朱：厂子对外怎样联系的？

邹：重水的主要原料从唐山火车过来，青海1958年就通火车了，西宁—北京—唐山。工厂烧煤是和大通煤矿签订的专门合同，保证供应，电是和大通的电厂签订的专门合同，不能停电，重水如果需要运输到部队也是通过火车到西宁。

朱：听说过"山散洞"吧，分散又叫羊拉屎，平时有要求吗？

邹：听说过，在旁边一个叫牦牛山的土山上（不是老爷山，老爷山是石头山）挖山洞，土山不潮，青海不下雨，用液化气罐大小的17 kg的铝制罐装重水储存。氢弹从来也没用到过705厂的重水吧，国产电解法能制造一少部分，也进口了一部分重水做氢弹。705厂的重水还是作为战略物资储备进国库的。虽然叫"山散洞"，但都是上面的政策，下面的设计还是规范的，工艺用起来方便。

（根据705厂档案记录，1971年11月燃料化学工业部军工组召开"国防化工设备和预分配安排"会议，按需保证生产，当年的生产效益是1981年的10倍。）

朱：当时注意过环境保护吗？

邹：H_2S有味，要注意"跑冒滴漏"的防治。厂区里基本没有味道，当然烧煤肯定有味，如果有味道就说明有事故了。法兰开了引起泄漏，也死过好几个人呢！废水在距离厂子3 km一个叫大井的地方修建了废水沉淀池，处理后再排入河流。

朱：好像还搞过农场？

邹：啊，赔钱，中央要求地方工业和农村联合搞农场，我们在东峡村也搞了，效益不好。不过厂里20世纪80年代做了蔬菜塑料大棚，吃菜问题解决了，60年代刚来的时候还不知道有蔬菜大棚的概念。

（根据职工日记，工农联合的时间从1966年就开始了。蔬菜大棚在目前的养殖场位置。）

朱：据记录最初建厂的时候，705厂有4个车间、1个化验室和10个科室，对吧？

邹：不止。1、2、3车间，水气、电气、仪表、化工分开的，各一个车间，分得很清楚。辅助部分有食堂、车队、卫生所、防护站等，算辅助科室。工厂的工人都知道651为1车间造气，652为2车间造重水，653为3车间精馏，218为1车间泵房，431

为水处理,216为空气分解,208为锅炉,215和217为1个工段试车,218为空分工段,生产合格的氧气和氨气。很多都是代号,代表了不同的功能和所属。至于怎么形成的代号,不清楚。

（防护站即为受访者李长平所言的事故抢救中心。）

朱: 705厂生产的最主要特色是什么?

邹: 双温双塔,一个塔要16层楼高,变成两个8层楼的塔,所以都是双塔。冷暖双温,就是4个塔。705厂有两套设备,生产不间断,检修同时还生产,就是8个塔。最主要的是2车间心脏部分被拆除了。3车间还在,总之厂子的右边保存比左边好。右边有个小门通的是化验室。

（8个塔目前剩下3座。）

朱: 工厂怎么破产的呢?

邹: （20世纪80年代）按照青海金银滩221厂的政策,安置费30万给到安置单位,但是705厂的领导没这么做,用国家给的安置费去投资了啤酒、玻璃瓶、纸箱等好几个生产流水线,都亏钱。所以破产后工厂的工人也没了安置费,只能万把块钱买断工龄,那时候我离开705厂了。

朱: 军工的重水工艺厂当时有没有重生的机会?

邹: 1976年四川火炬厂也生产重水,用的是国产设备,耐腐蚀一直不过关,生产搞得不好,开工两个来月就不行了。我们厂全是瑞士、日本的进口设备,强得多。"三线"建设重新安排的时候我们厂要这要那,火炬厂什么也没要,结果部里就决定保火炬厂,资金也倾斜了。等到我们厂倒闭了,设备拆除,火炬厂等着很便宜就拿到了我们的进口设备。然后它开始向部里要钱发展了,现在早从山上搬迁下来,到长江边盖新厂生产,搞得不错。

（705厂2车间的部分设备也拆去了泸州火炬化工厂。双温交换法在我国先后建立了两个生产企业,一个在青海1971年建成,一个在四川1976年建成。四川火炬化工厂,3塔级联,是705厂的改进版,但所有设备都是国产的,碳素钢无法解决强腐蚀问题,很长时间无法正常生产。目前已发展成四川火炬化工集团。）

朱: 为什么想建一个QQ"光明帮"的群?

邹：喜欢上网，没想到凑了180多人。705厂内部夫妻、亲家挺多的，圈子小。现在大家平常也不怎么说话，就是个联系渠道。705厂子弟学校过去挺正规，孩子们的微信群热闹。

朱：你最近回过青海吗？

邹：今年才去（2016年），看朋友，看看厂子，荒凉。

（朱晓明采访整理）

访谈3

受采访者：杨春生，男，1962年出生，辽宁沈阳人，1966年随父母来青海，1980年起任705厂子弟学校教师，705厂第二代，现居住青海大通原705厂宿舍区，下岗后无业。

采访时间地点与方式：2016年8月19日，在青海大通705厂北6 km树林中（农家院），面对面访谈。

杨来申：杨师傅，咱们这是第二次见面了。我首先想知道，你们家来705厂的过程，何时、何地从何处来？第二个就是请你介绍一下705厂建厂的情况，就是从选址、设计到建造的一些历程。

杨春生：我是705厂职工的第二代，名叫杨春生，今年54岁，曾在厂子弟学校当教师。父亲于1966年10月从沈阳化工厂由组织选派来的，我就是跟随父亲一起到了青海。当年我们家到青海7口人，我姊妹3个，加上父母和1个小叔叔。父亲和叔叔早年失去父母，叔叔当时年龄尚小，就由我母亲来抚养。父亲来青海前后一直是个普通工人，工作积极认真，政治思想可靠。1976年因H_2S中毒因公殉职，时年40岁。父亲殉职就断了家里所有的收入来源，生活一下跌入了深谷。那时候人们都是同一个想法，即为了国家建设，为了国防事业，大家不懂得去向政府索要什么待遇。当时妹妹10岁，我14岁。每个月只有18块钱的抚养费，就这样熬到了1980年。父亲殉职后是母亲一个人把我们拉扯大的，非常、非常的不容易！厂建在山沟里，由于保密性质与外部相对隔绝，企业内部就是一个小社会。1980年我毕业后就被安排到子弟学校做了小学教师，每个月可以拿到24块的工资。时至今天，回想我们全家在705厂艰难的工作和生活历程仍旧感到无怨无悔。为什么呢？毕竟是为国家的国防建设做过贡献了嘛！

关于建厂的情况,当时我年龄很小,听父辈们讲过。这个厂选址的其中一个重要条件就是要有优质水源,而且又要靠山隐蔽。当年化工部副部长叫陶涛,乘用直升机选址,选到这里来了。原来工厂厂址不在这里,再往下1 km,学校附近,当时选定后遇到了山体滑坡,所以就搬到现在这个地方。我们这个厂子叫"两厂一所"。当时我们来这里的目的不能说去干什么,只能说国家需要,我觉得很光荣。2007年媒体开始关注我们,4次报道,国家拨款1亿多,邹家华主任批给了青海政府6900万补贴,后来中央又拨6820万的专项资金,国家没有忘记曾经为国防建设做出贡献的705厂人!

（杨来申采访整理）

访谈4

受采访者：李长平,男,1959年出生,辽宁锦西人,1966年随父母来青海,705厂第二代。1980年进厂正式参加工作,曾是1车间工人,1981年因工厂事故受伤致残。2007年买断工龄,现居住青海西宁,在一小区当保安。

采访时间地点与方式：2016年8月19日,在青海大通705厂北6 km树林中（农家院）及705厂现场,面对面访谈。

同时参加受访者：王国柱54岁,金虎51岁,杨春生54岁,同期工友。

杨：李师傅,你好! 我们已经不是第一次见面,都是老熟人了! 这次来这儿我想进一步了解一些关于厂二代的具体情况,请介绍一下你自己,姓名、年龄和进厂前后的一些工作过程。

李：我叫李长平,今年57岁,属于705厂的第二代,7岁跟随父母从辽宁锦西化工厂到705厂来的。那时锦西化工厂安排了几批人来到青海,时间是在1965～1967年。父亲曾当过兵,到705厂后还是普通工人,他自己来厂的时候是27岁。我在光明子弟学校上的学,后来通过正常招工1980年年初进厂工作,是下乡返城回来接父亲的班。

杨：听说你当年在工作岗位上出了一个很大的安全事故。

李：是的。那年我21岁,是在1981年9月25日,当班时发现H_2S的气味很大,当时在现场有两个人,我就让另一个人（女同志）出去了,由我一个人留在现场观察情况。突然间H_2S浓度快速上升,自己瞬间就倒下了。那个叫王凤云的先出去的人在窗外发现我倒地了，就立即告诉班长组织抢救，自己不清楚是怎么抢救过来的。

杨：是否致残？后来有没有享受到待遇？

李：抢救出来后伤了一只眼睛，需佩戴1800°的眼镜，紧接着就是满口牙齿脱落，因中毒太重导致牙龈严重萎缩，至今也无法镶牙。当时未做工伤鉴定，所以到现在从未享受过任何待遇。2007年，省上成立了一个工作处，做下岗买断工龄的说服工作，主席姓郭，专门来我家做说服工作，他说："你买断，要相信党，相信政府。"所以我就办了买断手续。又过了几年，生活困难身体更加不适，就到省保障厅讨个说法，当时回复是未做工伤申报，未做依法鉴定，就没法算你工伤……很无奈，只能认为这是为国家工作，如能享受工伤待遇，许多费用报了会对自己以后的生活好一点，如享受不了，不报也能生存。705厂因公殉职的职工先后共计有9人，其中子弟就占了3人……记得有一个殉职的年轻人叫贾玲铁（音），跟我同时进厂的，一米八几的大个子，说起这个事来我至今仍想掉眼泪。

（2007年青海省政府采取按每年每人800元的费用，一次性买断安置，广大职工全部下岗失业。）

杨：像这样对外保密、性质特殊的国防工厂在平凡的岗位上有许多感人的故事，听说厂里设备如出现故障，抢修时非常危险和紧张？

李：是的，当时生产设备出现异常，需要抢修的话，需安排两人一组，分成两到三个组，一批一批地上，倒下一组立即就抬下来，第二组接着上，像冲锋打仗一样，厂里的救护车在旁边等候，有人抬着担架，在安全线外随时准备着进行抢救。为此，我们厂有个独立的部门叫防护站，主要任务是抢救随时中毒倒下的工人（图6.5）。我那次中毒就因为严重，抬下来后就地抢救，救护车就在旁边也没外送，如若送医院的话在途中我就没命

图6.5 废弃的防护站

了。抢救员果断地在现场抢救了40多分钟我才得以生还,这是后来同事们告诉我的,至今提起来我还心存感激。

（705厂初期在试车中陆续暴露出很多问题,相继发生多起泄漏、着火、中毒事故。）

杨：很是感人啊！对第二代"光明人"来说,对自己的生活有什么打算呢?

李：我们吃的那个苦啊,谁都不能理解。当时705厂建在大山沟里,我们这些职工的子女少有就业机会。现在我自己的子女都在西宁打工,我也只得带着老母亲去西宁,照顾母亲陪伴孩子,在那里租房子住。政府建的新小区（光明小区）对我们来说毫无意义。我下岗后自己在西宁干保安,干了很多年,也租了很多年的房子。所以没往新小区搬迁,也没签搬迁协议,即使签了也交不起那些物业费等,光明小区建在大通,对于我来说也不适用,毕竟自己在西宁打工嘛。我和我的孩子在这个大山沟里根本就没有再就业的机会,只能走出去,我们当时的伙伴有的走得更远。

（访谈已近尾声,邀请李师傅再到厂区走走,听听他的回忆。）

李：这是厂前办公区,（核心区大门前）这个建筑是电器仪表车间,很高的这个房子（指塔楼）是3车间。这是我们的一楼,是防护站（进入厂核心区大门,手指右侧建筑）,人中毒了要就地实施抢救的地方,这是救护车车库,现在都空了,当时有两辆救护车。这个位置是以前的2车间（手指着塔楼对面）,拆了,当时2车间厂房是钢结构防爆的,一楼有个地下室,是2车间的控制心脏,2车间有8层楼那么高。这是取样分析的地方（手指塔楼的北侧建筑）。（继续往前走）这儿是电器维修的地方,变电所,再往上走就是1车间,这是弱电系统车间。这个位置是大的冷却塔,冷却设备的,已经拆除了,剩下这水泵房还在（手指着东西方向的一层建筑）。（继续往北,沿路上坡行）这个地方叫411,酸碱反应产生H_2S,用脱了氧的水,这个房子是,2车间的鉴定房,这儿是供水车间的办公室。这是1车间,我工作的地方,H_2S就在这里炼制。那年我的同事就是在这里殉职的,从那个位置跑到这儿来的,他当时在218岗位（空分工段）,这边是651岗位（1车间）,这边是压缩空气用的,651是651立方气体的H_2S为1 t,高纯度,这是最危险的区域了。这里当时还有个伽马射线区,当时纯H_2S,一个罐的储存是20 t,一般是要保证两个罐。这边是高压区,那边是低压区,当时从对面的255岗位有个补压管线,给2车间补压后两边的阀门都要关实,如不关实的话经过太阳暴晒,再加上H_2S高强的腐蚀程度,自然就会产生爆炸了。有一次这儿的管道产生了裂口,随即就有气体流了出来，他（我同事，姓贾，已殉职）听到响声后，就冲上去关闭阀门，当时师徒两个人，他一下子倒下了，他师傅跑过去也倒下了。有个技术员叫李发林，从那个地方跑过来，一看到他们倒在这里了，就边带面具边跑，把他拉到这边的时候自己也倒下了。

以前路这样的（砂石路面），现在还这样。这儿有3个液化储罐，罐体钢制部分厚60cm，层面厚20cm，总共80cm，一个罐的平均重量为22.5 t，最重的25 t。（手指方向）这个地方叫483，主要是脱硫用的，叫脱硫塔（图6.6），那边有3个池，净化池、曝洗池、排水池。657是一边生产一边研制防腐的。对面就是生产氮气的地方，检修抢修时用氮气置换剧毒气体。这个地方是放固体碱的，大罐装的是液态碱，与酸原料混合，酸碱反应后产生H_2S。这就是净硫塔，这儿的生产车间全是塔，这个地方就是H_2S生产过程的车间。

现在2车间不存在了，塔楼是出重水的车间，1车间是原料供给车间，2车间是生产半产品车间，就叫硫化氘，到3车间后通过浓缩变成重水。这个地方是化验室（指塔楼下北侧），旁边是样品车间，为了生产方便，中间有个过道是连通的。我中毒后，我们班长背着我就跑，就在这路边抢救的（图6.7）。

651岗位有位师傅叫宋福祥，

图6.6　原3车间塔楼下侧是实验室

图6.7　李长平先生在705厂（摄于2016年夏）

曾经重度硫化氢中毒,后来在这里待不了,调到生活区,因继续在这儿对身体的危害更大。我当时在215,压缩车间岗位,生产氮气的,按理说它是一个无毒岗位,但在那次因排险中毒后,我就调到检修班工作了。

（李长平师傅的厂区回忆是边走边谈进行的,有些录音不甚清晰和连贯,整理时就有些不确定和不准确的地方,特别是化工专业术语部分,希望能谅解。访谈内容中的许多数字代号是该工厂由于保密需要而制定的,代号的范围涵盖了车间、产品、设备、工艺流程等,在此也不再一一说明。杨来申采访整理）

访谈5

被采访者：王松岐,男,1951年出生,吉林市人。1965年由吉林市应招来青海进厂,3车间工人、供销科副科长。现居青海大通。

采访时间及地点：2016年8月27日,西宁市禾田居茶餐厅。

同时参加受访者：李长平、刘志新、于和生

杨：王师傅您好! 先请介绍一下自己怎么来705厂的。

王：我叫王松岐,今年67岁了。是1965年从吉林市西昌学校应招到795厂来的,当时临近毕业时有单位来学校招工我就报了名,之后政审合格后就过来了。我们吉林学校应招生有200多人,有很多人没来,家里父母不让来。我刚来青海,一下火车就哭上了,想回家,那时的青海非常荒凉。

杨：来厂时是什么状况,当时正在建设吗?

王：1965年这个厂还没正式命名,自己当时还是个工人不太清楚情况,只看到厂里正在搞土建。之后我就被派到兰州化工厂去实习了。我们第一任厂长叫任洪彬,属于国民党起义过来的。党委书记叫郑岐,是烈士后代。

杨：关于厂选址的事有听说吗?

王：重水厂最早选在了吉林牤牛河,我当时同意进厂工作就是因为厂子在吉林,离家近。后来不知怎么泄密了,那吉林就不行了。另外选址是根据毛主席"靠山隐蔽"的方针,选定在了大西北的青海,后来再用直升飞机进行局地细选。重水生产的重要条件之一就是需要优质水源,所以又动用了水文地质队仔细勘测,最终

厂址选在了大通。

杨：请说一说当时3车间的生产情况。

王：想知道大概的生产工艺还是我来说吧。前面车间的工序是通过酸和碱的反应，生产一种剧毒气体 H_2S，我们当时要求把纯度控制在98%以上。1车间通过沼气酸碱反应产生 H_2S，然后再经过压缩产生温度，就变成液体 H_2S，储存在罐体里。如果再需要气体，就要在1车间经过高温加热处理变成气体，通过管道输送到2车间，在2车间进行水和 H_2S 进行的双温交换，有分流塔、筛板塔、曝燥塔。双温交换以后算是重水半成品，这半成品部分就被送达3车间，进一步电解。大概工艺就是这么个流程。再梳理一遍3个车间的流程，就是1车间造气，2车间加工双温交换，3车间出成品。1车间还同时生产氮气，氮气的作用是打进管道及设备后就能把 H_2S 置换掉。用空气是不行的，必须是氮气，空气里有很多杂质，不能用。

（根据洪小灵工程师、董必钦工程师的资料：705厂工艺涉及了大量技术设备的安全与创新磨合，主要包括：换热器，为了提高重水浓度在化工流程中采用了2级冷塔和热塔，705厂是双塔。其中每台换热器又由数百根不同规格和用途的不锈钢钢管构成，焊接工作量大，制造技术要求高。塔泵系统，它是双温交换法制取重水最主要的关键设备，$H_2S—H_2O$ 之间进行氢同位素交换，整个化学反应过程是在多台不同温度压力下的塔器内进行。H_2S 透平压缩机是关键设备的动力心脏，705厂采用了瑞士和日本设备。但联动过程中多次出现机械密封不过关的问题，造成伤亡。后经过不断试验，国产技术研发可超过国际水平。）

杨：那时厂里的生产工艺及设备使用过程还顺利吧？

王：我们国家那时只能生产型号200的不锈钢管，我们厂使用最粗的管线是500多的，不锈钢都是耐腐蚀的，要从中立国转手进口，是花了大价钱的。当时国际上对中国的封锁很严重，1台压缩机都是花了四五倍的价钱弄来的。那时厂里的干部和工人在生产过程中既没有经验又没有可以借鉴的地方，所以在事故中殉职了很多人。我们只能一边干一边摸索，设备检修时，防护站的同志就站在旁边，随时准备抢救。H_2S 是剧毒气体，只要吸一口就迈不出3步便躺倒了。我自己也中过毒，工伤证明都有，当时厂里中毒的人很多，要是抢救不及时或中毒过深，就会有牺牲。设备抢修或检修时规定不允许单独行动，最少两人一组。H_2S 一旦大量泄漏，后果非常危险，会和原子弹爆炸一样。方圆10 km都要有影响。我们厂正式出产品时，是在西宁装火车，火车是专列，车厢里面要求是恒温的。送西宁装车的时候,我们厂中层干部才有资格去送货,装车时火车站全部戒严。在工厂出产品的那段时期,兰州军区每一任司令员到任后都会来厂视察,可见那时国家和军队对我们厂的重视程度。

杨:后来停产以后,2车间的设备是否都迁到四川去了吗?

王:2车间的设备都是不锈钢结构的,部分关键进口的设备拆到了四川火炬厂,剩下的都拆了卖钱了。当时国家在四川也建了重水厂,设备全都是国产化的,但是不成功,因为管线被腐蚀得特别厉害。

(杨来申采访整理)

访谈6

受采访者:纪子博,男,1966年出生,山东人,705厂第二代,天津大学化工系基本有机化工专业毕业,1989年大学毕业后进厂,曾为科技开发科科长。1995年调到山东东营工作,2004年北京大学光华管理学院毕业,同年起在杭州工作生活。

采访时间与方式:2016年8月23日,微信访谈。

左:你是哪里人?什么原因会去青海705厂工作?你们当时进厂容易吗?

纪:我是山东人,我们的父母当年都是支援青海"三线"的,我们因为是大学毕业,进厂是容易的。当年对于我们这些第二代,多数实际上不愿意再回去,而且那时东南沿海已经开放,大家都往那里跑。当时国家有个规定,只要我们能从青海省招办开个证明说青海不要我们,学校就不往青海分配了,否则都要分配到青海,那时还不允许自主择业。这种证明父母找不到关系开不出来,加上1989年"六四"事件的影响,本来学校要把我分配到兰州炼化的,因为"八九学潮"给耽误发函了,所以最后回到了青海,重工厅就直接给我安排到了705厂。

左:进厂福利待遇与其他厂相比好吗?厂里大学生很缺的吧?

纪:20世纪80年代末以前,705厂的福利待遇很好,那时当地流行一句俗语叫"705大地主",说的是705厂职工收入好,待遇高,在北京香山和河北秦皇岛都有疗养基地,凡工作6年还是8年以上的职工都可以享受疗养假。那时候一般职工进厂不太容易,建厂时更要求根正苗红才行。到我们那时候,"文革"时期没有大学生，所以恢复高考77级毕业生都很稀罕，大学生进厂后，干部职工们都要谋着招女婿呢。

朱： 当时大通的国营企业工资是否比西宁要高？

纪： 当时大通和西宁的"国企"工资标准没什么不同，但第一次工资改革后，大概是1993年吧，各个单位工资水平差距就大了。新建企业和项目，如铝厂、环氧烷项目的人员工资都翻番了，而705厂和704厂这样的老企业并不进行工资改革，仍保持原来的工资标准，这也是我们当时下决心离开青海的原因之一。

朱： 请问20世纪80～90年代厂里转产的时候业余生活怎样？有舞厅吗？

纪： 当时的交谊舞很活跃，很热闹，各个单位和县里舞厅很多，临时办的周末舞会也很多。正如现在我国经济增速放缓，而娱乐业却蓬勃发展，似乎有一定的相互关系吧。那时候不光是705厂越来越困难，704厂日子也不太好过，水泥厂也关门了，电厂和铝厂稍微好一些。厂里业务不紧张，上班下班无所事事，所以大家有更多的时间去自娱自乐，转移注意力和一定的情绪释放吧。我和我爱人、他们同事还经常抽时间出去玩呢。

朱： 请问像您这样的705厂子弟大学生在厂里多吗？

纪： 我们那时候厂里能考上大学的很少，几乎没有。我是在西宁读的书，青海湟川中学毕业的。但是，30年前国企衰落，职工们想尽办法把孩子送到内地、西宁读书，最次要进大通县的县二中，以求考上大学，我记得我进厂的时候（1989年）厂里越来越多的孩子考上大学。

左： 谈谈作为支援"三线"的二代的成长感受。

纪： 我们小时候很多人都是父母在青海工作，孩子们送到老家给老人带，或者母亲带着在老家生活、上学，基本上两地来回跑，等到了招工年龄再到厂里上班，我们赶上能考大学的时候就考了大学出去了。因此我们跟内地孩子相比，跑的地方、见到的人和事都要多些，到哪里生活都没有不适感。只是后来再调到内地来工作时，由于当地人的地域偏见和有些人的狭隘，给了我们很多不公平的待遇和排挤。

左: 这段经历对你们二代人也是宝贵的人生财富。

纪: 对,好在这些经历都已经过去了。从705厂出来的这些人都拼出来了,而且都过得不错,这是值得欣慰的。

左: 请问你说的内地是指什么地方?

纪: 我们一般说青海是"边疆",沿海等地都叫"内地",这是我们内部叫法。

左: 我正在整理厂区平面图,与现存的厂房建筑做一个比对,之前在调研中我们找到了1967年和1975年的705厂生产区原始图纸。你能回忆一下这两张生产区平面图与你进厂时有区别吗?

纪: 你给我的厂区平面总图中厂前区和生产区的功能布置与我进厂时是一致的,在1995年前,我在厂工作时拆掉的主要是652厂房车间,其他没动,652的钢结构厂房由于拆设备和管道导致全部拆除。我们进厂时厂后区的荧光粉厂房已经建起来了,后面的养殖场也有了,这些应该是80年代以后新增的。我进厂晚,对于1、2、3车间里面的情况不是很熟悉,车间内部工艺装置情况只有车间技术员最清楚。

左: 职工食堂是否也是开大会的地方?

纪: 职工食堂一般是职工联欢大会的地方,有时候会在这里开会,但主要的大会议室是在科技楼的二楼大会议室,能容纳百十个人吧,在生活区还有一个大会堂。

左: 科技楼就是你当年工作的楼吗?

纪: 是的,就是食堂边上那个3层楼的房子,是科技科、设计科、供应科和销售科所在的综合办公楼。我离厂前科技开发与设计科合并了,我在该部门担任科长,是厂里最年轻的中层干部。

左: 厉害! 再请问705厂附属厂有几个,这两张照片是光明玻璃瓶厂? 厂子对面是啤酒厂?

纪：玻璃瓶厂我没进去过，我进厂时它停产了。啤酒厂我们当时常去，啤酒品牌是雁鸣牌，刚开始在青海卖得很火，青海当时只有这一个品牌的啤酒，占了大部分市场。

（1987年雁鸣牌啤酒曾获省优名牌。）

左：它们是何时不景气倒闭的？你离开时还在生产吗？

纪：我1989年进厂时玻璃瓶厂就不行了，啤酒厂和塑料厂还可以，尤其是啤酒厂还不错，后来大概在1991年，领导班子转换，接下来不到1年整个厂就严重下滑了。1995年我离开时啤酒厂还在生产，也是在挣扎中生存，塑料厂效益也不好，接近崩溃边缘。还有荧光粉厂也在生死线上挣扎。碳酸锶生产不正常，问题很多，不能达产，我当时参与了技术改造，带几个年轻人搞了技术方案，但厂里申请不到技改资金，技改工作就迟迟不能开工。

（1982年兴建了一座年产5000 t的啤酒线。1987年10月从日本引进大型注塑机生产线和彩印生产线。1987年5月从日本引进玻璃瓶生产线，1989年投产建造硫化锌生产装饰品，但效益均不佳。）

朱：为什么要上碳酸锶和硫化锌，与原来的工艺有关吗？

纪：这两种产品是与当时我国大力发展彩色显像管有关。硫化锌和碳酸锶是不错的项目，适应了当时我国彩电市场快速发展的趋势。原来的咸阳彩虹彩管装置及安阳彩管厂建成投产都需要大量的荧光粉和碳酸锶，还有四川绵阳的长虹配套产品，市场前景看好。另外硫化锌生产利用了我厂一车间的产品 H_2S，碳酸锶利用了青海高品位的天青石矿为主要原料。

硫化锌和碳酸锶都与原来的工艺和设备无关，但碳酸锶分厂利用了原2车间的厂房进行生产，因为是旧厂房改造，对原设计进行了较大更改，这也是造成碳酸锶不能正常达产的原因之一。现在从产业链角度讲，硫化锌和原厂的产业链还是相关的。

朱：作为技术科长，二三十年前还参与过一些转产的办法吗？

纪：其实当时705厂还错过一个好项目，就是黎明化工研究院开发的双氧水项目。我后来在浙江建德的一家企业给他们做咨询，发现当年他们是从黎明院引进了这个项目，救了这家企业。并使它们获利若干年，现在还在生产。还有好多项目,如环氧烷等,目前在青海上马了。当年我们真是千方百计,都想重振光明厂的辉煌。我们科当时跟着贾玉明总工做了好多工作,只是非常可惜,有一种"壮志未酬身先死,长使英雄泪满襟"的感觉。费尽心力,却始终有无助感,做不成事。

左: 你当时住在单位安排的家属楼吗?

纪: 是的,我们住在单身宿舍,我住在最高处的那栋楼里,都有暖气,因为厂里有锅炉,供热方便。705厂的老职工还有很多留在了老厂,生活很悲惨,如果能发动大家帮到他们,我想大家还是愿意的。如果能调动政府的积极作用就更好了(图6.8、图6.9)。

(单身宿舍楼2015年10月被拆除。)

图6.8　2016年已被拆成瓦砾的单身楼宿舍

朱: 与您一样,我也是1985年上大学。感觉从(中学)校门到(大学)校门,是蜜罐子中泡大的,社会阅历差距很大,您自己的生活目前还满意吧。

纪: 大学毕业后我本来打算过一种悠然自得的生活,但从那时候起就不得不奋力拼搏。我们赶上和经历了"国企"改革的全过程,算是时代的见证人,也完全体会到在时代的潮流面前,个人是多么渺小,就像泥石流来了,只能被裹挟而下。后来我就没有停止学习、读书,找合适的工作和城市。在山东工作到1999年,赶上一个机会,我考取了当地组织的一个MBA班,去了中国人民大学和美国

图6.9　2015年原705厂办主任王斌生前的家中陈设

的伊利诺伊大学读工商管理，回来后进入日本三洋公司在东营的一家合资公司工作。两年后又考取了北京大学光华管理学院读了一个硕士学位，毕业后去了上海。当年十月第一次来杭州就决定生活在这里，我爱上了杭州，算是找到了自己的生活归宿地。

朱: 不凡。

纪: 好了，先谈到这，希望光明厂在我们心里永远是美好的，谢谢你们耐心地听我讲自己的故事。

（左琰、朱晓明采访整理）

第 7 章

西部开发新政下的"三线"遗产再生

7.1 美国冷战遗产报告解读

20世纪80年代末,德国柏林墙的倒塌及苏联的解体标志着冷战的结束,美国国防部在冷战结束后重新思考和定义了这些与冷战密切相关的人、事、物的意义和价值,并计划将它们妥善地记录和保存以帮助未来几代人更好地理解这段冷战历史。美国国防部下设冷战任务组,重点保护冷战时期的物质文化和人文资源,所涉及的范围很广,历史、自然科学、考古、规划、历史保护、档案学、博物馆学、政治学、社会学、国际法,以及环境法领域的现役或退伍军人、学者、专家,甚至那些出于好奇想了解美国过往历史的市民都将集合起来共同去完成这一使命。

冷战遗产被分为六大类,包括场所(火箭测试基地、核发射场、核制造厂、飞机失事地等)、区域(军事基地、军用机场、辅助设施等)、建筑(飞机库、雷达站、发射控制中心、车库、管理大楼、教堂、图书馆及宿舍等)、构筑物(船只、导弹与飞弹发射井、发射台、跑道、水塔、风洞、桥梁、围栏、道路、铁道等)、风貌(登陆海滩、训练场与训练班等)及实体(飞行器、坦克、战争艺术品、设备、制服、纪念品等)。为了评估冷战遗产的价值,国防部冷战任务组将从事主题研究和背景研究,以鉴定遗产类型及在这段时期的功能变动,为日后冷战遗产政策和法规的制定提供有力依据。

许多在冷战时期扮演重要角色的武器系统、构筑物、基地及设备因破旧不堪或技术过时,如今都闲置下来而不再使用。人们对于冷战遗产的认知还比较粗浅,遗产的价值未得到足够的重视,这一方面归因于将它们与那些年代久远、受人尊崇的古代和近现代遗产相比过于"年轻"而易遭忽视;另一方面也出于国家安全考虑使得一些基地、武器装备或军事行动与外界长期隔离,处于高度保密状态,故许多冷战军事遗产的信息流动受到了阻隔。

一个已成废墟的军用地基可能是一个军事事件唯一的物证,一旦这些历史性的人物、场所、实体消失后,日后将很难还原历史的真相。由于要保持一种冷静的态度去记录和分析历史相当困难,故要求研究者需将艰难的政治决定、核武器,以及军事硬件的建设等信息与那个时期人们的社会和心理上的经验相联系。

国防部对于冷战遗产的价值评定参考和借鉴了现有的法律法规。1996年出台的美国历史保护法案（NHPA）（修订版）对"历史遗产"和"历史资源"做了专门的定义，法规强调了历史遗产均要超过50年才允许进入国家史迹名录，只有军事遗产中的导弹发射基地及核设施等才具有如此巨大的影响力而破例登入国家名录的冷战时期遗产名单中，如美国橡树岭国家能源实验室的X-10反应堆、位于白沙弹道靶场的33号综合发射设施，以及位于肯尼迪航天中心的39号综合发射设施等。青海的金银滩原子城也同样如此。

7.2　西部开发新契机带动"三线"遗产再生

7.2.1　"三线"建设奠定西部工业基础

西部地区面积约为685万 km²，约占全国的71.4%，包括十多个省、自治区、直辖市[1]，由于自然、历史、社会等原因，西部地区经济发展长期以来较东部地区相对落后。回溯历史，中国西部地理位置极为特殊，历代中原政权都把西部特别是西北地区当作西部边陲的缓冲地，在跨国经济贸易、文化传播、宗教活动、技术交流方面构筑了东西交汇的桥梁。国难重重，1937年至抗日战争结束，南京国民政府主导了以东部制造业为核心的工厂内迁和大学西迁，加强了西部原有的工业力量，一定程度保护了在纷飞战火中的中国工业火种，培养了一批紧缺人才。中国共产党建立新中国后将"一五"时期的"156"项苏联援助项目布局在"三线"和"二线"地区，使中国的重工业自东南沿海向西部拓展。通过横亘于欧亚大陆桥的陇海铁路，与苏联的工业运行轨迹结合，稳定了社会主义阵营。至1964年，中国全面开展以"备战"为目的的"三线"建设，它更是一次历史上空前的人力、物力大转移，上述均毋庸置疑地证明了西部高度的国防战略地位。

"三线"建设其建设规模之大、投入之多、动员之广、行动之快，在西部建设史上前所未有。它不仅带来了工业实力的增长，而且还极大地带动了这些地区的经济发展包括农业、商业及文化教育、卫生等事业发展，全面促进了这些地区的经济繁荣和社会进步，在一定程度上改变了中国经济布局不平衡的状况，客观上为西部地区的经济发展奠定了工业化基础。此外，"三线"企业大都位于多山地区，这些地区土地的增加大都落后于人口的增长，"三线"建设为这些富余人口增加了就业机会，同时为促进民族平等、团结和共同繁荣做出了贡献。"三线"地区大部分是少数民族集聚区，这些地区的发展对整个国家的安定团结和设计进步有着重要的意义。然而"三线"建设的布局以国防为原则，非经济驱动，存在许多片面性。"三线"时期的新项目和大项目都要按照"分散、靠山、隐蔽"的原则选址建设，布点分散，造成交通不便、信息闭塞，且"三线"建设正处"文化大革命"时期，加上"三线"建设地区基础设施、生态环境比较恶劣，经济基础薄弱，缺乏科学的组织管理理念，工业形式往往重于实质。

1979年后大范围"三线"建设基本停止，"七五""八五"开始，国家加大支援力度，通过市场机制对国防工业进行了干预和调节，持续开展了脱险搬迁、军民结合为主的布局变迁。"三线"建设战略调整了近30年，步履蹒跚经历了不同阶段，不乏东风汽车、重庆嘉陵摩托等逆境中突围的成功范例，大量存在的问题也为老工业基地改造提供了不断探索的空间。2013年国务院颁布了《全国老工业基地调整改造规划（2013—2022年）》[2]，老工业基地是指"一五""二五"和"三线"建设时期国家布局建设、以重工业骨干企业为依托聚集形成的工业基地，分布于27个省，合计120座。六盘水、攀枝花、汉中、十堰、宝鸡、天水等"大三线"直接涉及的省（自治区）的近30座中小城市名列其中，约占总量的1/4（图7.1）。及时总结"三线"调整时期工业企业搬迁后闲置土地合理利用的途径，认清西部城镇化土地集约利用在很大程度上取决于创造性思路的提供，了解经过挑选的"战略性"产业关乎国家的经济和军事安全，对其他产业的发展具有定向引导性，从这些方面来看，军工依然是"三线"地区发展的契机所在。

图7.1　全国老工业基地更新改造规范范围分布图

7.2.2　"一带一路"的新发展契机

　　世纪之交,中央根据国际国内政治、经济形势新的变化,审时度势,做出了实施西部大开发、加快中西部地区发展的重大战略决策。"十五"计划强调实施西部大开发战略将直接关系到扩大内需、促进经济增长,关系到民族团结、社会稳定和边防巩固,关系到东西部协调发展,最终实现共同富裕。加速西部地区发展有着战略上的重要意义,是缩小地区差距、保持国民经济持续快速健康发展的客观要求,同时也是改善生态环境、实现可持续发展、保持社会稳定、民族团结和边疆安全的迫切要求。

　　实施西部大开发是一项长期艰巨的历史任务,也是一项规模宏大的系统工程。中央计划经过几代人的努力,计划用50年的时间来完成[3]。西部开发经过15年的努力,已经取得了重大成就,多个重点工程已经开始运作或是已经竣工,如青藏铁路、南水北调、西气东输、北煤南运、西油南输、西电东送、西棉东调、南菜北运等。2013年中央提出共建"丝绸之路经济带"和"21世纪海上丝绸之路"(以下简称"一带一路")的重大倡议,得到国际社会高度关注。在以和平、发展、合作、共赢为主题的新时代,面对复苏乏力的全球经济形势,纷繁复杂的国际和地区局面,传承和弘扬丝绸之路精神更显重要和珍贵(图7.2)。共建"一带一路"旨在促进经济要素有序自由流动、资源高效配置和市场深度融合,推动沿线各国实现经济政策协调,开展更大范围、更高水平、更深层次的区域合作。"一带一路"的中心在西部,"三线"建设与"一带一路"地理分布极为相近乃至重合,除新疆海陆两翼、广西沿海外,云贵川、陕甘宁、山西、青海、湖南、湖北等"三线"内陆省份均与"一带一路"

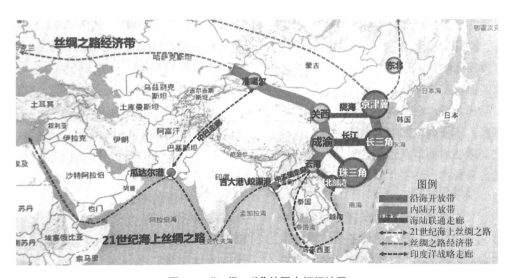

图7.2　"一带一路"的国内枢纽地区

对接。资本的全球流动使地缘经济越发紧密、地缘政治越发微妙,机遇与冲突长期并存。"一带一路"对外将我国西南、西北地区与邻近国家的基础设施相互连通,强化贸易往来的基础,对内,经济发达的长三角、珠三角、京津沪与西部地区的基础设施战略走廊将进一步增强。通过"一带一路","三线"地区将打破地区的局限性,不同类型的城镇将被重新定位,西部地区又一次站在了历史复兴的交叉点上。

7.2.3 "三线"工业遗产的文化和生态特征

"三线"工业遗产是我国工业化过程中一个极其特殊时期的见证者,它们在当时的历史条件下形成了一套独特的文化体系。"三线"军工企业在远离城市、物资匮乏的条件下克服种种困难进行生产和生活,这些军工基地一旦建成,不依赖当地的设施资源,成为自成体系的小社会,除了生产厂房外,住房、医院、学校、邮局、商店等基本完备,形成了相对封闭自足的社会聚落,这种聚落介于城市和乡村之间,是自给自足并有着自身独特的社会结构和运行机制。"小社会"中的人们说着"厂矿普通话",这种语言既非标准的普通话,夹杂着北方口音和当地方言。他们和家人、邻居、同事、朋友等以血缘、姻缘或业缘等为纽带形成了稳定的人际交往和社会关系,成为生活在军工企业中的人们必不可少的社会基础和文化认同。

改革开放后,随着国家战略重点的转移,中央提出"军民结合、平战结合、军品优先、以民养军"的方针,对"三线"企业采取"调整改造,发挥作用"的一系列措施,这些曾经肩负起国防保卫重任的企业纷纷被揭开了神秘面纱,走上了自我拯救的道路。然而这些军工企业是国家特殊时期计划经济下的产物,所有的物资、财力、人力都是由国家统筹安排,当下面临企业转型和市场经济法则,没有良好的现代企业管理体系可谓举步维艰,大多数"三线"企业迁离或转型后后续产业发展情况不尽人意,有些甚至破产,厂房处于废弃、闲置状态,许多职工生活困难,生活区破落陈旧。在产业衰败的经济转型过程中,将蕴含着丰富的时代烙印和精神印记的工业厂房旧址进行保护和再利用无疑给这些企业职工及后代一种稳定人心和留住记忆的作用和安慰,也成为增强国民民族精神和爱国教育的最有效方式。

回想当年"好人好马上三线",能参加"三线"建设的都是经过挑选的社会精英分子,而这些工厂车间记录下他们人生中最富有激情和作为的奋斗时光和人生梦想,也镌刻着昔日火红年代所发扬的艰苦奋斗、不怕困难的精神品质。对于"三线"子弟而言,"三线"工业遗产是他们童年时代的记录,当"三线"企业外迁或他们父母带着他们因为各种原因回到原籍的时候,工业遗产又成为散布于全国各地甚至海内外的"三线"子弟共同的认同感和归属感的基础。

由于地理位置、自然条件有利于备战,多山地区成为"三线"建设的重点区域,其选址与一般的工业项目建设差别较大。"三线"企业选址以"不占良田好土"为宗旨,随山势起伏而建,"占一还一、占二还二",这种生态思想是今天城市化进程的一个借鉴。当年发展工业生产、建造厂房,贯彻了以农业为基础、以工业为主导的总方针,想尽方法利用自然地形地势,因地制宜,依坡就势,尽可能利用坏地、荒坡来开发,把荒坡改造成耕地或梯田,并结合排洪,采用引洪入渠入塘的方法,以兴水利,加强农田水利建设,增加农业生产,避免产生占而不用、多占少用或者"剃平头"的深挖高砍等浪费人力和国家资金的现象。考虑到向阳坡地的庄稼产量要比背阳的高许多,在具体设计和取舍用地范围时力争避开向阳坡地和梯田,而这与建筑物争取日照、通风采光和避免潮湿的要求有一定的冲突,故需要专业技术人员本着节地、节材的原则,深入实际、量体裁衣,实践着工业基本建设需与农业基本建设相结合的发展路线。此外,由于经济不发达、建设任务重,很多工程都采取了一些"低技术"的营造手段,在能够满足建设要求的前提下,尽可能多的使用当地的建筑材料,以减少建筑材料的生产和运输费用,并且为了强调"靠山、分散、隐蔽",甚至还"进洞",设计了一些特殊构造的厂房和设备,最典型的是洞中厂房和洞中仓库。

7.2.4 工业飞地:从插入到融入

"三线"企业因备战要求都建在交通不便、信息闭塞的大山深沟里,是镶嵌在当地自然环境中的一块块"工业飞地",如今这些厂房遗址闲置废弃后成为当地自然景观中的一个个"污点",而它们周边环境却是有山有水、农田围绕,伴随着这些昔日保密重工业企业的转型,消解其原来生硬的产业和空间边界,注入当地特色经济形态,将这些景观"污点"转变为新城镇格局下的景观亮点是"三线"工业遗产再生的目标和方向。

城镇化是现代化的必由之路,在推进城镇化的进程中,多数规划偏重于经济属性来建设"新城",将重点放在"结构"重建上,圈地造城和盲目追求新城化致使城市的历史文脉遭到了严重割裂和消亡,而"三线"建设时期崛起的千个企业分散在全国各处,其中有多少关停弃用不得而知,这些厂房遗址作为解读中国工业化初期一系列推进、演进乃至试错的关键性证据,为今天的城镇现代化建设提供了宝贵而真实的历史痕迹。对于这些"工业飞地"的再开发可依据当地的经济和环境特点结合文化产业园、生态农业及军工主题旅游等多个发展方向来确定功能定位,其中发展生态农业和生态旅游是促进当地农业经济和旅游经济发展的一项积极举措。生态农业是在保护、改善农业生态环境的前提下遵循生态学、生态经济学的规律,运用系统工程方法和现代科学技术、集约化经营的农业发展模式来促进生态经济的发展。由于一些军工化工企业在生产军工产品过程中具有强腐蚀性和危险性,对土壤和厂区环境造成了一定的污染和破坏,同时也殃及了周边的农田水利,即使厂区旧址已荒废多年,但土壤的毒性和污染并没有完全排除和修复,这需要对这些旧工厂加强土壤污染的调查、监测和管理工作,开展土地规划使用和建设项目的环境影响评价,对污染度强的厂区周边土壤进行必要的清理和修复保养,提高周边土壤环境质量。

转变农业发展方式已成为大通县"十三五"乃至今后一段时期发展现代农业、保护和改善生态环境的重要着力点,通过对这些昔日的"工业飞地"的环境综合整治和厂房再利用,大力发展节水和旱作农业,拓宽农业生态服务功能,在全县建成更多集生态农业、文化产业、观光旅游于一体的休闲观光农业示范区。

四川绵阳九院院部旧址(中国工程物理研究院)的更新改造是一个较为成功的"三线"军工遗产再生案例,值得我们学习和借鉴。九院[4]是我国核武器的研制和生产单位,自1958年北京建院后经历了三次基地变迁: 1962年开始从北京迁往青海海晏221厂核武器研制基地; 1969年迁往四川梓潼"902地区"[5]; 1990年开始向绵阳科学城调整搬迁,同年九院管理体制调整为国家计划单位相对独立的科研事业单位。20世纪70年代后期,随着国际国内形势的变化,包括九院在内的一大批"三线"军工企业从大山深处搬迁出去,从1983年9月开始,院部的设施和工作人员陆续迁出,旧的院部逐步废弃,2002年,四川民营企业铁骑力士集团[6]收购了这一地块,将它打造为集团的绿色鸡蛋生产基地。2006年,铁骑力士集团正式注册旅游开发公司,对此旧址进行旅游开发,如今旧址有3个用途: 作为集团的绿色家禽养殖基地、集团员工培训中心及军工旅游景区。其中作为绿色鸡蛋生产基地为主要用途,由于此地群山环抱,基本上无污染,因此生产的鸡蛋出厂价格高出普通鸡蛋的市价几倍。作为培训基地,以特殊的历史和社会价值为基础,对来此培训的员工有激励作用。而作为"两弹城"主题文化旅游地,旧址包括7幢苏式院士别墅在内的整体格局和风貌完整地被保留下来,邓稼先、王淦昌等16位院士先后在此工作过。集团对单体建筑物进行了翻修和挂牌介绍,还出资对原院士楼、将军楼、原招待所和原职工宿舍进行了基本保持原貌的整修以满足游客和员工参观和住宿等要求,充分挖掘其背后的人文价值资源,再现出"自力更生、艰苦奋斗、团结协作、开拓创新"的九院精神。如此看来,集团利用九院旧址发展生态农业,既最大限度利用了其物质形态的遗产,也在一定程度上保护了其非物质形态的遗产,为现代都市人打造出一方有着历史记忆和情怀的精神家园。

7.3 青海大通模式的探索与思考

以备战为目的的"三线"建设是20世纪国内一场浩浩荡荡的西部工业大生

产，这场分布于全国13个省和自治区、近千万人参与的全国性工业运动以高昂的代价奠定了西部工业基础，提升了国防工业实力，也为今天的社会留下了诸多分散各处、日趋衰败的厂房遗址，以及与当年工厂配套的居住区。50年后，它们雄风不再，曾经引以为豪的荣耀和光芒早已湮没在一片荒芜杂草中，印刻在几代人的记忆深处，萧条残败的身影在新城镇建设中显得异常突兀，人们不禁要问：为什么要保留这些废弃多年、无人问津的旧厂房遗址？它们有什么重要的历史价值和实用意义？20世纪60～70年代可歌可泣的"三线"建设史是否需要为年轻后代留下实物原证？

青海705厂是众多"三线"军工企业的一个样本，它从1965年开始建厂到1996年宣告破产，前后30年时间里经历了建厂、生产、限产、转型、破产等一系列的遭遇和变化，折射出20世纪60～90年代社会经济发展、国力不断增强、国防科技水平不断提升的变化过程，也反应出国家在军转民和经济体制改革中所走过的种种弯路和挫折。705厂从最初生产重水转为6条民品生产线，从70年代近2000人规模的国防化工大型二级企业沦为90年代中期债台高筑的特困企业，令人唏嘘不已。究其原因，既有国家从计划经济时代向市场经济时代过渡的大环境影响，也有企业自身管理混乱、经营不善，最后难逃倒闭关停的悲惨命运。面对705厂军工企业转型的彻底失败，我们要冷静反思和检讨，剖析其中的深层因素。为了备战和西部发展，我们付出了深重的代价和损失，这不仅仅属于党和国家，更属于为之献出宝贵青春和生命的"三线"建设者。厂房和职工构成了那个时代的命运共同体，保留住有形的物质环境，就是保留下在艰难岁月中人们艰苦奋斗、勇于奉献的精神依赖，它谱写了那一代人的生命赞歌，也将成为激励后人冲破黑暗、奋发图强的灯塔。从这个意义上来说，拯救这些濒临拆毁的"三线"军工遗产是赋予我们神圣的意义和使命，这些厂房遗址作为活的历史展示给后人前人所做的一切，勋章和伤疤，骄傲和哭泣，让人们铭记这段深刻的记忆，并向那代人致以深深的敬意。

荒废的705厂是衰败丑陋的，但也是幸运的，它在去留的十字路口徘徊时被我们及时发现和关注。2012年杨来申的大胆谏言打响了705厂保卫战的第一枪，之后学者和媒体跟进，设计营的开展，与政府部门的多次沟通，使得这个藏匿在山沟里的昔日军工厂重见光明，随着对"三线"历史和705厂的深入研究，越发觉得这个不过30年厂史的军工厂有着短暂而又壮丽的传奇经历，它的命运仍然牵动了无数人的心。在这场705厂保卫战中，学者的力量正在凸显出来，他们以群体合作的方式亮相，在高校、政府和社会间搭建起沟通的桥梁，他们以学术论坛的方式将多年的研究成果传递给政府和社会，以座谈会方式了解当地政府职能部门的管理和发展需求，也通过"产学研"高度整合的设计工作营模式为当地政府献计献策，努力寻求"三线"工业遗产最佳的保护模式以实现多方共赢。从2013年两个学术讲座到2014年集结7个学者的学术论坛,从小范围几个人到20多人规模的设计工作营,从与当地政府部门的多次交流到访谈原厂职工做口述史整理,这一切都在努力扩大705厂的社会影响力,让政府和社会了解"三线"军工遗产潜在的价值和保护意义。分3步来行动。

第一步使当地政府和民众了解"三线"建设的特殊背景和遗产价值,达成"三线"遗产保护共识,扩大一定的社会关注度;

第二步发挥"产学研"结合的强大优势,针对当地的经济状况和环境特点,提出可实施的工业遗产再利用概念方案供政府决策部门参考;

第三步与原厂职工及其后代访谈,了解厂史和当年工作、生活等情况,记录和完善口述史内容,将这份无形的"三线"遗产通过口述史方式保护下来。

要顺利完成以上3个步,需要学者、政府、专家、职工等多方面的互相支持和配合,需要尽快建立起"三线"工业遗产的价值评估方法,充分挖掘出历史真相,引发社会大众的关注和反思,改变政府和有关部门对于新城化建设的发展思维,积极探讨一种盘活"三线"工业遗产、促进当地经济发展、改善当地生态环境三位一体的良策。"三线"遗产再生是继承和发扬"三线"精神的得民心工程,青海大通通过3条新战线的穿插并进,既体现了当地政府体恤民众、寻求突破的决心,也激发出学者强烈的社会责任感和使命感。政府的开明、学者的远见、职工的配合、社会的支持缺一不可,这是青海大通模式顺利推进"三线"工业遗产保护和再生的关键。

注释:

[1] 重庆市、四川省、陕西省、甘肃省、青海省、云南省、贵州省、广西壮族自治区、内蒙古自治区、宁夏回族自治区、新疆维吾尔自治区、西藏自治区、恩施土家族苗族自治州、湘西土家族苗族自治州(加上湖北省恩施、湖南省湘西、吉林省延边州)。

[2] 《规划》提出,到2017年,老工业基地产业结构优化升级取得重要进展,节能减排取得明显成效,科技创新能力得到增强;城市内部空间布局得到优化,城区老工业区调整改造全面展开;人民生活持续改善,居民收入增长与经济发展同步;改革开放取得新进展,经济发展的活力动力明显增强。到2022年,老工业基地现代产业体系基本形成,城区老工业区调整改造基本完成,良性发展机制基本形成,为建设成为产业竞争力强、功能完善、生态良好、和谐发展的现代化城市奠定坚实基础。

[3] 2001～2010年为奠定基础阶段,重点调整结构,搞好基础设施、生态环境、科技教育等基础建设,建立和完善市场体制,培育特色产业增长点,使西部地区投资环境初步改善,生态和环境恶化得到初步遏制,经济运行步入良性循环;2011～2030年为加速发展阶段,在前段基础上进入西部开发的冲刺阶段,培育特色产业,实施经济产业化、市场化、生态化和专业区域布局的全面升级,实现经济增长的跃进;2031～2050年为现代化阶段,在一部分率先发展地区增强实力,融入国内国际现代化经济体系自我发展的基础上,着力加快边远山

区、落后农牧区开发,普遍提高西部人民的生产、生活水平,全面缩小差距。

[4]　九院名称先后使用过二机部九局、北京第九研究所、二机部第九研究设计院、中国人民解放军第九研究所、核工业部第九研究院等。

[5]　当时中苏关系恶化,中央决定核武器研制机构九院搬迁,选址只考虑在四川、贵州两地,并遵守"靠山、隐蔽、分散"原则。这两个省不临边境且多山,绿树长青容易隐蔽。于是在这种环境下,1964年年底,从九院青海基地走出一支六七十人的神秘勘探队,目的是到四川、贵州为下一个秘密基地选址。据一位参与选址的老同志讲述,选址经过了3次大规模实地查勘。第一次考察队到达成都往川南一线考察,考察后感觉各项指标都很符合,唯一缺点是常年下雨,过于潮湿;第二次考察队从川北广元开始,考察后觉得广元不是很理想于是又往北走,走到陕西勉县、汉中一带觉得很适合,但是又不符合选址原则;第三次考察从广元开始往南走,终于来到绵阳。勘测后,决定把最重要的中枢机关定在梓潼长卿山南麓的山脚下。在经历长达半年的考察后,1965年中央批准在梓潼建立九院的第二个研制基地902基地,下设12个研究所,分布在绵阳、广元的5个县内。1969年,902基地正式启用,此后902基地承担了22次核武器试验的指挥工作(中国共进行45次核试验);原子弹、氢弹相继在902基地完成武器化定性,由核装置成功研发为武器;二代核武器——中子弹在902基地研制成功;"两弹精神"形成于902基地。1983年,由于九院发展需要,902基地搬迁至绵阳近郊,院部基地遗留下1000余亩旧址。2013年在九院迁走20年后,院机关旧址开始被重新打造,902基地以"两弹城"而传承红色教育。

[6]　铁骑力士集团创建于1992年,至2010年在全国建有51家分(子)公司,员工5000余人的高科技企业集团,是国家级农业产业化重点龙头企业,2002年7月收购了中国工程物理院原梓潼三处旧址,创建中国西部第一村—"圣迪乐村"。"圣迪乐村"占地1500余亩,依傍国家级旅游风景区,环境优美,以绿色、生态、知识、科技、人文、社区为特色,集绿色养殖、食品开发生产、旅游与人才培训为一体。

参考文献

著作

张小明.冷战及其遗产.上海:上海人民出版社,1998

顾朝林.历史·现状·展望——中国城镇体系.北京:商务印书馆,1996

中国城市规划学会.五十年回眸——新中国的城市规划.北京:商务印书馆,1999

国家经济贸易委员会.中国工业五十年.北京:中国经济出版社,2000

张柏春,姚芳,等.苏联技术向中国的转移1949—1966.济南:山东教育出版社, 2004

华揽洪.重建中国——城市规划三十年(1949—1979).北京:中国建筑工业出版 社,2006

亨利·基辛格.论中国.北京:中信出版社,2012

毛泽东.论十大关系.北京:中央文献出版社,1956

倪同正.三线风云.成都:四川人民出版社,2013

鄢一龙.目标治理:看得见的五年规划之手.北京:中国人民大学出版社,2013

薄一波.若干重大决策与事件的回顾.北京:中国党史出版社,1993

邹德兹.新中国城市规划发展史研究:总报告及大事记.北京:中国建筑工业出版 社,2014

严鹏.战略性工业化的曲折展开:中国机械工业的演化(1900—1957).上海:上 海人民出版社,2015

刘德然.青海年鉴.西宁:青海年鉴社,2007

青海统计局.青海统计年鉴(1985—2014).北京:中国统计出版社,2014

翟松天,崔永红.青海经济史当代卷.西宁:青海人民出版社.2004

陈云峰.当代青海简史.北京:当代中国出版社,1996

翟松天,崔永红.青海经济史当代卷.西宁:青海人民出版社,2004

中共青海省委宣传部.青海三十五年1949—1984.西宁:青海人民出版社,1985

陈云峰.当代青海简史.北京:当代中国出版社,1996

青海年鉴编辑部.青海年鉴2007.青海省地方志编纂委员会,2007

青海省地方志编纂委员会.青海省志(26)化学工业志.西宁:青海人民出版社.2000

大通县志编纂委员会.大通县志.西安:陕西人民出版社,1993

可爱的大通.大通县志办公室编.内部发行.1986

期刊

胡景祥,何世安.中南地区煤矿系统交流职工住宅设计经验.建筑学报,1964,1

黄植培.谈谈内地工业建设中的问题.经济管理,1979,5

樊丙庚.四川"三线"建设.城市规划,1988,11

三材节约途径探讨.建筑经济,1989,12

蒋洪撰,周国华.50年代苏联援助中国煤炭工业建设项目的由来和变化.当代中国
　　史研究,1995,4

鲍世行.攀枝花城市规划的历史回顾.华中建筑,2000,1

董志凯.我国计划经济时期计划管理的若干特点(1953 – 1980).中国当代史研
　　究,2003,(10)5

郑谦.20世纪60年代的世界与中国.百年潮,2004,6–7

张才良.贵州三线建设述论.党史研究与教学,2004,(4)

吴殿廷等.日本的国土规划与城乡建设.地理学报,2006,7

饶小军.走进三线:寻找消失的工业巨构.住区,2009,12

孙顺太.156项工程与三线建设比较研究.大理学院学报,2011,5

李韬,林经纬.正确认识改革开放前后两个历史时期的关系.红旗文稿,2012,4

郑有贵等.历史与现实结合视角的三线建设评价.中国经济史研究,2012,3

陈东林.评价毛泽东三线建设决策的三个新视角.毛泽东邓小平研究,2012,8

段娟.三线建设是中国历史上一次规模空前的重大经济建设.全国第二届三线建设
　　学术研讨会,2013

徐有威等."全国第二届三线建设学术研讨会"会议综述.史林,2014,3

于锡涛.毛泽东最早做出决策——三线建设的启动和调整改造.人文历史,2014,9

贺元龙.对大通县工业经济发展与环境保护如何实现"双赢"的思考.青海环境,
　　2010,20(1)

祝存雄.小城镇建设发展现状和对策的思考——以大通县小城镇建设为例.科技
　　风,2009,12

刘慧,叶尔肯·吾扎提,王成龙."一带一路"战略对中国国土开发空间格局的影
　　响.地理科学进展,2015,5

杨未.三线军工"工业遗产"的文化功能.商,2013,24

申纪.建筑总体设计应如何不占或少占良田好土.建筑学报,1966,3

汪红娟.三线决策与西部开发.赤峰学院学报,2009,3

赵永唐,李红娟.大通县生态农业发展现状及发展措施.养殖与饲料,2015,3

贺宝元.对大通县工业经济发展与环境保护——如何实现"双赢"的思考.青海环
　　境,2010,1

English Heritage. Colliery landscape: aerial survey of the deep-mined coal industry in England, 1997

The Department of Defense. USA. Coming in from the Cold: Military Heritage of the Cold War, 1994

Wayne Cocroft and Roger Thomas. Cold War: Building for Nuclear Confrontation, 1946–1989. 2004

Historic England: 9 places that reveal the hidden history of the cold war. UK, 2014

The department of defense. Australia. Defence Establishment Woomera. South Australia, 2013

Fleur Hutchings.Cold Europe Discovering, Researching and Preserving European Cold War Heritage. The Department of Architectural Conservation at the Brandenburg University of Technology Cottbus, 2004.

研究生论文

王新宇.激情岁月的建筑实践——以天水锻压机床厂为例剖析.南京：东南大学硕士研究生论文,2010

向东.20世纪六七十年代攀枝花地区三线建设述论.成都：四川师范大学硕士研究生论文,2010

孙应丹.中国三线城市形成发展及其规划建设研究.武汉：华中理工大学硕士研究生论文,2010

高世明.新中国城市化制度变迁与城市规划发展（1949—1999）.天津：天津大学博士学位论文,2011

任永东.基于共生理论的贵州省绥阳县三线工业遗产保护与再利用研究.广州：华南理工大学硕士研究生论文,2013

王娟.青海省"三线"建设述评.兰州：西北师范大学硕士论文,2013

王坚.广西三线国防工业研究.桂林：广西师范大学硕士论文,2013

林江彩.1950年上海"二六"轰炸研究.上海：东华大学硕士研究生论文,2013

王娟.青海"三线"建设述评.兰州：西北师范大学硕士学位论文,2013

图片来源

图1.1　自绘

图1.2　奥林匹克博物馆.历届奥运会海报.北京:航空工业出版社,2008.

图1.3　E.L.多克托罗,陈安.世界博览会.济南:山东文艺出版社,2014.

图1.4　北京:中国广播电视出版社,2007.

图1.5　昆明铁路局.成昆铁路.昆明:云南人民出版社,1978.

图1.6　李金茹.1949—1976年中国政治宣传海报研究.武汉:武汉理工大学学位论文,2010.

图1.7　卡尔·艾伯特.大都市边疆:当代美国西部城市.北京:商务印书馆,1986.

图1.8　Historic England: 9 places that reveal the hidden history of the cold war. UK, 2014.

图1.9　自摄

图1.10　国家计委三线建设调整办公室.中国大三线,北京:中国画报出版社,1998.

图2.1—2.7,图2.9—2.11　作者根据有关资料绘制

图2.8　705厂档案资料

图2.12　作者根据大通县志地图和省志的相关资料重新绘制

图3.1　设计营根据大通县志资料绘制

图3.10　作者自绘

图3.11　设计营根据705厂1967年和1975年的原图纸重新绘制和建筑编号

图3.18　作者根据705厂原生产区图纸和现状情况整合绘制

除了以上注明外,其他图片为作者和设计营现场拍摄

图4.1,图4.3—4.6　自摄,其余图纸和照片均出自设计营成果

图5.2　学术论坛海报出自营员手册,其余均为自摄

图6.1,图6.2　为705厂档案资料,其余为自摄于2015—2016

图7.1　http://image.so.com

图7.2　杨保军等."一带一路"战略的空间响应.城市规划学刊,2015年第1期

附录1 冷战中的军事遗产
——美国国防部冷战遗产项目报告（节选）

1 冷战遗产项目

在1989年11月，整个世界都带着将信将疑的态度，见证了刚刚实现再统一的德国民众将部分柏林墙毁灭殆尽。之后不久，冷战中代表美国契约的标志物——查理检查站也被抬离地面，安置在一部卡车上撤离了原址。德国的再统一伴随着苏维埃联盟的解体，这一切都似乎在暗示着冷战已经接近尾声。

冷战的结束使得美国国防部重新思考其面向全世界的责任，以及相应的缩减重组的义务。同时国防部也打算利用这次机会确保一切有关冷战活动的记录及其引申出的意义，都在证据仍然鲜活的时候得以很好地保存。许多在冷战中能够作为有力证明的物证，例如，查理检查站、柏林墙残垣以及苏维埃档案的记录，都将帮助未来的几代人更好地理解冷战历史及其影响。前面已列举的遗产，以及其他遗产实体类型包括档案、遗址等共同构成了一份我们国家历史中意义重大且无价的历史记录。也正因如此，它们值得我们去关注并保护。

（柏林墙的残垣——一个非常典型的冷战符号——被转移到了德国的拉姆斯坦空军基地，用于公众展示。）

1.1 冷战项目中的遗产资源管理项目

除了保护上文所述内容之外，美国国防部的遗产资源管理项目同期进行的另一个保护目标是对冷战时期历史意义的保护。该遗产管理项目由国防部1991年的拨款法案资助，旨在履行国会关于"决定如何更好地在不可替代的生物、文化、地球物理资源的保护工作以及军事任务的动态需求之间寻求整合"的要求。它通过9个彼此区分的目标来实施其规定章程的要求，这九点的责任是"储存、保护物质及文学的财产和遗迹"，主要是那些与国内和海外冷战的起源与发展相关的部分[1]。这个项目的初始阶段便是由冷战任务组[2]负责实施。

---

[1] 美国国防部的拨款法案，1991，公法第101–511号，章节8120，104，法令1905（1990）; 国防部负责环境部门副助理部长办公室，"遗产资源管理项目目的声明"，遗产资源管理项目对国会的报告，1991年9月。

[2] 遗产项目由隶属于国防部长其下的环境安全（DUSD–ES）部门代理人负责管理。在每个军事部门内，副助理部长以及环境部门，负责管理与遗产活动相关的服务以及设施等相关活动，例如示范项目等均由此服务部门发起。冷战任务组对DUSD–ES内的遗产资源管理项目主管负责。在财政年度1993年，任务组由陆军和空军共同管理，在1994年是由空军负责管理的。

与其他的遗产项目任务组相类似,冷战任务组指导研究并为遗产项目、国防部以及其他具有合作关系的代理机关和部门提供信息支持。其遗产活动也包括示范项目,即设计示范项目去测试需求而非局限于方法论,并为未来努力的方向提供模型。冷战任务组的管理者不仅是遗产赞助服务方面的协调人,也是一个负责许多与冷战有关的示范项目的顾问。报告讨论了冷战任务组的调查工作,为冷战期间的文化资源和相应的管理手段提供了一个全景式的展示,并为未来冷战遗产可能的努力方向提供了建议。

在文章的开端,我们有必要指出冷战任务组所受委任任务的局限性,它并非佯装建立一套国防部遵从的法律制度。而是希望推动国防部内部关于冷战资源管理工作的讨论,探讨并帮助国防部探讨最为合适的保护相关遗产的方法。

冷战任务组无意去为冷战编写历史,此外立法语言也让遗产项目谨慎地去设计在"已经被其他部门和项目所实施"[①]的工作基础上不会使工作量成倍增加的计划。冷战历史以及对军事部门和国家安全部门所承担角色的分析吸引着国防部的成员,也吸引着学者、记者以及决策人。正因如此,许多私人和团体也已经试图去解释这些半个多世纪前发生的事件。任务组明确了其任务目标不会复制他人工作成果,而主要着重研究由国防部军事设施建造的物质财产以及人工制品。冷战任务组也致力于确保这些记录可以被用于未来历史编写中去,那些关于冷战的物质遗产以及人工制品的记录也会被保留下来并对研究者开放。

尽管冷战任务组并未为冷战编写一份传统史学,它仍将提供一份历史的背景资料来促进文化资源的相关决策制定。因此,调查的重中之重便是武器系统以及军事功能等相关背景研究的出版,内容主要关于它们的时间、地点和效用等。作为开端,报告的附录五涵盖了一个非常简短的关于国防部所扮演的角色以及冷战中军事服务的讨论,以及一份从1945～1991年的国际大事件年表。只有不受历史洪流中那些定义冷战的大事件的影响,我们才能更好地解读这一时期巨大的建设成果,武器系统发展以及全球性的调动部署军人及女兵的行为。

立法宗旨九条
遗产资源管理项目

（1）建立用于鉴定和管理现存的具有重大意义的生物学、地球物理学、文化及历史资源的策略、计划、清单,或是几项的混合,以及国防部所有的土地、设施和财产。

（2）为管理工作提供所有国防部掌控或管理的海陆空资源。

---

① 第九次立法宗旨,立法资源项目,对国会的报告,1991年9月。

（3）保护涉及区域内具有典型意义的生物系统及物种，但并不仅限于此，还包含那些濒危物种或者濒临灭绝的物种。

（4）为收集、储存和检索一切生物学、地球物理学、文化和历史的资源信息建立一套国防部标准的方法论，在生物信息领域的案例需要与州自然遗产项目保持兼容。

（5）建立项目来保留、储存和保护在印第安文明、移民群落，以及其他被视为拥有历史、文化或者震撼人心的意义的其他类型下的人工制品。

（6）为一切隶属国防部土地上的具有重大系统科学价值的生物、地球物理、文化、历史财产建立目录。除了根据财产的特殊贡献分类，目录也会根据它们的科学或文化意义以及它们与周边环境的相互关系而分类。其中，环境关系也包含因为军事任务而在所属区域进行的居住活动。

（7）为那些改变或退化了的栖息地的恢复和复原工程建立项目。

（8）建立教育和公共认知的渠道，以及娱乐项目来提高大众对国家环境计划的认知程度、意识以及支持度。

（9）在财政年度1993年建立并与其他相关部门、机构就储存、保留、保护国防部国内和海外关乎冷战起源及发展的物理和文学遗产及遗址问题进行合作，这一方面并未由其他有能力的组织和项目的操作先例。

1.2　冷战任务组1991～1992年

冷战任务组从1991年的秋天起展开了几次与各领域专家之间的会议，共同商榷国防部遗产资源的管理问题。在那之后，任务组还咨询了军事历史办公室、安装工程师、不动产经理、公共事务专家，以及环境服务办公室等。调查人员参观了冷战时期的核心设备，以及阿拉斯加、夏威夷、比利时、德国、日本、韩国及苏格兰的风光。他们也选择性地游历了位于美国本土上的几处设施。

任务组成员咨询了州历史遗迹维护官员及一些有代表性的联邦政府机构，如国家档案馆与记录管理局、美国国家公园管理局、史密森学会、国务院、能源部、核安全监管机构、国家航空和宇宙航行局、军备控制与裁军署、中情局。任务组的成员也准备了一份精挑细选的参考书目。

总结一下，冷战任务组实现了以下目标。

（1）发展了对由冷战委任权涵盖的历史资源的工作定义。例如，物质和文学财产及遗迹，参考了由历史保护及档案管理团体所给出的标准定义。

（2）调查了现有的由其他责任机构组织指挥的冷战保护活动。

（3）评估了那些可适用于冷战时期资源的保护及档案管理的法律法规。

（4）评估了在冷战时期由美军使用或占有的海外资源及他们的部署情况。

（5）建立了在国防部及国家档案馆与记录管理局解密会议之间的多部门合作，以决定冷战时期文件的现存访问状态，并给出提高使用权的建议。

（6）与国家档案馆、记录管理局以及史密森学会下的美国国家航空航天博物馆（NASM）联合赞助了一个会议，名为"保护军事承包产业的历史"，集合了国防承包商、国防部、国家档案馆与记录管理局、NASM，以及从前的能源部专家来共同讨论由国防承包商掌控记录的现存状态，并鼓励为这些记录提供更多公众渠道。

1.3　冷战任务组1993～1994年

通过早期的调查，冷战任务组发现要实现国防部曾说的对冷战时期的"物质和文学财产及遗迹进行储存、保留并保护"的目标，仍有大量工作亟待完成。任务组开始从"管理先导"的视角来发展数据收集和相关的保护活动。新增信息将弥补我们现有知识及管理能力上的一些不足。然而，在涉及到制作名录列表以及开展研究工作方面——纵使这些工作在此刻是格外重要而紧急的，任务组却并没有局限于自己需要完成的工作，也致力于使自己成为一个信息交换所，能够提供包括与国防部相关活动的信息以及国家在管理冷战文化资源方面工作的情报信息。

冷战任务组的工作特别关注对冷战时期的物质文明的保护，同时也不忽视对人文资源的关注。任务组希望能将涉及历史、自然科学、考古、规划、历史保护、档案学、博物馆学、政治学、社会学、国际法，以及环境法领域的现役或退伍军人、学者、专家集合起来，同时也集合那些对美国这段丰富却又沉痛的年轻历史充满好奇并渴望进一步了解的市民们。保持一种冷静的态度去进行历史审视是非常困难的，尤其是当这些事件还保持着如此鲜活的状态。同时，一旦相关的人、场所和物质实体消失，那些在未来用于分析总结的数据就永远失去完整。冷战项目将他们正在进行的搜集与保存活动与相关的人和事件相联系；将冷战时期所做的艰难的政治抉择与建造核军火库、军事硬件的行为，以及在这个时期生活的人们的社会和心理学行为相联系。

"保护"这个术语是一个有弹性的概念。保护内含的社会意义远不止使人工制品或构筑物回到其原有状态并永久的保留这么简单。冷战任务组保持着当代多样化的保护方法，却不建议将所有历史资源都保存在原始条件下。他们强烈呼吁那些建筑、场地、武器、船只、飞行器、坦克、军事系统和设备的样本，以及其他能够代表冷战经验和军事任务重要方面的财产与实体能考虑保留并引入一系列专业实践活动。通常，这可能意味着要保护一些除了其自身之外的历史记录。通过历史记录实现的保护，可能是传统文档研究的方法，比如口头或视频历史的方式，以及收集规定的图画、影像、录像带、照片的方式来完成。只有如此，才能更好地捕捉冷战时期美国军方典型的活动范围和方式。

（霍利湾，苏格兰，海军核潜艇基地在1990年被关闭。潜艇泊位、相关配套设施及住宅都不再被使用，但基地的活动已经被留档以作历史记录之用。）

为了评估冷战期间遗产的价值，冷战任务组将从事主题研究和背景研究，以鉴定遗产资源类型并描述它们在这段时期的功能转变。同时，对遗产价值进行评定也要求对一定量相似资源的数量及其物理条件有所了解。研究将包含一份基础资料的详细清单。当有了充足的数据，国防部将能够更好地为冷战资源制定政策法规。

除了保护和管理冷战相关物质遗产活动，冷战任务组也从事收集国家安全记录的工作。这个时期大量的历史以及其物质文化的用途与变动，都可以从文字记录中获得最直接的证实。由于这些记录必须被保存，并供学习研究用，冷战任务组将继续强调解密及记录管理的重要性。

在与国会的要求保持一致的同时，冷战项目也同时致力于研究美国海外资源。必须重申的一点是，从传统意义上说，美国在和平时期的撤军行为形成了孤立主义。然而，在二战后，美国脱颖而出一跃成为超级大国，这是它在得到认可的年代中在全球范围扮演的角色。由于美国在第二次世界大战时期地理政治学方面的重要主导地位，任务组将探索这个时期美军活动及在与国际合作方面更深远的影响。

冷战任务组所履行职责时进行的活动，从1993年的秋季展开，如下所述：

1）主题和背景研究

冷战任务组在冷战时期已经开展了基于美军活动方面的主题研究[①]。主题，或者从更多狭义的理解上，也包括与其相关的题目，在一些具有批判性的军事任务上，如攻击性或自卫性的任务、测试、训练、空间、情报工作、研究和发展、技术更替，以及国际活动等方面，将通过涉及场地、构筑物、武器系统、人工制品以及文档记录的方面进行解释。此类研究将吸引国防部历史学家以及技术史学家、文化资源以及不动产经理、州古迹保护官、馆长、采集经理、记录及信息专家、经营者以及其他对特殊议题具有发言权的人士发表意见。

1993年末，冷战任务组开展了两个研究：国防部主导的导弹项目研究和德国冷战研究。在冷战期间，海陆空军将导弹系统发展为主要的威慑和对抗的工具。导弹研究将提供一种历史的视角，及一个对场地选择、设备建造、研究与发展组件、修饰变形及由军方调度的飞弹系统的详细阐述。陆军与空军的导弹系统在某些方

①　在选择、设计以及回顾主题研究的时候，如果需要，冷战任务组的经理将向冷战历史顾问团队成员请教。该团队于1991年10月28日在国防部历史办公室的历史学者被邀请参与一个弗吉尼亚州的梅尔堡冷战工作组会议之后成立。之后，现任冷战任务组的经理主持了一个由空军、陆军、海军、海军陆战队、首脑、国防部官员、国务院、中情局历史办公室、国家档案和记录管理局等各界代表组成的小组。该小组的成员后来加入了国防部博物馆的代表。

面有所重叠,而海军拥有独特的采购方法与调度方式。因此,陆上与海上系统将根据目标方向的不同而被分别研究。

在冷战期间,由驻德美国人建造或租用(东部和西部之间的军事和政治分割线)的设备,以及发生在这些岗位上和空军基地上的活动,是这次对德国冷战研究的主体。这些研究的第一步是提供一篇充满大量影像素材的论文及举办了一个位于柏林的展览。柏林是冷战时期美国合约里所涉及的关键城市。影像的出版及展览将描述和展示那些发生在柏林的活动和事件,展示包括黏土总部、军营、尔霍夫机场以及其他美军在占领期间及占领期以后所使用的场地和设备。这些有关冷战时期美军奋战在第一线的纪念活动总能够迅速唤起人们对历史的共鸣——尤其是从1994年9月初开始在军队撤离的仪式后。

冷战任务组也同时帮助国防部文化资源经理协同正在调查那些被监管的研究试点项目中冷战时期美国及海外的历史资源[①]。作为这项调查的第一步,对现存以及拆除的导弹基地的调查将被整合进该主题研究之中。它将包含冷战时期国防部清单列表上关于数目、类型、变动、调度以及导弹的钝化作用等具体信息,详细说明什么被保留、有多少数目及在何种条件下进行保护等,从而帮助国防部以及其他部门制定保护方针。

冷战任务组也致力于进行一个在多边的德国场地中依靠美国军事历史博物馆部陆军中心来调查陆军历史人工制品的项目。该列表将为德国冷战研究补充大量资料并再次帮助国防部来实现更加翔实的搜集工作以及保护决策。

2)管理指南

许多在国防部冷战时期相关设施工作尤其是那些即将关闭的基地守门人对于要给冷战资产的管理与保护提供特殊指导感觉非常焦虑。报告并非只是具体的第一步,因为它还描述了冷战文化资源的普遍类型,在法律条文下现存的保护规定以及未来可能的保护举措。任务组期望更多深入的研究能够贡献无价的信息及建议,使得国防部文化资源经理可以利用它去发展鉴定、评估以及保护冷战物质文明的标准和程序。在结束时,报告希望能够从1995年起建立与主题研究并行的数据库,使其作为决定重要冷战构筑物、人工制品以及档案文件的稀有性、使用情况以及历史意义的基础。

冷战任务组在短期内已经为那些空军设施的冷战资源的保护和管理提供了暂时性导则。在1992年11月9日,任务组的代表们参加了一个由海军赞助的文化资源会议,在这里与会者慎重商议了第二次世界大战与冷战时期历史构筑物的管

---

① 当考虑到特别关乎对国防部所持有的物质遗产的保护以及管理问题的主动权时,冷战任务组的管理者也咨询了国防部文化资源管理人员。1993年7月7日,当冷战任务组的管理者主持一个关于军事部门的文化资源专家会议时,核心成员第一次碰面。

理策略。讨论的结果为美国空军空战司令部历史保护办公室起草了一份为空军基地上的冷战历史遗产保护问题的暂时性导则。这些导则在起草时由任务组及其他军事部门文化资源管理者介入,目前已在空军内部发放,其中一些内容已被及时传播到所有的国防部机构中。

在1994年末,任务组将开始整合并传播关于冷战资源相关领域研究的报告。该信息网络将吸引文化资源方面的专家就方法论、管理问题及结论等方面交换意见。

3）记录管理

在1992年,冷战任务组主持了一个关于解密记录的会议[①]。任务组始终保持了对于解密问题的关注,这种关注通过在总统指挥下的一个特别小组对于政策积极性的监督而实现。特别小组起草了一份新的国家安全政策,此政策的发展工作也在国防部和中情局下的一个安全实践特别小组的帮助下进展着[②]。冷战任务组得到了国家促进历史协调委员会的大力支持。同时,冷战任务组也参与了一个位于海军历史中心的1993年遗产解密示范项目,发起了有关共同合作,讨论电子记录在修复和解密历史文档上的帮助。

4）收集管理

冷战任务组咨询了国防部博物馆官员及其他关于博物馆收集政策与管理技术方面的中介和组织。任务组负责人将就关注博物馆收集以及管理方面的示范项目与他们合作。

正如上文已经提到的,任务组已与美国陆军军事历史中心在柏林合作举办了一场关于美军的巡回展览。该展览于1994年9月在柏林闭幕仪式后开始巡回展出。

5）国际活动

为了从多方面促进当下更多人对冷战的兴趣,遗产项目赞助了一个国际冷战历史与记录大会;使得苏联与美国专家进行了学术间的交流;帮助了一个能够定位并回收大屠杀时期被没收并被冷战时期的社会主义国家保留的犹太人工艺品的项目;举办了一个史密森学会关于冷战时期美国与苏联关系的展览。

在任务组最初的研究中,详细记录了驻德美军的存在,而任务组也期待能有其他关于国际军事活动的研究。例如,对冷战时期情报汇总的研究将是描述苏维埃全球活动轨迹非常重要的一环。

冷战任务组管理者也在新成立的国防部冷战委员会有一席之地,这将帮助许多可行的国际项目的发展。委员会将努力的第一个重点放在了体现北约和华约之

---

① 国防部—国家档案与记录管理解密会议,华盛顿,1992年10月20～21日。
② 总统审查指令,"国家信息安全",1993年4月26日;中情局助理办公室/国防部指令秘书办公室,"建立合作安全委员会",1993年5月26日;"第三届保密审查正在走出阴霾",昔日华盛顿,1993年5月27日。

间关系的建筑上，该工作重点产生于1994年开展的国际冷战遗产资助大会。[①] 在1994年末，国防部冷战历史委员会将与任务组一起开展一个专业的交流项目，以及对东方集团冷战时期外文资料的最大程度的翻译。

2　冷战历史资源

（1）B-52载人轰炸机是冷战时期美军战略性轰炸任务的核心，而现在因为当年的私人飞机逐渐到达了它们的结构寿命而慢慢淡出人们视线。B-52目前仍然执行着战斗任务，但它的飞行器———个代表冷战时期军事符号的部件——即将成为历史。为与苏联的军备控制协定相持平，B-52轰炸机的数量正在削减，而其中一小批已经成为全国各地空军基地和航空宇宙博物馆的静态展示物。

（2）1990年美国海军离开了圣尼斯海军支援活动中心，此基地曾计划为舰队弹道导弹的船只提供服务。位于这个靠近苏格兰达农基地的潜艇勤务舰为在北大西洋执行搜寻苏联敌军任务的美国潜艇部队服务，也为帮助海军执行威慑任务而巡逻的北极星号以及波塞冬号核潜艇提供服务。目前所有这些海岸设施都在苏格兰人的手里，它们被圈起来以待售卖。最后一艘勤务舰已被修好并被派遣到了地中海，它的舰队人员有一部分由女海员组成。

（位于佛罗里达的基韦斯特的霍克导弹基地，在1979年关闭。它保持了被遗弃以及未被使用的状态。）

（3）陆军在佛罗里达的基韦斯特曾建立了一个霍克导弹基地，把它作为在第二次世界大战时期连接其所建造的防御阵地的节点。该防空基地与众不同之处在于它在建造之初被计划建成为一个永久的基地设施，以抵御90英里以外的古巴侵袭。1979年它被关闭，尽管这个遗产依然处于博卡奇卡区海军航空站的保护范围内，但并没有记录显示该基地启用新功能至今保持着被弃置的状态，布满灰尘和涂鸦。

许多类似这样在冷战时期扮演过重要角色的武器系统、构筑物、基地及设备目前都不再使用。许多被闲置的原因是它们破旧不堪或技术过时。另外一些被暂停使用是因为冷战的结束减少了对于大型军事力量的需求及对东方集团国家的大范围监视。此外仍有一些由于政治事件、外交及国内的变动而被取缔。如今，这些三维历史碎片生动地描述了组成冷战时期美军任务的要素，包括技术变革、国际联合、策略战术等。

[①] 冷战军事记录与历史的国际大会，华盛顿，1994年3月24日。第一届国防部冷战历史会议，其中冷战任务组管理者是当然代表，该会议于1994年6月1日举行。

为遵循遗产项目的赋权法例,报告中所描述的冷战相关历史资源被划分为物质财产(场所、构筑物、风貌)、著作产权(信息与记录)、遗迹(实体),以及海外文化资源。每一项都进行了评估。

物质财产和遗迹(之后名词"实体"与"人工制品"取代了名词"遗迹")并不一定是物质文化的离散型态。它们被分开讨论是因为遗产的立法语言为它们分别进行了命名,也因为它们的相关立法框架及管理需求是不同的。国际冷战遗产资源包括许多其他类型,但由于美军海外设施保护措施的特殊性,它们也被分开讨论。

2.1   遗产资源管理项目

1)名词定义

文化资源中任何历史式史前不动产或历史私人财产、历史记录,或生活方式等都可以进行如下定义。

历史或史前不动产: 任何考古学或建筑学的区域、基地、构筑物或实体,也包含遗址保护、风貌设计、工程项目或其他可能涉及国家历史场所注册入选标准或同等州市政府或代理部门注册标准下的地产。

历史私人财产: 任何人工制品,经历战斗或其他军事活动的遗址,军事设施的零件,衣物、旗帜、艺术品、可移动物体,或其他具有历史或文化重要性的私人产权物品都会通过历史研究组织的专业评估标准就人物、事件、地点、年代或是否涉及军事组织等方面进行归纳。

历史记录: 任何可能提供历史记录的史学、口述史学、人类学、建筑学,以及其他方面的文件档案,不论是否与不动产相关,它们都将通过信息内容及信息价值的专业评估来进行评定。

社区资源/生活方式: 任何社区资源,如一个普通社区或印第安部落,或具有利益关系的社区,如一个保护组织或退伍军人组织,这些都可能被归为文化价值。这种类型的资源也可以涵盖历史不动产或私人财产,如自然风貌和公墓,或对不动产有参考价值的资源,如可以帮助定义一个历史不动产的远景或视域,或对不动产没有参考价值的资源,如民俗生活的方面,文化或宗教实践,语言或传统等。

环境: 可以影响一个资源、社区、人类或生活方式、社会、文化、生物学或地球物理学环境的集合。

敏感物: 对于外来因素的本征改变高度反映或敏感。

有意义的事物: 是理解许多大型要素含义的关键。例如,一个历史主题下的一座建筑的意义,或一个社区下一种植物种类的意义。

管理工作: 对资源进行诚信经营以确保财产能被移交给下一代。

物质财产——场所、构筑物以及风貌——有助于描述军队在国内与海外的存在。冷战期间国防活动的物证被保留在从圣地亚哥到迪戈加西亚岛及从火奴鲁鲁到海德尔堡的营区风貌中。许多冷战设施可以追溯到更早的历史时期，并可以通过断代测定其年代，有些案例甚至可以追溯到美国独立战争时期。当把较为现代的遗产与历史悠久的通常是我们值得尊重和纪念的遗产相比较时，这些较新的遗产往往会被人们认为缺乏价值，尤其是当基地被关闭而部队从这里撤离的时候，更容易受到指责和攻击。许多这样的遗产被忽视的原因在于它们是远离主要基地、堡垒或驻地之外的小型设施。荒废、难以维持、缺少保护设施都阻碍了类似遗产的成功运营。此外，出于对国家安全的考虑，它们会对机密情报的获取工作进行细致入微的监督和控制，而且一些案例中整个设施都保持着完全禁闭的状态。最后，私有企业的调查研究及隶属国防部契约之下的发展项目只能为实体和文件提供有限的联邦控制，而由于私人企业缺乏对他们自身企业潜在历史价值的认识，许多冷战军事遗产的信息流动也受到了阻隔。

（发动机试验单元，位于俄亥俄州赖特帕特森空军试验基地，是一个"壳体"建筑，它具有主要历史意义的部分是内部的技术流程。）

通常遗留的物证会反映明确的科学或技术的先进性，而很少提及它们所包含的意义。冷战时期很大一部分构筑物是"棚屋"或"壳体"结构，它们用于放置那些对军事任务的研究项目有所帮助的设备。例如位于新泽西州多佛的发动机试验单元以及位于阿拉斯加州格里利堡的寒冷地区测试中心及北方战争训练中心。如果它们其中一些特殊技术的核心仪器或者设备零件被更换，或者任务内容有所变更，或者这些系统或记录因不属于重点内容而被某些国防承包商保留或毁坏，那之后留下的就只是一个被遗弃的或另作他用的构筑物的风貌，此时它们只依凭本身便不足以完整描述这里曾发生的一切。历史保护学者经常会面对这样的情形。战场、考古遗迹或是一个已成废墟的地基可能都是一个历史事件唯一的物证。保护学者们及国防部文化资源管理人员会去断定一个遗产是否具有足够的完整性或是否为历史记录提供了充足信息而值得被保护下来。

2）法律法规

在国防部文化资源管理者们开始评估资源的历史意义时，他们可以参考借鉴现有的法律、法规和实践。1996年的国家历史保护法案（NHPA）（修订版），定义"历史遗产"或"历史资源"来表示"任何已被包含或有资格被包含进国家名录的史前或历史区域、场所、建筑、构筑物、实体，也包括与此类遗产或资源相关的人工制品、记录及材料[①]。一个普遍的误区是认为法案只适用于超过50年的遗产。然而，在美国联邦法规36 CFR 60.4中的国家名录评估准则说明了在一般情况下未

---

① 美国国会 16 U.S.C. § 470w（5）

超过50年的具有重大意义的遗产将不会被国家名录视作具有资格,除非它具有异常重大的意义。在国家史迹名录中约有3%的遗产是小于50年历史的,在军事遗产的案例中的导弹及核设施便可具有如此巨大的影响力。例如,位于橡树岭国家能源实验室的X-10反应堆,位于白沙弹道靶场的33号综合发射设施,位于范登堡空军基地的托尔空间综合发射设施,位于卡纳维拉尔角的几个发射台以及任务控制中心,及位于肯尼迪航天中心的39号综合发射设施都是已被登入国家名录的冷战时期遗产。其他如位于埃尔斯沃斯空军基地的民兵式洲际弹道导弹系统,已经被认证为具有登入名录的资格。仍有一些具有潜在资格的遗产。例如,战略空军司令总部以及通报设备——"窥镜"24小时空军指挥所,及位于范登堡空军基地的大量测试和训练设备。美国国家公园管理局已经出版了评估当代资源的技术性规范指示,《评估与推荐具有重大意义而不超过50年历史的遗产导则》①。

制定设施规划与管理的程序化协议是国防部为迎合NHPA的需求而采取的措施。程序化协议通过州古迹保存官及历史保护咨询委员会的委托代理,逐渐发展起来。该协议可以适用于一个设施或一个特殊的构造形式。例如,耐克导弹基地或区域通信设备,或一个全国的总动员如美国军团工程师。新英格兰地区曾在1991年10月就程序化协议进行协商,他们要求军团提供一份耐克基地下被国防环境修复项目监管的区域的地图,同时他们盘点了耐克相关构筑物的详细清单,并准备了一份国家名录综合遗产记录框架,并选择和记录一个最具代表性的耐克基地作为美国历史工程档案的标准。这些行动在与州古迹保存官的磋商下进行。

2.2　冷战历史遗产实例

场所:早期火箭测试基地或测试轨道,核测试靶场,核制造厂,盟约地,飞机失事地。

区域:史学或美学上建筑单元的集合区,完整的军事基地,具有历史意义的机场,从属的住房与辅助设施。

建筑:飞机库、雷达站、发射控制中心、车库,管理大楼,小礼拜堂、图书馆,宿舍、住屋。

构筑物:船只、导弹与飞弹发射井、发射台与武器、跑道、间谍卫星,水塔、风洞、桥梁,围栏、道路、铁道。

风貌:登陆海滩、非军事区(DMZs),州博物馆展示区,训练场与训练班。

实体:飞行器、坦克、战争艺术品、设备、制服、纪念品。

---

① 雪菲玛塞拉,以及W.雷卢斯,《评估与推荐具有重大意义而不超过五十年历史的遗产导则》,国家名录22号公告(华盛顿:美国国家公园管理局,内政部,跨部门资源部门),未注明出版日期。

冷战武器系统保存上的一个法律障碍来自于武器限制政策的规定。① 通常情况下，这些政策允许保留一小部分武器，以作历史研究之用，并在内部零件改变情况时进行详细记录。一个著名的案例是泰坦 8 号导弹基地，它自 1986 年五月起成为亚利桑那州绿谷泰坦导弹博物馆，是唯一现存在冷战时期被操作的泰坦 2 号发射装置。基地包含整修过的地面设备以及来自 571 战略导弹中队空军泰坦 2 号洲际弹道导弹基地的设备。该基地原始的变动遵从政策要求进行，包括削减启动管道上的洞以确保 30 天的卫星监测，以及在筒仓关闭门里插入一块数吨重的水泥块以确保其能够永久打开。②

1）管理保护问题与举措

冷战任务组没有能力劝说国防部去扩大国家历史保护法案的保护范围至全部的冷战遗产。然而他们也相信，与那些受国家保护名录保护的遗产一样，对这些近年来具有代表性的遗产及实体的保护需要提上议事日程。

在思考历史价值方面，国家名录的提名准则是有用的。准则呼吁着对涉及历史事件的遗产的关注。例如，与个人生活相关的遗产、体现"一种特定类型、时期或建造方法的特征"的遗产或"代表一种具有整体意义并不可分割而其组成部分可能会缺乏独特性"的遗产，以及那些具有或可能产生重大历史信息的遗产。③ 例如，那些由国防部持有的遗产可能会价值不菲，这与他们的技术组织或他们与军事任务的联系有关。而且，它们的重要性应该在州与当地以及国家层面都有所考量。

作为评定历史价值环节的一部分，冷战资源应该根据遗产类型与功能得到详细分类。接下来可能会产生一系列的问题。例如，它们有多接近军事任务的核心？有多少得以发展或建设？有多少获得了国防部的投资？基地或构筑物是否保留了完整性？哪些、哪里是类似或同样的遗产？有可能，在调研结束后，作者会选择一个不需要保护的特别基地、构筑物或风貌，其目的、设计与利用将在功能置换或毁坏之前被记录下来。

最新完成的对通信系统/监视系统的研究将阿拉斯加的风貌作为一个研究评估和保护决策程序制定方法的案例。在 20 世纪 50 年代，美国在阿拉斯加开始扩充防御网络以抵御来自苏联的侵袭。当技术获得提升，在需要雷达和通信站的广泛分布的时候，该设施成为少数能够在低价位低、人力的基础上实现同等分布目标

---

① 美国武器控制与裁军机构，《武器控制与裁军协议：开篇，美国与苏联关于减少与炼制战略性进攻武器的协议》，约瑟夫.P.哈拉汗，检验机构，代表联邦政府会议历史部分的社会问题，国会图书馆，华盛顿，1992 年 4 月。

② 国家公园管理局，国家历史标志物命名，泰坦 2 号洲际弹道导弹基地，泰坦 2 号应急返航之旅，泰坦 2 号导弹博物馆，亚利桑那州绿谷，1992 年 4~5 月。

③ 美国内政部，国家公园管理局，跨部分资源部门，《如何遵守国家名录评估准则》，国家名录 15 号公告，（华盛顿）。

的设施之一。[①]

远程信息系统穿越了我们的北部边界,使得阿拉斯加在技术的革新下成为美国冷战时期的第一道防线。这些年来,许多基地被遗弃或正被计划摧毁,其他的一些亟待升级或调整以适应不同的目的,许多正在经历风貌修复。尽管这些变化已经发生并注定会继续发生,大量关于这些冷战系统的使用记录以及其定位信息仍会通过美国工程师军队针对州内陆军空军武器系统和设施的调查所建立的数据库得以保存。这个数据库将提供一份必要的清单,以备未来任何关于是否保留所记录的特殊基地或设备问题的讨论。

另外一个关于阿拉斯加防御网络的项目是一个针对白色爱丽丝通信系统的研究,它完成于1988年,揭示了历史保护活动的合作本质。正当阿拉斯加航空司令部计划废除白色爱丽丝基地时,却被告知白色爱丽丝基地可能会获得入选国家名录的资格。该司令部与阿拉斯加州古迹保存官员在经过了历史保护方面的咨询委员会的授权后一起签署了一份协议:一份关于19个白色爱丽丝基地的清单,一份关于该系统意义的声明,一张标志这些基地在阿拉斯加所在地的地图,以及一份该系统未经分类的材料参考列表,以上都帮助该系统获得了一种历史视角。在这份文档记录完成后,大多数的基地被拆除了。[②]

实体遗产尤其是这些与军队活动息息相关的部分,永远保持着被接触的状态。名词"连续性使用"指代那些主要功能在历经升级变动依然能够保持不变的遗产。许多冷战资源的性质已经被改变或被再利用而非保留它们本初的历史完整性。它们的变化史可以通过记录调研、图像研究、口头陈述,或对改变的结构、基地或景观进行的分阶段测绘而被我们知晓。

尽管内容综合且价值不菲,一个记录结构与基地的完善模型已经由美国国家历史性建筑调查项目及国家公园管理局下的美国工程学记录(HABS/HAER)创建出来。美国国内大量的国防部基地已经得到记录,这其中就包含了许多来自冷战时期的基地。测绘图纸和图像照片提供了对基地的分析及它们功能的更替情况。其他的记录类型还有口头以及录像历史资料。例如,史密森学会的历史影像资料记录了包括基地工作中核工作的进展,兰德公司的专著和美国海军研究实验室关

---

① 冷战任务组的代表们参观了位于阿拉斯加的国防设施,1992年7月22日～8月2日。位于安克雷的埃尔门多夫空军基地以及福特理查森;位于费尔班克斯的艾莱森空军基地以及温赖特;在德尔塔章克申的格里利堡时,基地历史学家、文化/自然资源管理者以及不动产管理者接受了采访。其他基地访问包括萨梅特基地、耐克导弹基地,安克雷;巴罗和隆雷的远程预警网基地;正式的海军北极研究实验室,巴罗;白色爱丽丝通信系统,科迪亚克岛。计划访问基地还包括工程兵部队,阿拉斯加区域;州古籍保护办公室;国家公园管理局,阿卡斯加区域办公室。

② "关于拆除19个白色爱丽丝通信系统设施议定书",谈判双方为阿拉斯加空军司令部与州古籍保护办公室,由历史方面咨询委员会授权。1988年4月29日。

于火箭以及光学侦察卫星的记录。

正如上文所述，对遗产意义性质的评估随对资源数量与类型的鉴定以及物理环境与固有历史价值而定。根据一个项目的目的与范围，多方面的方法论都可能会被用于对冷战资源的调查研究中。

（1）一种主题研究法已经被国家历史地标项目运用于鉴定具有国家意义的基地中。例如，许多研究正在专攻一个宏大的题目，如空间中的医学或人类，或是国家层面的对与该主题相关的具有国家意义的现有资源的鉴定。尽管这种研究方法论可能适合于鉴定国家层面的冷战资源类型，并不在州或市的层面上对资源的意义进行考量。

（2）国家名录多产权提名调研方法着眼于具有一个或更多元素的特殊资源群体，例如建筑形式、历史事件（例如越南动员）、具有历史意义的人物或主体（例如武器实验室）。研究范围可以被局限于一个设施或延伸到整个州、区、市或一段冷战历史时期。一旦相关的建筑或构筑物得到鉴别，它们将依据特殊地理位置、州或国家意义以及包含历史条件和变动情况的历史完整性进行评估。而目的则是来减少那些被视为有意义的建筑物的数量，以负责任和经济性的眼光来保护这个类型中最值得保护的部分。

这些方法以及其他的方法已经被用于国防部遗产调研中。例如，阿拉斯加的工程兵部队便在多产权原则的指导下独立进行调研。研究通过遗产类型对阿拉斯加地区的陆军与空军资源进行区分：拦截机飞机场、情报飞机场、远程预警网、白色爱丽丝通信系统、弹道导弹预警系统、远距离无线电导航系统以及其他等。从不同的角度出发，一个南卡罗来纳州大学的遗产示范项目发展了一种适用于州冷战遗产调研的方法论。它依据资源的功能进行划分：进攻、防守、训练、研究及发展和其他等。国防部文化资源管理人员可以根据个人需要、资金与人力资源以及时间来从中选择一种合适的调查方法。

一旦一个具有历史意义的资金项目得以建立，一个依据保护而产生的知情决策便有可能产生。对待冷战时期的历史资源的方法可能有如下选择。

- 原址保护
- 保留原状
- 复原具有意义的历史时期的环境
- 再利用（根据该构筑物的原始功能修复同时接纳新的功能）
- 文件材料
- 依据 HABS/HAER 针对图像以及测绘图纸的方法论
- 通过图像、文字或其他类型的原始文件
- 只通过图像

· 只通过文字

· 任何一种或包含以上全部内容均遭破坏

· 将具有技术或科学意义的实体移到博物馆

· 拆除

2）实体

国防部的规章中并没有包含能够对所有军事部门均适用的一种对实体的定义。换言之，每一个服务机构都在其本身的博物馆规章里清楚地给出了他们自己的解释。在缺乏统一的指导方法来管理博物馆与实体的情况下，冷战任务组沿用了美国博物馆协会（AAM）对"有形实体"的定义——那些"具有内在的科学、历史、艺术或文化价值"的实体。当这些实体——飞机、坦克、船舶、导航设备、投弹瞄准器、训练装置、制服、模型等组成了博物馆的藏品时，它们可能会"从范围和意义这双重层面来反映博物馆所希望达成的目标"。[①]

3）法律法规

国防部已经为联邦记录法案的记录管理工作制订了法律框架，此框架的制定也同样适用于国家历史保护法案下的标志性遗址、构筑物和风貌的保护。然而，联邦法律并不只特别针对于联邦实体的储存、保留与保护。[②]

尽管如此，一些历史保护主义者及博物馆馆长也会将一些大型实体考虑进"构筑物"中。例如，那些在历史保护法规管理下因为其得到国家历史名胜名录提名而必须被评估的飞行器、导弹和船只。几艘冷战时期的海军军舰也因此被列入国家名录。例如，追溯到1954年的第一艘核潜艇——鹦鹉螺号核动力潜艇，便在1986年退役到了康南狄克州格罗顿的潜艇博物馆中。它是少有的两艘未获得签约的船只却拥有海军签约船员的船只之一。船员为船只的维护、保养、监察系统以及安全性能方面承担相应的责任。[③]

（冷战艺术画：由军队艺术家爱德华瑞普所绘的柏林墙展示）

然而大体来说，国防部并没有考虑到作为国家名录备选的大型实体或武器系统，在联邦保护法规下是否能被称为"构筑物"。正如在1988年5月总审计局的一份报告所述，飞行器保护：保护国防部航空史上具有意义的飞行器，国防部所采取的立场是，只有那些保存在合适历史环境下的飞行器，才可以作为候选选入国家

---

① 博物馆鉴定：一本为制度而做的小册子（华盛顿特区：美国博物馆协会，1990），27；美国博物馆协会，AAM认证计划情况说明书。

② 国家博物馆法案，编号89-674，"在史密森组织秘书部的决策部门指导下的国家博物馆决策者需要与美国政府启动、帮助或者其他与博物馆相关部门或代理之间合作。"其他的代理部门例如国家公园管理局，针对这些丰富的国防部服务方面会有更加详细的法规，但国会从未通过过一个"联邦博物馆法案"。

③ 关于与潜艇部队图书馆与博物馆相关人事部门的采访，康南狄克州格罗顿，新伦敦市海军潜艇基地，1993年6月30日。

名录。因此，被安置在博物馆里的飞行器并不具备候选国家名录的资格。[①] 这种想法本身也在不断发展。一份基于部分遗产项目资助的最新国家名录草案讨论了航空背景下的一些准则。一些民用航空构筑物及一些飞行器已经被列入表中，而草案在可控范围内将提供最大限度对历史航空遗产的承认，它甚至会鼓励国防部对国家名录列表的干预。[②]

4）博物馆管理

正如国防部并没有发布适用于整个部门的"飞行器"定义以及对它们保护的特殊规定，它也没有发布基于内部服务基础的博物馆实践的指令。美国海军陆战队博物馆支部馆长博威兹上校曾说，"所有的博物馆都十分关心市、州及联邦法规，尤其是那些关系到环境、安全、残疾人通道、资金支持等问题的部分。"理查德卡尔，美国空军博物馆主任补充道："美国国防部的几个服务已经取得了重大进展（在保护领域），虽然每个人都有自己的处事方式，而且几乎没有很正式的合作。"[③] 军事博物馆里的专业性规范远远没能实现统一。其中一些博物馆，如位于德克萨斯州布利斯堡市的防空炮兵博物馆，位于亚拉巴马州麦克莱伦堡的女兵部队博物馆，位于弗吉尼亚州李堡的美国陆军军需博物馆，以及位于华盛顿特区的美国海军博物馆，它们都获得了 AAM 的认证，也正因如此，它们满足了博物馆实践专业性导则的最低标准。一些重要博物馆如佛罗里达州彭萨科拉的海军航空博物馆，弗吉尼亚州诺福克的汉普顿的海军博物馆以及位于俄亥俄州赖特–帕特森空军基地的美国空军博物馆，它们都未经 AAM 授权，但在专业指导人员、资金支持及设施方面满足专业性导则。然而，除了这些杰出的例子，博物馆管理及保护有形实体的服务能力出入很大。[④]

跨越整个世界的军队博物馆系统由位于华盛顿的美国陆军军事历史中心管理，集中化管理可以允许系统在标准化程序下运作。然而，对博物馆更有效的操作指令从属于 MACOMS 主要指令。[⑤] 在 1994 年 2 月，空军历史学会承担了美国空

---

① 美国总审计局，飞行器保护：保护国防部航空史上具有意义的飞行器（1988 年 5 月，华盛顿出版）。

② 安妮梅尔布鲁克，国家古迹名录史学顾问，参与国防部双年文化资源设计营，1994 年 7 月 7 日，海军航空站，佛罗里达州彭萨科拉。

③ 国防部双年文化资源设计营，1994 年 7 月 7 日，佛罗里达州彭萨科拉。

④ 1992 年 10 月，基地参观团参观了位于宾夕法尼亚州卡莱尔兵营的黑森火药库历史，并访问了迈克万尼馆长，进行了对设备的参观，并讨论了藏品管理的问题。1993 年 4 月 8 日，基地参观团访问了赖特帕特森美国空军博物馆，并与杰克哈拉德馆长进行了访谈，参观了博物馆，并讨论了关于空军博物馆的组织和需求的议题。冷战任务组在 1993 年春展开了关于军事博物馆的调查。博物馆包括：哥登堡美国陆军通信部队以及哥登堡博物馆、布莱斯堡美国陆军防空火炮博物馆、杰克逊堡杰克逊堡博物馆、俄勒冈军事博物馆、弗吉尼亚里士满蓝岭历史分部等。

⑤ 美国陆军国民警卫队以及陆军预备役部队，遵照 AR 870–20 的规定，博物馆和历史人工制品（华盛顿，军方，1987 年 1 月 9 日）。

军博物馆系统主要的行政与指导责任。设在赖特帕特森空军基地的美国空军博物馆在服役期间成为了博物馆活动的信息站。本地博物馆的日常运作很大程度上取决于MACOMS主要指令。[①]

美国海军博物馆位于华盛顿的海军工厂,隶属海军历史中心的管辖。事实上,当地博物馆更多向当地指令中心进行报告而非海军历史中心。这种博物馆去中心化的组织方式是为了"明确这些博物馆在地方层面的需求,并确保它们能够满足对上级指令及组织的需求。"[②]

美国海军陆战队的文化及历史藏品,由博物馆历史支部及海军陆战队总部管理。博物馆支部直接管理两个博物馆,并额外管理4个军队的博物馆。[③]

5)藏品管理问题与方法

国防部拥有大量冷战时期的实体藏品,并且他们曾有过并计划在未来增加朝鲜战争与越南战争,以及冷战其他主题的展览。除了那些能在博物馆看到的人工制品,博物馆还为全世界提供小型民用机场以及各种户外展示。如在英国亚伯丁试验场展出了在冷战时期美军与苏联军队使用过的坦克。位于美国佛罗里达州彭萨科拉的国家航空航天博物馆拥有海量海军航空早期的海军飞行器藏品。飞行器展示在室外环境,并处于全覆盖的保护设施下。位于俄亥俄州代顿的美国空军博物馆拥有大量的美国空军部队及飞行器的展品。很大一部分作为博物馆收藏并保存在飞机库中,另一部分位于室外。一个所有博物馆都会面临的严重问题是缺乏调节气候的储存方法,并缺少藏品尤其像飞行器一类的大型实体展品的展示空间。

迄今为止国防部缺乏关于冷战飞行器的数据库,数据库的建立能够更好地促进展览数量的提升及更好地评估已经被收藏或值得收藏的实体。有一些服务类项目正在迎合这类需求。例如,军事博物馆的规定中包含了一个飞行器的建议分类系统,该系统可能适用于一切冷战实体。[④]一个海军历史中心的遗产示范项目正在建立一个自动数据库,该数据库将包含第二次世界大战和冷战时期的海军艺术品,以及飞行器统计及地理数据等信息。美国空军博物馆拥有一份完整的藏品清单。

许多关于藏品的决议受制于实用性和经济性,而只有很少一部分超脱于博物馆大军,拥有一套由专业人员制定的系统的藏品政策。后者的一个案例是1972年在越南战争时期服役过的所有飞行器,史密森协会的会长认为并非每一个飞行器都需要得到同等的保护。作为项目进阶的一部分,他们列出了12种本身最为重要

---

① 美国空军博物馆系统,预计在1994年夏出版。
② "海军博物馆"(华盛顿海军部门,1992年7月30日)。
③ 美国海军陆战队,海军陆战队历史项目手册(华盛顿,海军部门,1992年2月28日)。
④ 军事法规870-20。

的飞行器以及同重大人物或事件相关的飞行器列表。然后他们根据这个列表确定展品，而这个列表——从最后一台驶离越南的喷气式飞机（堪培拉马丁B–57B），到"绿巨人"救援直升机（西科尔斯基HH–3H）——在20年后才差不多完成。

（冲绳县嘉手纳航空基地的静态展示）

不论大或小，对于冷战时期实体的管理策略都遵循以下几点。

（1）从原始物理环境迁出，在博物馆中进行保护。

（2）原始物理环境通过文字和视觉展示进行现场演示。

（3）展示与演示都位于同一个设施中，例如游客中心或博物馆。

（4）用绘图、技术材料或模型来代替实体，在游客中心或博物馆中进行展示。[1]

6）文学遗产

由联邦政府生成的记录，无论形式如何，都受到联邦档案法[2]的保护，并得到国家档案和记录管理局的管理。联邦记录管理者创建了一个特殊部门来指导联邦记录的保护、消除以及处理等管理工作。联邦记录管理者遵从行政命令第12356号文件[3]保护国家信息安全的指示。然而，这些导则并不包含联邦生成和保护被公共、私人团体持有的一切冷战时期关乎政府和国家安全情报部门利益的记录（私人持有包含大学档案以及与国防部防御相关的工业企业）[4]。

冷战任务组并不将他们的调查记录工作局限于联邦铁路网所覆盖的范围下，他们已经在思考一种更广泛的能表述美国军事活动以及相关材料的文学遗产类型。它们可能是已出版的军事史和外交史上经常被引用的文件格式，例如报告、回复信、备忘录、预算表、政策文件、地图以及照片。它们可能是非文本的材料，例如不动产的工程图或建筑技术规范，它们共同提供对于军事角色、军事任务以及对冷战基地、构筑物、景观和人工制品的设计、建造、管理、维护以及替换的历史证据。这些记录也会通过直接或间接的方式记录社会问题，例如种族关系、性别作用以及家庭支持。很大一部分的数据由于受到联邦法律的保护而被政府机构持有或归档于国家档案，另有一部分仍然被私人持有并缺少足够的法律保护。

7）冷战历史的出版

尽管国防部历史办公室顺理成章的调查着一切冷战期间出现的议题，然而这其中的一些研究并不专属于冷战历史。例如，联合参谋部历史办公室系列，总参谋长与国家政策，聚焦于冷战时期总参谋长的创建。同样的，许多空军历史中心的研

---

① 文物保护咨询委员会，在历史保护需求和高科技或科学的设备之间平衡。

② 44 U.S.C. 章节 21、25、27、29、31 和 33。

③ 行政命令 12356 号文件，"国家信息安全"，正如报告所述，这份预先修订办的行政命令文件并未出版。

④ 美国国防部遗产资源管理项目，太平洋军事遗产：太平洋区域工作营的地方汇报，1992年11月。美国国防部遗产资源管理项目，文化资源数据管理工作营，1992年7月。

究覆盖了空军在冷战期间成为一个独立的军事部门的时间区间。及时报道热点信息的出版物,如雅各布纽菲尔德的美国空军弹道导弹,1945～1960年,以及肯尼斯谢菲尔的新生之盾:空军以及大陆空军防御的演变,1945～1960年。美国军事历史中心正计划出版一系列关于冷战历史的丛书,第一本已经有所进展,它有一份很长的与这个时期相关的材料列表。[1] 海军历史中心当代历史支部举办的讨论会以及出版专题中的许多专题也是关于这个时期的论述。美国工程兵部队历史办公室正在着手编写两部与冷战相关的书:《为了和平而建造》,一部关于欧洲司、美国工程兵部队以及它的前任部门的历史,1945—1991;《地中海和中东司历史》,1952～1991年[2]。

8)解密

在冷战将要结束的时候,一个关于冷战分类系统的反思正在出现——而它本身也是冷战的人工制品之一。正如管理分类系统的信息安全监督办公室、一般性服务管理处的主任所说的那样,"我们拥有有限数目的真实机密,可以通过解密一个机密来揭开上千份文件里的秘密。"[3]

截至本报告提交时间,解密国家安全记录的系统仍在无休止地工作。国家档案馆估计仅此一个系统现在便拥有130 000立方英尺或325百万页的分类信息的记录。以现有的速度和方法,如果没有更多的分类情报需求,解密过程至少也要进行8～10年。这个评估没有包括那些仍位于国防部和国家安全部门监管下的记录。[4]

对于分类的反思也仍在继续。在1993年4月26日,克林顿政府发布了一个关于国家安全情报分类的总统审查指令(PRD)(1982年4月6日的行政命令12356号文件)。该PRD进行了一个彻底针对冷战时期政府机密规定的讨论,旨在减少高度分类的军事以及情报项目的数量。它建立了一个跨部门的任务小组来起草基于修订版的行政命令下的国家安全分类信息的新规则。

PRD在1993年5月26日共同安全委员会建立后建立,对中情局主管以及国防部长的管理下的安全实践与进程进行综合性审查。该委员会的推荐和执行行动意在通过提高这些安全实践与流程来配合总统在国家安全问题上新的行政命令。

军事历史办公室的主要任务是针对信息自由法案(FOIA)的请求(强制审查)进行解密,并将其作为行政命令12356号文件系统审查的一部分。来自分类文档

---

① 见埃德加F.雷恩,"与美国冷战时期部队相关的美国陆军历史出版:一份前期参考文献"。
② 1992年10月14日,冷战任务组在一份调查报告中要求来自国防部历史办公室关于冷战出版以及解密项目的信息。
③ 斯蒂芬戈提克,信息安全监督办公室和一般性服务管理处主任,引用自蒂姆维涅尔,"发布已分类美国文件的总统行动",纽约时报,1993年5月5日。
④ 国防部—国家档案与文件署解密会议,文字记录,208。

的未分类历史产品偶尔会进行记录的解密，但它们会更经常去解密那些已经从分类文档中非敏感部分提取出来的出版物。

3　结论与建议

读过这份1994年报告的我们能够感受到来自冷战时期那些年的焦虑。那些在20世纪50年代还是孩子的人们会记得他们蹲在学校走廊或书桌下经历航空演习，用手护住自己的头来"保护"自己的画面。我们和敌人彼此都拥有着可以摧毁地球武器储备的可怕知识，而只有担心被报复的那份恐惧会去阻止这些武器被真正投入使用，这给美国超过两代人留下了难以磨灭的精神伤痕，我们也可以推测那时处于我们敌对阵营的人们也是一样的感受。许多正处于他们巅峰期的青年人早已经历了冷战这些年和它疯狂的时段，从第二次世界大战到说不出原因的朝鲜战争，再到充满分歧的越南战争，这一段时间的情绪累积，动摇了一直以来视任务和社会愿望为宗旨的美国军方的信念。苏联解体预示着这个时代的终结，而随之而来的冷战核僵局的结束，似乎让我们短暂地感觉这个世界可能会更加和平。

我们并不会是在这动乱却有意思的年代生活的唯一一代人，我们也不会是让这个故事在有生之年传播的唯一一代人。在一开始，这份报告便已阐明，冷战任务组并不意在书写一部冷战史。那是历史学家、记者、社会学家、政客、博士生需要经营的领域，他们将苦心孤诣地写出能进入21世纪的冷战书籍与专题论文。冷战遗产项目的任务是去帮助保护稀有材料，而它们的丛书也会出版。

国会用语指导遗产项目去建立一个"储存、保存并保护美国国防部国内和海外物质、文学遗产和遗址，以及冷战的起源和发展"的项目。遗产拨款得到国防部长以及关注更大范围的环境安全的军事部门首席官员，以及那些每日都面临着保护、管理、处理在大规模撤军时期的冷战资产的国防部文化资源管理者、史学家以及馆长们的支持。

在这个快速改变的时期，实体正在消失或被丢弃，建筑正面临着拆毁，而记录也正在消失或被丢弃。那些为国防部物质文化负责的人们正在面临一个令人望而却步的任务——决定如何保存和保护冷战时期军方角色的证据——保存已建成的构筑物并保护设备，整顿兵力，安置他们的家属、船只、飞行器、坦克以及他们的技术雏形、雷达和电子设备、综合发射设施、后勤设施、炸弹、导弹、机关枪、训练模拟器和作战训练场、研发制作的设施、测试基地和试验场、间谍卫星和情报站、特殊操作基地、以及指挥/控制/通信基地。指挥者和资源管理者必须利用最少的时间和信息去厘清遗产需求并制定专业评估，衡量冷战资源的历史意义或是能让他们进行管理决策的清除指令。

（位于阿拉斯加州巴罗海军北极研究实验室的剧场）

整个国防部负责任的守护者已经开始调查和评估属于他们那部分的冷战遗产。冷战任务组正在行动为这些努力提供指导和合作，以避免重复与不必要的花费。冷战任务组希望这种合作的努力能够吸引来自各个服务部门文化资源的专家，最终能使国防部以一种连贯的方式去测试和统计冷战持有物，或许也能在那些需要它们的地方引导出新的或改良的管理工具。

这篇报告的目的是提供一份对于冷战文化资源的概括性说明，以及可能的管理和保护措施为后人提供指导，以及一份发生于国防部内外储存与保护冷战资产的活动的综述。它推荐了一个保护冷战物质文化的方法，下文将会重申，并已经发展了一份为冷战任务组而定的行动指南，它被设计用来辅助所述方法的实现。最终，任务组提供了如下的建议，尝试去加深军事部门内的合作，以及国防部和其他联邦部门间的合作，目标是实现一个如一、互助及具有生产性的国防部方面的保护成就。

保护和记录冷战资源的建议操作

（1）保护。冷战任务组重申对所有的冷战文化资源——军事硬件及其他在这个时期被发展和建造的遗产——依据国家名录资质要求的评估是不恰当和不必要的。然而，它的确建议国防部在鉴别冷战时期重要资源类型方面应做出努力。在那之后，它们可以在报告第二章所讨论过的操作范围内得到保护。作为结果，冷战时期核心资源类型的功能和设计将被历史记录存档，而一份翔实的评估报告将成为一切保护决策的基础。

（2）数据库。为了帮助冷战资源起草管理模式与传播信息，清单名录与调查研究上汇总的信息应该有电子版的编辑与储存操作，并对公众开放。

（3）解密。遗产任务组建议目前的解密工作在国防部几个办公室进行，但同时也要督促那些缺乏积极性的部门开展他们的努力。他们建议军事部门以及国家安全部门通过跨部门合作这一更加严峻的考验来沟通合作他们的进展，通常他们会得到国防部长办公室的资助。

（4）记录的收集与储存。因为种种原因，许多解释冷战时期军方角色与任务的记录并没有被归档在联邦记录中心。这个举措用于帮助许多不同地方的记录。例如，不动产的记录并没有按部就班地与解释设备使用的操作或历史记录一同归档。承包商记录、私人文件以及冷战收藏，例如古老的《时事》也没有在FRA的覆盖范围内。另外的一些案例中，记录遗失或被丢弃，一个文档储存设备可以为这些不同类型的冷战材料进行保存与使用。

（5）藏品管理名录与数据库。一个包含冷战藏品中的冷战相关人工制品的描述、位置、统计数据的电子数据库需要创建。

（6）海外研究与调研。由于国防部对海外基地的保护远少于美国国内，它不能要求海外被美国使用的设备的记录被归档在国家档案馆中。国防部从事关于冷战时期美军现有海外设施与人工制品的研究工作需要给予更高的重视。

（7）东西方项目的合作。我们需要进行国防部以及其他联邦和周边部门关于冷战研究方面的活动合作，以思考策略去保护北大西洋公约组织以及东方集团的记录。同样，鼓励国务院与国防部以及国际团体之间的合作可能会促进对美国有兴趣的海外冷战设备的保护的思考。

（8）冷战项目管理。冷战任务组建议冷战项目——它由国会批准在1993年建立——继续来鼓励和促进关乎冷战时期国防部遗产的广泛的学术、环境以及文化资源管理活动。依靠分配在上面的财政与人力资源，任务组将可以为以下提供进一步建议的行动提供庇护。它可以：

- 指挥与国防部兴趣相关的冷战相关调查研究项目
- 作为冷战研究与调查工作的信息交换所
- 在必要的咨询政策与实践问题时召集专家工作组会议
- 创建提高大众对于国防部冷战历史资源意义意识的项目
- 发展在国防部以及其他冷战任务相互补充覆盖的部门之间的合作项目以实现卓有成效的合作关系，例如中情局与能源部，以及介于国防部和国际部门之间的部门
- 在文化资源项目之间以及国防部各部门和办公室的管理人员之间建立联系（保护、历史、博物馆、记录、环境）
- 通过现有信息网创建电子数据库。并通过活动和产品以实时通讯的形式传播信息

冷战任务组本着帮助厘清国防部面临的问题的精神提供建议，它深化了自己的承诺，并拓展了自己的项目以实现对冷战历史资源更好的管理。

（姜新璐　刘春瑶　译）

附录2 青海工业文化博览园策划建议书

杨来申　秦恳　杨晨路

　　大通回族土族自治县（以下简称为大通县）东部新城建设规划区西（南）侧（南起河清路北至金宝路、西起金康路东至光明路之间）存有原705厂工业遗址，该遗址包括生产区厂房、办公楼、广场、道路，生活区的住宅、服务用房、商业用房等建筑，现保存基本完好。这一工业遗址（三线时期建设，生产重水的工厂）见证了一个特殊年代青海工业建设发展的过程，同时也代表着几代人艰苦创业、奋斗奉献的时代精神。在新城区的建设中如能充分重视、保护和利用好这一宝贵的工业文化遗产，传承和拓展大通县乃至青海省的工业文化脉络，创造人们的精神文化家园，将能为拉动县、市、省区域内的文化建设、经济发展起到重要的作用。

　　现就保护和利用原705厂厂区遗址，建设青海省内首个工业文化博览园提交此策划建议报告。

1　战略分析

1.1　申报意义：文化是民族的血脉

　　党的"十八大"报告中提出，"扎实推进社会主义文化强国建设。文化是民族的血脉，是人民的精神家园。全面建成小康社会，实现中华民族伟大复兴，必须推动社会主义文化大发展大繁荣，兴起社会主义文化建设新高潮，提高国家文化软实力，发挥文化引领风尚、教育人民、服务社会、推动发展的作用。"

　　"要增强文化整体实力和竞争力。要坚持把社会效益放在首位、社会效益和经济效益相统一，推动文化事业全面繁荣、文化产业快速发展。发展哲学社会科学、新闻出版、广播影视、文学艺术事业。加强重大公共文化工程和文化项目建设，完善公共文化服务体系。促进文化和科技融合，发展新型文化业态，提高文化产业规模化、集约化、专业化水平。构建和发展现代传播体系，提高传播能力。扩大文化领域对外开放，积极吸收借鉴国外优秀文化成果。"

　　大通县东部新城建设的一个重要文脉就是区域内的工业文化：规划内域的工业遗产（705厂区及其他）、大通县在青海省内工业发展进程中的作用和位置、现存工业种类多样化等足以证明大通县是青海省的重点工业县，有着丰富的工业文化历史积淀。在新城规划建设中充分利用这一绝对优势，再结合其他诸多优势

（公路铁路交通便利、旅游资源景观丰富、民族文化独特多样等）在原 705 厂工业遗址内打造一个以青海工业博物馆为文化核心的青海工业文化博览园（创意产业园）、以汽摩文化为主题的国内一流的汽摩运动基地、汽车自驾营地、房车营地和以民族文化为背景的特色旅游接待营地及旅游目的地。

1.2　青海工业文化博览园释义

对于大通县东部新城的规划，其成功的节点在于市场的接纳，如果被市场接纳，项目就成功了。因此，在项目规划定位的时候需审慎的考虑市场定位的问题。区块定位是这么一个状况，一个地理区块适合的状况或状态，简言之就是大通东部新城适合做什么，根据适合做什么来对东部新城或者东部新城某个区块进行定位。就如同海南省因其热带海岛特点制定的国际旅游岛定位或者山西大同以其煤炭为龙头的煤化工定位等，也就是说，大通的地源载体我们曾多次的提到了工业历史和工业强县，于是这种承载就是大通新城定位的历史依据和地源基础，因此，大通新城的"地利"就是其他市、区、县、乡无可比拟的鲜明的工业特色。在这个特色地源文化的基础上，我们完全可以利用以前工业历史的部分遗存，演绎和再造现代工业文化脉络，就如同德国的鲁尔工业区的改造（已经变成世界文化遗产），维也纳煤气包的改造，汉堡码头区的改造和国内已建的北京 798 艺术中心、上海的新天地，上海上钢五厂的红坊、上海 M50 艺术区（原棉纺厂）、上海时尚创意中心（原国棉厂）、上海当代艺术馆（原上海南市发电厂）、西安纺织城艺术区等一样，大通县独特的工业文化基础和遗存将经过悉心的策划，打造成为引领展现青海特色工业文明的一个缩影。依托和利用遗存的厂区、厂房，规划建立青海工业博物馆、纪念馆（包括原子弹的生产配套基地）等文化艺术参观休闲，游览娱乐的互动园地。

这只是一条线，在定位工作中谓之"借路"，这个借路的目的是为了和兄弟地区的定位形成差异化，利用大通县优势的地源特色基础进行再造和包装，完成市场知晓的传达工作。而这种差异化的最终结果就是让大通县脱颖而出，这只是整体工作中的前期部分，也是完成优势宣传的缔造部分。在这鲜明的地源特色基础上，还要打造实现经济效益的部分，博览园的规划目的就是要社会效益和经济效益双向并举。

而第二条线就是经济效益定位线，光是借路铺开了知名度还不够，我们的目的还要获取最大的经济效益，这也正是文化发展引领经济的宗旨。所以，如何将社会效益转化为经济效益也是综合规划的要点。可喜的是，博览园的涵盖范畴还可以得到拓展，既然是青海大工业化的博览园，我们就可以把 20 世纪 70~80年代赫赫有名的"青海湖"汽车历史和藏品汽车、青海拖拉机制造历史及藏品拖拉机等耳熟能详的大工业产品接驳进来，结合区域内存有的军工、核工、化工、机械等多门类工业遗存，集中将其打造成具有现代和未来生活特点的机车博览、旅游休闲观光板块。

705工业遗址的再生利用,涉及到新城区的经济规划,必须要兼顾考虑到当地发展的诸多诉求。建设705青海工业博览园的目的事实上是希望借工业博览园的建设,一方面拓展大通县特色的旅游产业及旅游文化产业链,更重要的是为大通县东部新城今后的招商引资埋下伏笔。例如,在机车文化博览园内建设高原机车性能试验中心(邀请长城汽车、宗申摩托、力帆摩托、吉利汽车等国内大型车辆生产厂进驻),现在的规划建设是为今后对制造类厂家的引进做好预备工作。因此,该工业博览园有两个重要的节点:一是705厂遗存的保护利用和再造;二是机车文化的引入。

2　资源分析

2.1　区域优势

大通县位于青海省省会西宁市的正北向,交通便利。县城距西宁市30 km,距西宁曹家堡飞机场不到50 km。227国道线(即宁张公路)贯穿全境,县区内公路连通28个乡镇,宁大高速公路现已通达县城,不久将直通甘肃省张掖。宁大专线铁路直达县城,兰新复线高铁穿城而过。此外,各大厂矿有铁路专用支线七条,运能富余。地区电能充足,县内建有青海最大的火力发电厂桥头发电厂,目前装机容量已达68万kW。县内还有众多小型水电站,加上西北最大的水电厂龙羊峡、拉西瓦电厂电能的直接输送,为大通的经济发展和生活民用提供了充足的电力。

大通县隶属西宁市下辖,在旅游客源保障和后勤补给方面优势明显,其他如资源共享和交通分流等条件也非常完善。自大通县前往省内各地城市和景区的交通和道路均非常通畅和便捷,仅次于省会西宁的旅游集散优势。在旅游资源上仅就省内客源而言,大通县一旦形成具有特色的旅游目的地,仅西宁一地客源就可以满足该地的旅游接待需求,更不要说全国各地由目前日益上涨的青藏自驾游风潮所带来的客源。由于西宁既是省会城市又是青藏高原最大的交通枢纽城市,在旅游住宿、交通安全分流方面都形成了一定的掣肘,周边区域分流是大势所趋。尤其是西宁主城区道路交通拥堵和旺季住宿难求的问题,使得自驾游客源寻求出行便利、住宿舒适的分流目的地的建设需求跃然纸上。所以,大通县凭借与西宁的优势区域关系可以形成与宁大高速的交通环线,成为西宁近郊周边合适的自驾集散分流目的地。

2.2　工业县优势

作为西部工业百强县的大通县是青海工业的摇篮,其工业遗存在数量上是青海其他县市不可比拟的。作为资源打造的文化载体,大通具有其他县市所没有的工业历史和文化资源,这种资源时至今日仍翘楚于整个青海。大通县境内有工业企业 192 户,其中,规模以上企业 42 户(中央及省属驻县企业 21 户),已形成了以有色金属、电力、建材、化工、矿业和机械装备制造为主导的工业体系。2009 年完成工业总产值 125.2 亿元,占省、市的比重分别为 11.6%、21%。上述的工业产业优势再加之区位优势,这两种优势的叠加造就了大通县无可替代的市场竞争态势。

2.3　工业遗址优势

工业遗存在社会经济高速发展的今天变得越来越稀缺,许多以前的厂矿企业,因为改制及社会发展等原因,逐步退出了历史舞台。在历史中曾经辉煌过的老厂大门、礼堂、大澡堂、车间、办公楼甚至厂区林荫小道都逐渐的被拆除、重建,真正能原汁原味保留下来的可谓少之又少,而这毕竟是一段历史,是一段沉淀之后凝重的历史故事,所以,705 厂作为一种历史沿革的产物,能够保存至今相对于其他厂矿大兴拆迁而言俨然成为了一种文物。若干年后,其他地区诸如这种遗址都渐渐消失的时候,而大通县东部新城区域内工业博览园的文化价值也就一步步变得更为稀缺与珍贵了。在党的十八大制定的文化强国战略目标下,环顾青海省内及西宁周边,只有大通能够担当起保护整个青藏高原大工业文明遗存文化的重任和历史使命(而这一工业历史遗存恰好又在新城规划区域内),这是一种建设和发展的眼光,更是一种社会和时代赋予的责任。

3　项目定位分析

3.1　青海工业博物馆(文化核心区)

青海工业博物馆作为工业博览园的文化核心场馆,可拟建于原厂区中心区域的三座碉楼之间,利用原建筑改造加以钢构扩建。博物馆室内展示面积需 2000 ~ 3000 m^2,加上公共空间需要 5000 ~ 6000 m^2 的建筑。在展厅内利用文字图片、实物展品、场景复原等手段集中展示青海的工业历史变革和发展历程。

3.1.1　青海工业发展史

展示从明清时期的手工作坊到民国时期青海的"八大工厂",特别是新中国成立后青海工业从无到有的发展与壮大历程。内容包括农牧区作坊、手工业、轻工业、重工业、建材工业以及军工业、核工业、核地质资源勘探、建材地质资源勘探等。省内工业发展至今,门类还包括钢铁、冶炼、电力(水电、火电)、矿产、盐湖钾肥、稀土、生态(新能源)及可循环工业实验区等综合工业。

3.1.2　三线工厂及其历史时期

20 世纪 60 年代,中国政府为了应对复杂的国际政治局势及发生大规模军事冲突的可能性,做出了"深挖洞,广积粮,备战备荒"的战略性部署。其重点步骤之一就是在中国广大的西部偏僻山区建设工业基地,特别是军事工业基地。以期在战争爆发的时候,能够保存国防、国民工业的生产能力。

在当时的政治环境下,大批原来在东部发达地区的企业,向西部和西南部山区进行了搬迁。这种搬迁不仅仅是硬件设施,也包括这些企业的干部和工人。政府提出的口号是"献了青春献终生,献了终身献子孙",要求这些背井离乡的工厂干部职工扎根到荒凉的戈壁滩和山区,一代一代地延续对国家的责任。

1964年至1980年的"三线"建设,在中国当代史上,是一个规模空前的重大经济建设战略。在长达16年、横贯3个五年计划的时间里(如果算上三线调整改造,则延续到20世纪90年代),国家在13个省、自治区的中西部地区投入了2052.68亿巨资(占同期全国基建总投资的39.01%)。几百万工人、干部、知识分子、解放军官兵和上千万人次的建设者,在"备战备荒为人民""好人好马上三线"的时代感召下,打起背包,跋山涉水,来到大西南、大西北的深山峡谷、大漠荒野,露宿风餐,肩挑背扛,用十几年的艰辛、血汗和生命,建起了1100多个大中型工矿企业、科研单位和大专院校。形成了中国可靠的西部后方科技工业基地,初步改变了中国东西部经济发展不平衡的布局,带动了中国内地和边陲地区的社会进步。青海省内就有许多在"三线"建设中发生的可歌可泣、英雄悲壮的事迹和故事。

由于历史的原因,"三线"建设曾经是个神秘的字眼,直到20世纪80年代后期才公开见诸报端,如今也鲜为当代青年人所知。当年"三线"建设的决策是如何作出的?十几年的"三线"建设是如何实施的?"三线"建设取得了怎样的成就、存在怎样的失误?"三线"建设者的青春、命运和悲欢有着怎样的传奇?这些问题不是一一都能详尽回答的,但是有一点可以说明,就是他们为了祖国做出了重大的贡献!想要了解这段历史,关注当年"三线"建设者命运吗?这些答案就在博物馆的展示内容里,它将向参观者一遍又一遍地讲述当年不朽的感人故事。

改革开放后,随着国际形势的变化和中国市场经济的建立,绝大部分"三线"企业都调迁到一些相对发达或者需要工业带动的新兴城市。有些企业在市场经济中失败了,而有些企业得到了良好发展并成为当地重要的经济支柱。

这一段历史现在逐渐通过文章、电视、电影让大家得到了一些了解,但要得到较为真实的亲身感受和原貌场景再现并非易事,目前国内只有少数省市有类似的主题展示。这也就是我们的契机,工业遗存活化利用和拓展再造将塑造省内又一个爱国主义教育基地和指向性特色影视制作基地,这一点与省内其他州市县相比差异化是非常明显的。

3.1.3　国防工业篇

本篇讲述的是,新中国成立以后青海区域内的军工业、核工业地质勘探、代号52、56、221、701、704、705、706、805、806、535等厂库的建设史、发展史和卓著的功勋成就,以及军转民后所起的作用和贡献等。

3.1.4　汽车工业篇

青海汽车厂是解放汽车工业联营公司的 12 个主机厂之一,占地 25 000 m² 职工 1000 余人。产品有整车:5 t 汽油车、柴油车及增压柴油车三个基本车型。此外,还有自卸、液压汽车吊等多种改装车和专用车。配件:主要有转向节、后半轴、车架总成、转向机总成、传动轴总成和变速器总成。青海汽车厂是当时青海乃至整个西部唯一的整车生产厂,当时生产的汽车可谓是供不应求,其辉煌历史可以从青藏线的运输史上窥见一斑。本篇内容集中讲述了 "青海湖" 牌汽车当年在研发、生产、销售和军、民使用过程中的诸多感人故事。

3.1.5　新生工业篇(监狱工业)

青海的许多工业门类如钢铁铸造、汽车修造、工具制造等是从监狱系统起步的。特别是建筑业,当时(20世纪50～60年代)的新生建筑公司是省内实力最强的建筑企业,省委省政府办公楼、省政府大门、西宁宾馆、西大街百货公司大楼都是该公司建造的形象工程。青海湖联合企业公司还首创使用六艘大型机帆船在湖中作业,轰动一时。监狱工业在建设青海、开发柴达木、改造罪犯回返社会中做出了重要贡献,在青海经济建设发展中有着不容忽视的意义和影响。

3.1.6　青海工业发展的里程碑——大通篇

本篇着重陈述和展示大通县在新中国成立以后作为青海重点工业县的成长、发展与历史贡献(此处内容略,届时由大通县有关部门实时补充)。

3.1.7　传统工艺与特色工业篇

青海有许多独特的由传统作坊发展起来的地方特色工业,除了酒厂大多生产规模不大,但其产品却是名扬四海,备受国内外消费者青睐。例如,高原青稞酒、青海酩馏酒、湟源老陈醋、加牙藏毯、黑陶制品、木雕制品、传统藏药制药、昆仑玉石加工、锻铜工艺制品等。

3.1.8　成就和展望篇

改革开放特别是国家实施西部大开发战略以来,青海工业得到了突飞猛进的发展,有色金属、黄河水电、盐湖开发、新能源工业等得到了更好的发展和利用。

3.1.9　大通风光、祁连胜景——风光旅游篇

近年来青海旅游业迅猛发展,本篇突出讲述介绍大美青海的宽广、辽阔,雄浑、壮观,深邃、神秘,精致、独到的自然景观,民族文化,民间习俗,宗教艺术等,向旅游参观者展示独特的青海不一样的大美和壮美……

3.2　衍生产业

文化产业园 、艺术创作园 、汽摩运动基地 、汽车自驾营地、房车露营地、机车

博览、特色旅游接待村、酒店宾馆服务等。

4 项目策划

4.1 文化产业园

文化产业园是整个东部新城未来发展的龙头，它的建成将使大通在青海乃至青藏高原文化建设和创意建设领域里掌握话语权。文化产业园将有效地带动大通当地各类文化产业，并和工业、服务业、旅游业接驳起来，真正做到文化产业向工业产品和市场的转变，利用创意实现思维向产品的过渡，从而实现社会效益和经济利益的同步增长。

产业园可选址在原厂生活区南侧，改造和改扩建部分原建筑，使之形成一个既有工业遗址传统文化又有现代时尚新意的创意产业空间。

4.2 汽摩狂欢节场地

目前青海汽摩狂欢节已经成为全国最具规模、参加人数最多、媒体覆盖最广的机车类活动。每年除新华社、CCTV、新浪、搜狐等主流媒体进行全程跟踪报道以外，国际知名的和讯、BBC等也全程跟进，影响力巨大，哈雷、宝马、奔驰等大型国际汽车厂商都垂青于该活动。2012年海西州政府划拨2000亩土地，由政府兴建汽摩狂欢节基地，以此在争取该活动长期与海西州政府联姻。通过接触和了解分析，如果能将该活动组委会及大本营设立到大通东部新城，其造成的影响、带来的人气、产生的效益将是蔚为可观的。

每年二度的狂欢节将至少为大通带来3万人次的直接参与者和超过17万人次的旅游客源，通过媒体还会覆盖近亿人次的信息关注量，为大通未来形成高端的房车俱乐部、超跑俱乐部、越野俱乐部、摩托车俱乐部、马会、障碍赛场乃至F1赛道奠定坚实的基础，大通将由此形成以工业化为基础、如哈雷小镇般的机车文化圣地。如能实现上述目标，将会在未来的五年，该活动就可形成中国青海汽摩拉力赛规模，风头直逼巴黎—达喀尔汽摩拉力赛，超越已经举办了十几届的"环青海湖国际公路自行车赛"成为青海第一赛事。

汽摩狂欢节基地可设置在原厂大门区域，依托门内外开阔的场地和现有的办公楼群，赛场用地可向南、向西扩展与原厂家属区及山地、山坡连成一片。

4.3 汽车营地

建设自驾车、房车营地以满足各地来青藏高原自驾旅游人群的食宿和补给需求。依托近山临水、交通便利、邻近城镇等区域优势和现有的工业遗存、当地民风民俗、周边特色景区等文化景观优势，打造国内一流的自驾车、房车营地。营地内从食宿、通信、休闲、户外活动、车内生活垃圾降解到给水、供电、冬季取暖等一应俱全，将有效的成为国内外及沿海、内地进青藏高原自驾旅游观光人群的最佳交通、接待集散地，同时再配套建设汽摩障碍赛场、汽摩竞速赛场、汽摩狂欢节始发点和集结场、汽车电影院、汽摩重金属摇滚音乐殿堂、塞伯坦汽车人文明大道、极限运动场（包括攀岩、蹦极、自行车极限运动、跑酷等）、高原热气球基地、高原滑翔伞基地等综合配套设施。利用该项目平台的整合能力，再依托周边得天独厚的自然景观资源，建立中国唯一一个以机车文化为主题的特色旅游县，打造中国的哈雷小镇。作为青海汽车自驾旅游接待的大本营和集散地，通过举办的各类活动连接青海省会西宁和海西、海北、海南、玉树、果洛、黄南等各分站点，核心的张力自然彰显。

同步自驾营地建设，形成具有大通特色的旅游步行、游览、购物街区，着力打造餐饮、娱乐、休闲等第三产业，力求形成有地方及民族特色的美食、酒吧文化，进一步吸引西宁市区的固定客群来大通消费，使之真正成为西宁后花园，拉动大通近地旅游发展，成为西宁周边美食休闲目的地。

汽车自驾营地设置在原厂北侧，位置在工业博物馆和最北端的星级酒店之间。改造利用现有的工业建筑和搭建木屋、搭建帐篷、营造青海河湟民居，为自驾游者提供不同类型和风格的栖息地，再结合大面积的树林和绿地，营造人与自然的和谐气氛。

房车营地可位于原厂区和生活区中间的大片空域里，开阔灵活的空间中建造一流完善的营地设施，结合造林后的森林环境（可延至西侧的山坡），将众多的房车完全置于优美、隐蔽、幽静的密林当中。

4.4　特色旅游

通过新型时尚的工业文化、汽车文化的引领，将集向县域内传统的"老爷山"、"察汗河"、"鹞子沟"、"宝库峡"等自然景区旅游观光的人群导向去纵深山区的门源（回族自治县）、互助（土族自治县）进行更深度的旅游穿越。这样，众多的旅游客源群落将会得到很大的满足并带动大通及周边县、镇的农家餐饮、住宿、特色小吃的发展，进而影响到民俗手工业、民间艺术（皮影、刺绣、剪纸、擀毡等）等旅游用品的发展和售卖，通过文化产业园的职能对手工业旅游产品进行深入的研发包装，以期满足日益成熟的市场消费需求。

特色旅游接待及住宿功能区设置于原厂生活区内北侧，毗邻文化产业园。

4.5　酒店公寓

充分利用原705厂区及生活区的遗存建筑，通过改造和局部增建方式，将其打造成不同类型、不同档次的旅游度假居住场所，分散在整个博览园范围内。此外，将园区最北端的现存厂（库）房修缮改造成一个四星级酒店。综合上述各接待功能场所，建成后将能有效的缓解西宁市旅游旺季接待住宿方面一房难求的尴尬状况。

5　资金与土地

资金获取有三种方式：政府自筹、银行贷款或基金合作、招商引资。

政府在土地整理工作结束后为项目制作立项规划意见书，通过立项规划意见书争取上一级政府支持及资金支持，逐步开始引进和招商引资工作，并同步洽谈银行及基金财团，联合运作。

从目前的思路来看，博览园一期形成规模占地需要1200亩，五年内扩容预备用地2500亩左右，主项储备用地必须形成决议和文件，有效保障规划主业态势形成，才能带动整体项目的成功。

2012年12月18日

附录3 青海工业遗产调查和研究提案

1 工业遗产保护的兴起

工业遗产是新型文化遗产，对工业遗产价值的认识始于20世纪60年代，但发展迅速。

1.1 国际工业遗产保护的兴起

1978年，工业遗产保护的国际组织成立。

2003年，国际工业遗产保护协会通过了《下塔吉尔宪章》，阐述了工业遗产的定义：凡为工业活动所造建筑与结构、此类建筑与结构中所含工艺和工具以及这类建筑与结构所处城镇与景观、以及其所有其他物质和非物质表现，均具备至关重要的意义……工业遗产包括具有历史、技术、社会、建筑或科学价值的工业文化遗迹，包括建筑和机械，厂房，生产作坊和工厂矿场以及加工提炼遗址，仓库货栈，生产、转换和使用的场所，交通运输及其基础设施以及用于住所、宗教崇拜或教育等和工业相关的社会活动场所。

1.2 中国工业遗产保护的兴起

2006年4月18日，国家文物局在无锡召开中国工业遗产保护论坛，发表了行业共识性的文件《无锡建议》，倡议关注工业遗产的保护，并明确了相关的理念和做法。

2006年5月国家文物局下发《关于加强工业遗产保护的通知》，要求重视工业遗产的普查与保护，在国家层面拉开了中国工业遗产保护的序幕，掀起了中国工业遗产保护的高潮。

2007年，全国第三次文物普查（简称"三普"）工作正式启动，工业遗产作为新型遗产受到特别重视，全国性的普查活动拉开序幕，数百项工业遗产列入到"三普"名单中。

2009年6月，国家文物局在上海召开全国工业遗产保护利用现场会，全国的专家学者结合上海的实践案例进行研讨，进一步推动了全国工业遗产保护工作的开展。

2010年，中国建筑学会工业建筑遗产学术委员会成立，这是我国工业遗产保护领域的第一个学术组织，并发表了《抢救工业遗产——关于中国工业遗产保护的倡议书》，即《北京倡议》，呼吁全社会共同关注，抢救推土机下宝贵的工业遗产。

2012年，中国历史文化名城委员会工业遗产保护研讨会在杭州召开，发表了纲领性文件《杭州共识》,总结出8条建议。2013年3月,中国历史文化名城委员会正式成立工业遗产学部,把工业遗产保护与历史文化名城建设紧密结合起来。2014年5月29日,中国文物学会成立工业遗产委员会。

2000年都江堰水利工程列入世界文化遗产,成为中国唯一进入世界工业遗产名录的广义工业遗产;2012年黄石工业遗产进入国家申遗后备名单;2013年第七批国家重点文物保护单位公布,我国近现代狭义工业遗产的总数达到80余项。2014年中国大运河申遗成功,成为中国第二项世界文化遗产中工业遗产。工业遗产保护取得了丰硕成果。

2014年7月第28期《瞭望》,刊登了《"156项目"红色工业遗产生死录》,工业遗产再次受到社会的广泛重视,以及高层领导的关注。

2　青海工业遗产的资源

2.1　青海工业建设的基本情况

1965年3月开始,青海执行中央"三线"建设的方针,先后从上海、山东、黑龙江等地向青海迁建了以生产铣床和重型车床为主的机床制造企业;从河南、辽宁、天津等省市迁来了以生产大型拖拉机、内燃机为主的拖拉机、内燃机制造企业;从上海、江苏、河南、北京等地迁来了一批电机、电器制造、轴承、标准件制造工业企业。第三个五年计划期间,从内地迁入或部分迁入青海的机械工业企业31个,在青海组建包括青海一机床、二机床、重型机床、量具刃具、柴油机、矿山机械等工业企业共计19个。迁入职工10 800人,包括家属在内2.5万余人。"三线"建设为青海机械工业奠定了基础。

青海的"三线"建设除机械工业外,还有冶金工业、有色金属冶炼和加工工业、基本化学工业、国防工业、铝制品加工工业、制药工业等。

1965年从东北本溪钢厂迁来一部分设备和人员,在青海建立特殊钢厂,建厂时定名为冶金工业部青海"五六厂",1972年8月经国务院决定改名为"西宁钢厂"。1966年开始筹建,民和镁厂是国家重要的有色金属冶炼和加工企业,1970年正式列为冶金部第四冶金建设公司的项目,经过长期建设,成为中国产镁基地。1965年光明化工厂从吉林、辽宁迁来青海,开始建设,1971年投入生产。1965年黎明化工厂由吉林化学工业公司、沈阳化工厂、沈阳油脂化工厂、京西化学公司、天津化工厂、大沽化工厂、北京化学研究院、上海化学研究院、太原新华化工厂内迁建成。光明化工厂和黎明化工厂,属于基本化学工业企业,是青海化工行业骨干企业。内迁企业组建的还有青海制药厂、青海铝制品厂和一部分手工业工厂。

青海的国防工业在"三线"建设中先后建立了水中兵器、常规兵器、军用电子产品等6个军工企业,形成了具有一定规模的青海国防工业。还先后试制生产了有线通信器材、高空测量仪、扬声器、家用电器、半导体制冷系列产品、太阳能系列产品、民用爆破器材等几十种民用产品。

2.2　青海工业遗产的特殊价值

新中国成立以前，青海只有八大工业企业，以手工业为主，掌握在马步芳及其家人手下。新中国成立后的国民经济恢复时期和"一五""二五"建设时期，青海没有赶上工业建设的高潮。苏联援建的"156"项重点建设项目中，西北地区的甘肃是重点，宁夏、新疆也有，但青海没有。青海的工业发展，没有近代化过程，直接在"三五"时期迈向了现代化，实现了跨越式发展。

"三线"工业遗产，特别是围绕着原子弹、氢弹研制、生产的军工企业所构成的工业遗产，使青海工业遗产区别与其他地区和其他类型的工业遗产，是带有神秘色彩的"红色工业遗产"，具有独特的遗产价值，需要特别保护。

3　青海工业遗产调查研究的建议

青海原子城（原221厂）及西海镇的废弃建筑的再利用，已经为"三线"建设可持续发展树立了样板，创造了奇迹，影响深远。从某种意义上说也是工业遗产的保护和再利用。但目前原子城项目势单力孤，没有与之呼应的项目，青海应该发挥"三线"、军工企业多的优势，目前面临转型的大好时机，选择合适的工业资源，在自然风光、民族风情旅游的基础上，打造青海特色的"红色工业遗产"主题旅游线路。具体工作建议如下。

（1）尽快启动青海工业遗产的专项普查工作，结合我省"三普"工作的成果，对工业遗产进行必要的补充调查，摸清家底，准确掌握这些工业遗产资源的现状。

（2）结合普查工作进行专项研究工作，认定青海工业遗产的价值，确定《青海省工业遗产名录》，编制《青海省工业遗产保护规划》，纳入城市规划管理当中。

（3）对已经退出生产，闲置的工业资源（如大通705厂）与701厂、704厂、706厂相结合，进行工业遗产保护再利用的试点；与经济发展、功能完善、空间组织、风貌特色、文化传承、旅游开发紧密结合，探索青海工业遗产保护再利用的方法和途径。

（4）加大宣传力度，保护工业遗产就是歌颂青海工业建设的伟大成就，就是歌颂青海为国防建设做出的巨大贡献，就是歌颂那一代人的无私奉献精神。

中国文物学会工业遗产委员会
中国建筑学会工业建筑遗产委员会
中国历史文化名城委员会工业遗产学部
2014年7月

附录4 2014再生设计营指导教师访谈

2014年7月2日在青海大学举办的学术论坛间隙，我们对本次设计营的负责人及指导老师团队进行了简要的采访。受访人为左琰（同济大学教授、设计营负责人）、杨来申（CIID青海委员会主任、设计营负责人）、刘伯英（清华大学副教授、中国建筑学会工业遗产保护委员会秘书长）、许懋彦（清华大学教授）、徐苏斌（天津大学教授）、张松（同济大学教授）、董卫（东南大学教授）、周立军（哈尔滨工业大学教授）、朱晓明（同济大学教授）、陆地（同济大学副教授）、蒲仪军（上海济光职业技术学院副教授、博士）、苏谦（CIID甘肃委员会主任，兰州商学院副教授）。

提问1：通过这几天对大通705厂的实地考察和了解，您对这里的工业遗产有什么看法？

左琰： 这次活动由我和CIID青海委员会的杨来申主任一起策划和组织，得到了大通县人民政府的响应和支持，大通已第二次来了，2013年第一次和日本乔治国广教授一起给大通县各级领导干部和西宁的学生共300多人做了一场规模较大的工业遗产保护与再生讲座，当时踏雪参观了这个工厂，觉得非常震撼。作为"三线"时期的旧工业遗存，全国很多地方都有，但都没有引起到重视。所以这次设计营就想聚集国内在工业遗产保护方面有影响力的部分专家学者带着研究生来青海大通县共同探讨这个话题。我们这次设计营活动有两个关键词：西部建设和"三线"工业遗产，我想通过这种活动形式的开展，可以引起大通县人民政府、西宁市乃至省政府各级领导的重视，探讨在农业生态环境里面的旧"工业飞地"如何整合到东部新城的未来发展中去，在未来新城镇建设中扮演一个什么角色。它的再生利用，不仅仅只是工厂的空间改造利用，它更多地承载了历史的记忆和"三线"人的精神。这次我们走访了705厂家属区，给我们留下了特别深的印象，一栋栋居民楼已衰败破旧，这些老职工们及其后代生活相当困难，如何切实妥善地安置他们是摆在当前政府面前的一个民生问题。若简单把他们迁走并非适合，他们对这个地方已有很深的感情，是否可以通过厂区再利用后让他们再就业，再做这个工厂复活的见证人呢。这些问题可以深入探讨。

刘伯英： 大通的工业遗产出乎我的想象。今天上午我们也了解了一下，整个青海有一系列的企业都是生产坦克、手榴弹、特种钢，以及原子弹、生产原子弹的原材料。705厂是生产原子弹重水，所以这些企业大都围绕核工业、机械工业，是"三线"时期留下来的国字号工程，级别都非常高，可以说是那个时代国防工程最高端的一些企业都落在青海，大通的705就是其中之一。我强烈呼吁青海应该做一个工业遗产的普查，重点是西海镇、211厂、221厂等一系列与中国核工业相关的工厂。这些在新中国军事工业的发展史上都有独特的价值，不可替代。我们要大漠淘金，找到以前我们不重视、被忽视的遗产。这个问题我们回去后还要持续跟踪，继续做工作。

许懋彦：这次我们来到大通接触到的工业遗产门类比较特殊，最大特点，它是20世纪60年代中国特殊社会背景下的"三线"国防工业。我自己也曾在西北地区有过类似的"三线"遗产保护利用的项目实践，如果这段历史能被重视起来，那么这期间遗留下来的工厂群就会在西北地区、西南地区形成一个完整系统。就像董卫老师提到的。这次大通705厂项目实践，从青海角度来说，探讨的是与原子城的关系。若将它放在西北、西南整个国防工业遗产的保护再生系列里，可能它的意义会更大。所以，是否需要按张松老师所说的将它提升到更高的文物级别去保护，这里面虽有操作的问题，但我觉得很有必要。我们在概念规划设计里，不容忽视的一点就是705厂是在20世纪60年代"三线"背景下建设的，要体现它凝结着当时的一种记忆，也要思考如何适应当代的综合利用，这两个角度如何有机结合是个挑战。

张松：来这里实地踏勘后感到非常惊讶，虽然705厂的建厂年代不是那么久远，但是作为当年"三线"建设重大项目中保留下来的工业遗产，其车间厂房、生产流水线、生产设备等保存的这么完整，可能在国内的"三线"建设项目中恐怕也是不多见的。

徐苏斌：去年2013年我们申请了国家社科重大课题，就是工业遗产的保护和再利用，说明国家对工业遗产保护这个课题非常重视。我们第一次来到青海，关注大"三线"的工业遗产，我觉得也是填补过去不太重视的一个非常好的契机。所以我觉得这次的这个青海之行是非常重要的一个环节吧。青海工业遗产的重要性，可能前头也已经有老师说过了，它的重要性，应该说是它在新中国成立以后，除了"156"以后，第二个非常重要的工业遗产，而且是非常大规模的，整个在一个很大的背景下进行的大"三线"的建设，而且涉及了很多人，很多企业，所以这是不容忽视的一个方面。我们在对于工业遗产评价的时候，不能认为它离我们最近而忽视它的重要性。来这以后，我们越来越感觉到它的重要程度超乎我们以前这个认识程度。所以我认为这次的青海之行，对我来讲也是一个非常非常好的受教育的机会。

董卫： 705厂比我想象的好，它的结构非常完整。

周立军： 我们这两天去现场看了一下，包括705主厂区和附属的啤酒厂和玻璃制品厂。觉得这个地区工业遗产保护遗存的现状还是挺好的，而且有较高的利用价值。现存的车间、空间的形态都非常不错，里边还有很多设备。这些都是将来作为保护利用很好的基础。大通的工业遗产也是"三线"时期留下的宝贵财富，为青海当地和国家都做了非常大的贡献。我们知道在鼎盛时期一个光明化工厂的职工就有一万多人，再加职工家属的话，大约有两万多人。这些人都是从全国各地来到这里，为国防建设做出很大的贡献。所以，705厂区的保护利用可以让我们了解这段历史具有特殊价值。

朱晓明： 当年大通的705厂是青海乃至全国化工行业的一面旗帜，展现了青海"三线"建设的特殊历史轨迹，它目前保留较为完整，十分难得。20世纪90年代中破产后，企业无人问津，所以当地民众未必觉得它是工业遗产，政府一直没有参与，这是一个很大的隐患。

蒲仪军： 我是第二次来到这里，还是觉得很独特。它毕竟是"三线"工业遗产，也是中国西部青海地区最早的一批现代工业企业吧，所以它能被保留下来很有意义。

杨来申： 工业遗产本身就有它的历史文化价值，将来使用后还能产生更多的社会效应和经济效益。705厂属于"三线"军工企业、国防工业，从这个意义上说它就更具有保留和利用的价值了。该厂所处的位置刚好在东部新城的范围之内，可以做好多的文化产业项目，比如做成一个以军工业、核工业、汽车工业等青海"三线"工业为亮点的青海"三线"工业博物馆，起到一个爱国主义教育基地的作用，同时将它与221厂核工业基地串接起来，这样"两弹一星"遗址与和红色旅游结合起来更能够展现它的现实教育意义。

苏谦： 我谈谈我的认识。首先我想把工业遗产看作是文明系统中的一个重要环节来谈。中华文明主体上是一个高度发达成熟的农耕文明，具有几千年的历史，而在中国这样一个古老国家的现代化过程中，工业化可以说是第二次文明的过程，这个过程虽然时间短但是发展很快，从传统的初级工业形态向现代高级工业形态过渡必然会产生很多的工业遗址。而工业遗产保护和再生研究，最重要的意义在于它们记录着我们的第二次文明过程，对于工业遗产的保护和利用，就是重新赋予它新的生命，实际上是对我们自身文明的一种尊重。其次，它对整个青海这样一个欠发达的内陆省份乃至西部地区的现代化建设来说意义深远。由于历史的原因，青海和西部地区曾经有很多重工业和国防建设项目，这个"三线"建设时期留下来的特殊工业遗址就非常有代表性。这次工业遗产再生设计营是一种非常新的探索，会产生非常重要的辐射效应。几十年改革开放的高速发展，经历了太多的"先破坏，后建设"，有很多传统建筑和古民居遭到了大规模的建设性破坏，现在回头看，我们感到痛心疾首。这个工业遗产设计营的目的就是避免第二次文明过程中工业遗址的再次消亡，减少可能的痛心和遗憾。同时，这种探索也可以说是在寻找一种在资源节约型、符合西部生态环境条件的适宜发展模式，希望这种发展能够对整个西部的发展提供有益的探索。

提问 2：本次设计是多校联合设计，对这样的组织方式有什么看法？

刘伯英：我觉得这种方式挺有意思，这也是我第一次参加国内这种形式的活动。我参加过一次在台湾组织的工作坊，那次除了在校学生参加外，还有一些企业职工、社会人士和博物馆员工等，人员构成更丰富多样，专业、非专业的都参与到工作坊里来了。这次活动以规划和建筑设计的学生为主，大家想象力非常丰富，比如我们这组搞一个反恐特警的培训基地，也有组搞村干部培训基地，大家再利用的方式尽量避免雷同。我觉得这次设计营的主要意义是给大通留下一些好的想法，帮助大通能够下决心把705厂作为一个工业遗产保留下来，了解它的价值，对它今后的再利用有一些基本认识，并不在于我们设计有多深入，因为还没到那个阶段。这个阶段主要的工作就是让大通的领导和企业的领导认识到，705工厂保留后不会成为一个负担，而是有一个很好的未来，大通新的城市功能和形象都能在工业遗产保护中得到再现。

董卫：我觉得这样可以促进交流。

左琰：这次的设计营由几所高校共同来合作展开，考虑到是第一次采用这个模式，我们特别邀请了在工业遗产保护方向上比较有影响的学者专家，以及他们的研究生来参加。所以这次的范围不是很大。另外这次分了6个组，5个是设计，还有1个是记录组，分组时将各校老师和学生打散穿插以增强校际间的交流，这是和现在许多设计营不太一样的地方。那么这个记录组的主要工作是负责资料汇总和各个阶段活动的记录，最后我们还可能拍摄一个视频。从目前情况来看，学生都非常努力。设计营时间节点上有开营仪式和闭营汇报，中间还有7月2号的一个学术论坛。这个论坛结合设计营以工业遗产保护为题，规格比较高，我们的老师作为演讲嘉宾每人都准备了一个讲座，而且这个论坛放在青海大学举办，他们也来了许多学生来听，给西宁相关领导和学生的启发是比较大的，这也达到了设计营的一个目的。

张松： 我觉得这是一次不错的机会。因为这次活动不是官方组织的，官方组织的多校参加的联合设计，多数是在开题、中期和最后交流三个环节在一起进行，其他时间还是各学校单独在做方案、做设计，交流并不是太多吧。这次活动以设计营的形式，把学校打散后分组，大家在一起开展调查和设计方案讨论，交流可以深入一些，但也存在一些局限性，譬如时间不够充分，现场调查、查资料、做方案等一系列工作都必须在一周内完成，难度很大，需要在较短的时间内创造出一些思想火花。

许懋彦： 这次几个学校有8～9天在一起，我很遗憾后半段不能完全参加。前几天给我的感受是，无论是现场测绘调研，还是整理资料、讨论提案，学生们大家的交流都很好，进入状态也比较快，超出我的预期。这一类的工作营我也参加过一些。通常一到方案阶段可能组内学生们会有一些争执，这会更有意思，这表明各校的同学会把问题从不同角度提出来思考和探讨，坦诚相见是一种很好的现象。

徐苏斌： 多校联合设计活动比较多，包括跟国外的高校，包括我们跟中国台湾一块合作的如室内设计、景观设计等，大都是单学科领域的。而这次活动试图打破过去的学科限定，试图让我们整个的研究成果能够对社会、对青海甚至对整个西部有所贡献，所以这次我们做了很多跨越我们教学范围的事情，包括与老厂工人、厂长、县政府等访谈，尝试进行社会学、建筑学甚至政治学的学科交叉与结合。而且工业遗产本身涉及的面也是非常广，它不仅仅是一个历史研究的问题，也不仅仅是一个社会学或建筑学的问题，它是一个非常综合的跨学科问题，包括文化产业如何利用，跟旅游、经济等都有非常大的关系。从这个意义上来讲，这次设计营是一次非常重要的跨学科、多角度的尝试和探索。

周立军： 这样的活动非常好。这些学校来自于全国建筑"老八校"中的5所学校，还加上当地青海建筑职业技术学院和兰州商学院。师生在一起工作交流，一个是让同学们建立起工业遗产保护的意识，同时互相学习，学会合作，提升了我们的专业水平。每个学校有不同的特点，有的比较侧重工业遗产的价值评估，有的针对规划或遗产保护有很多的研究。分组方式采用各校学生打散重组的方式,有利在一起互相交流和碰撞,专业能力能有更大的提高。

陆地: 我觉得挺好。因为各个学校老师的研究重点是不太一样的。那么,可能学生接受的知识要点也是不一样的,组合在一起的就会产生思想的碰撞,从而对遗产价值的理解也会更多元化。

朱晓明: 我觉得这次设计营是一种教学相长的举措,未来怎么将设计营的成果去推广还有很多工作可以做。

杨来申: 这机会非常难得,这么多高校一起集中到青海大通县来,为了共同做一个项目,据我所知这还是青海第一次。老师和同学们到这来,远离大城市,又是高海拔地区,条件相对还是比较艰苦的。看到老师和同学们在实际测绘调研过程中吃了不少苦,这种能吃苦的精神很感人,值得赞扬。

蒲仪军: 2004 年我读书的时候参加过一个在上海举办的亚洲设计工作营,这种形式很好,来自不同国家和学校的学生各具特点,可以相互学习。

苏谦: 这是一种非常好的组织方式。几个参加的学校可以说在建筑学方向都是全国非常知名的,各位老师也都是这方面的专家权威。工作机制也设计得非常好。各个学校来自不同地方、不同环境,临时分组,许多同学都是很偶然地分在一个组里,但是合作的非常好。有两点让我很感动第一是各位老师的工作精神、职业态度非常优秀。从大城市优越的教学和生活环境来到西部小县城里,没有休息马上投入工作,看不出一点不适应的感觉,比如第一天我们开完会后大家马上分组,就投入到具体的工作环节里去了。还有在现场的调研测量,其敬业令人感动。其次是同学们,他们有研一、研二,还有准研,来自于不同学校,第一天马上就进入角色,克服了高海拔地区可能给身体带来的不适,经常熬夜到很晚,非常积极向上。我作为兰州商学院老师,很荣幸能带着我的两个学生来加入这样一个优秀团队参与这样一个重要的活动。

提问 3:对于工作营的进展,什么环节最重要?

张松: 现在进行的调研阶段是最重要的环节吧。进入到衰败破落的厂区,天气炎热,还要避开凶猛的看门藏獒,现场调查确实很艰苦,大家克服了那么多困难,做了基地内的重要工业建筑测绘，这些进展和工作成果比我预想的要好许多。接下来大家还要基于这个调查和相关分析提出规划定位和概念方案设计，对于工业遗产的改造利用，是做新的设计、还是旧的改造？或是新旧并置？需要认真构想和充分表达。后面时间就剩三四天了，要交出最终成果，所以还是蛮紧张的。

董卫：现场调查。

朱晓明：调查基础资料。不要很着急地去做方案，而是要对既有规划成果和历史文献进行梳理，即使感觉地方规划有欠缺也应该用发展数据、环境现状、经济基础等资料说清楚哪里存在问题，即发现问题、解决问题。再生策略至少要对厂区遗产现状有深刻理解，其特色要从整体到局部都搞透，然后才是物质载体的价值评价和再利用目标及具体规划等。

左琰：前期的测绘认知吧，测绘这些厂房空间的同时带着线索去挖掘它们背后所承载的故事，这两方面同时进行。那么随着推进，我们对这个设计才能更有依据，你认识越多，后面方案可行性也就越大。由于时间和条件所限，学生们基本还是在大通这样一个环境里，在工业厂房里面调研比较多，可能对整个青海的一些情况还有西宁都不太了解，好在我们老师已经抽出时间转了一下705厂家属区及西宁周边的地方，若指导比较到位的话，学生的成果也会反映比较深。

蒲仪军：我觉得组织环节是最重要的，设定的预期目标也很重要。两周和一周所设定的目标是不一样的。在短短的一周内要完成这么多工作很不容易，同学们都很努力。

周立军：说到设计营有几个环节，第一个是调研，调研是设计营工作的基础，它包括厂区历史资料、图纸的收集及现场测绘记录，还包括对老职工、领导等访谈，这是非常重要的。在这个现场调研基础上，我们还要对这个厂区周边环境做进一步的分析，做出综合价值评估，在分析的基础上再做出概念规划方案和建筑方案。总之，前期和后期的工作都很重要。

杨来申：在设计营的工作中，对工业遗存再生设计的课题，功能定位这个环节比较重要。我们的活动已经影响到政府层面了，也影响到建设厅相关职能部门的领导，再加上扩大到一些专业设计人员、勘察设计人员，影响面比较广，关注度也比较大。以前对工业遗存保护与利用在青海几乎是空白，大家对它不了解，不明白。昨天座谈会可以看出来，西宁规划局局长说了一句话"今天是一个标志性的日子"，为什么这样讲？大家在工业遗产的价值上达成了共识。设计营第一次组织到青海大通县，让好多人知道了工业遗产存在的价值和再利用的意义。然而怎么去用、用到什么地方、究竟能不能产生好的社会效益和经济效益，这些是比较关键的问题。所以设计营比较重要的任务就是在功能定位，看如何把一些设想结合实际情况变成现实。咱们所做的提供给领导和决策部门一个很好的参谋作用。

苏谦： 按照一般规律来讲，这不是一个能够在短时间内完成的课题，有很多的工作环节需要展开。我们能在这样短的时间内进行一种创造性的探索，把对工业遗产保护和再生的理解贯穿到本地的经济发展过程中去思考，最后得出的，哪怕是初步的结果，我觉得也是非常重要的。

提问 4：在您看来，工业遗产的核心价值是什么？

徐苏斌： 在国家社科重大课题中有一个子课题是关于中国工业遗产的价值评估的课题——工业遗产价值问题。最近在修订的 2000 年承德文物保护准则的过程中，大家认为应该加进社会文化价值这一点。大家比较公认的有 4 大价值体系：历史价值、科技价值、艺术价值，以及社会文化价值。这是一个非常宏观的框架，真正实行时不太容易落地。我们参考了前十几年对遗产价值问题探讨的所有文献，同时也参考了英国关于遗产价值评判的导则，最后我们总结了 12 条认识工业遗产价值的因子，并经过数次讨论后于去年年底在武汉召开的第四次全国工业遗产大会上推出，又经过了专家会议和讨论修订。2014 年 5 月 29 号中国文物学会工业遗产委员会成立，由我代表目前中国成立的三个有关工业遗产的委员会推出了这个导则，该导则就是那天我在这次青海大学论坛上讲到的重点，可以作为政府决策部门、学生等认识工业遗产时相对的一个参考标准吧。

工业遗产与古代遗产不一样，它的遗产化过程实际还没有彻底完成，特别是"三线"建设留下的厂房还未被认为是遗产，这有个认知的过程，我们还没有立法能够保护这么一个遗产化的过程。城镇化趋势下大量建筑遗产在消失，不容我们再去等，所以我们要推出中国工业遗产价值评估导则。这个导则的目的是一个催化剂，能更快地让大家有一个参考，在普查工业遗产的时候如何看待工业遗产价值的核心。虽然这"12 条"目前还是暂行，但是认知也是一个动态的过程，希望在不断自我学习的过程中越来越完善。

张松： 工业遗产是一个地区或一段历史时期的集体记忆，与老百姓生活关系很密切。原705厂的很多职工也和我们聊起当年的辉煌时刻，以及现在的凄惨状况，同时也满怀对未来的期盼。从这个角度来讲，国内外工业遗产保护的情形都很相似，从特殊性保护、士绅化改造、政治性标本、一直到普通居民的生活空间，对于范围和规模比较大的工业遗产，如何利用好是大前提。再利用规划设计应该是基于公共性导向的，或者形成以公共功能为主的开放环境，老百姓能进去，比如文化、影视、体育或其他功能。当然允许有部分商业功能，但也应该是对外开放的，而不应当只是高档私人会所或小区楼盘的配套设施。

陆地：工业遗产的核心价值是历史价值，证明我们曾经历过哪些时期和过去的状态。将它作为一个坐标点时，我们从以前的经验和教训里面可以进行对比思考，你会发现，100多年前的工艺技术都已经做到这种程度了，我们当代还不及古人。其次工业遗产体量比较大，利用起来比其他建筑要方便得多，因此它的再利用价值也比其他的遗产要高许多。其他的遗产，比如居住建筑、宫殿或教堂等可能没有那么大的空间，再利用的方式也比较局限。

关于它的美学价值，大都人们对其印象是傻大黑粗，但是粗犷也是一种美，那种粗大外露的梁柱和高畅的空间，是非常真实的一种表达，一种独特的技术工业美，原生的美，往往在其他建筑里反而是看不到的。其次呢，逐渐破败之后的厂房建筑带有那种历史时光的渲染，也含有一种美在里面，且工业建筑比其他建筑要更明显一点。其他建筑尤其是宗教建筑，它们一边使用一边维修，这个历史痕迹不是很明显了。所以国外对于这些方面比较重视，这种时光美的确对任何人都有效，即便没有任何的历史文化功底一样能够打动你。所以我们对它的艺术价值的认识看两方面：一种是它原生的技术美学的表达，不是单纯的一种建筑的美；还有一种是它的第二历史形成的这种美。

许懋彦：作为工业建筑遗产，它跟过去的文物概念是不一样的。文物可能会有历史年代或者文化积存情况，而工业遗产可能是最年轻的一种遗产。我部分同意董卫老师的说法，是否一定要把它当成一种文物去对待还可商榷。广义上讲，工业遗产是城市发展，特别是一些工业城市转型发展中的产物。比如我指导的一个研究生论文，探讨的是德国鲁尔区一些工业遗产保护与城市更新发展之间的一种关系。基于这一点，工业遗产在一些特定城市，尤其是在一些早期具有重要影响的工业城市来说，它不是简简单单的一个遗产保护的问题，它更多的是要参与整个城市更新。这个有两个层面：一个是工业遗产保护再利用的层面；另一个是它积极参与到整个城市的更新发展的进程中去。特别是后工业时代有工业积淀的城市更新，上述两个层面如何有机结合起来。

董卫：我觉得核心价值就是它的城市价值，这是它对城市的一种贡献，过去有所贡献，现在也继续有所贡献。它不是一个单体建筑或者工厂，因为工业发展必然会对城市化的发展有所推进。很多案例都定位成新兴的文化创意产业，这是对城市发展有所贡献，不是它的美学价值。这次做的概念方案本身就是概念性的，不是一个很具体的规划，是为城市未来的发展提供多种可能性。我们应该达成一个共识，就是现有的城市规划不太理想，要做出一些调整。调整的方向就是把工业和各种资源更好地融在一起，减少大拆大建，减少资源的浪费，这就是共识。我们工作营要做的规划就是把这些共识落实在一个整体性的空间框架里。

刘伯英：工业遗产的核心价值有那么几项：首先是历史文化价值、科学技术价值、艺术审美价值，还有就是社会情感价值和经济利用价值。前三个价值不用说的，我们一般称之为"文物"的都应该有这三个价值。对于工业遗产来说，由于建造年代比较近，像705厂是1964～1965年建的，我们的父辈曾经在这工作过，我们的儿时可能就曾经在这样的大院里生活过。这些工厂对于我们今天的影响是非常直接的，不像古代的宫殿庙宇，当年的建造者和使用者都远离我们而去。所以这些厂房对于工业遗产的建造者和使用者来说都记忆深刻，他们都能说得出哪个房是他们建造，或曾经在哪个岗位工作过。把他们的情感作为工业遗产的一部分真实地保留并传递下去是很重要的工作。

朱晓明：我认为是分享。工业遗产最主要的是分享。

左琰：工业遗产的核心价值前面的老师也都说了，它跟其他建筑遗产一样，都具有历史价值、艺术价值、技术价值，当然还有社会价值。那么社会价值里面，在我们这次的"三线"工厂会比较多一点，还有待于挖掘，技术价值可能未必，因为它是1965年造的建筑，缺乏材料或结构上的技术难点或亮点。

周立军：关于工业遗产的核心价值，可以表现在两个方面，一个是它的历史价值，随着它们年代的久远，不光是建筑的形态，包括当时工业的流程、工艺做法都成了文化，像过去的老酒厂、老作坊，它们那时候的工业文化和传统对于历史研究都是有价值的。另一方面就是工业遗产的经济价值，保留的空间有它的特殊性，比较高大，结构坚固。虽然随着工业发展的转型，很多国家都进入后工业时代，但这些建筑我们可以再利用，因为它的生命周期，至少可以有100多年的使用寿命，再利用对于生态环境和节能都是非常好的，而且这些空间存在是可以做出特殊的空间效果和情景的。

蒲仪军: 这是我们为什么要保护工业遗产的认知。工业遗产是文化遗产的一类,也具有历史价值、艺术和科学价值、文化象征价值、适应性再利用价值。工业遗产的价值在这四个方面比重不一,应该说历史纪念价值和技术特征价值,再利用价值对于工业遗产来说是比较核心的,而且针对不同的项目应该具体分析。

提问5:这次设计营活动印象最深刻的是什么?

徐苏斌: 印象比较深刻的是青海的空气,青海的人,这里不像空气污染严重的大都市,感觉透不过来气。所以来到青海以后,看到这个蓝天就特别兴奋,真的是很好的享受,而且人非常热情,特别淳朴,比如说花儿会,大家就会特别热情地拉你唱歌去。在那样的环境下,你即使不会唱歌,也会扯着嗓子唱两句。在这工作也很繁忙,但是看到蓝天,看到人群,看到周围的梯田、油菜花,就会放慢脚步来思考一下,这里很多东西都是我们特别需要寻找的。特别希望这次工业遗产调查和设计成果可以很好地反映到政府和政策上去,能够真正把我们国家的工业遗产保护和经济发展配套协调好。

周立军: 我印象最深刻的是大家每天都在积极工作。经常看到大家工作到午夜12点以后,非常努力,也非常快活。

苏谦: 有三点是我印象非常深刻的:首先是组织者同济大学左琰老师和CIID青海专委杨来申老师的辛苦付出;第二个是各个学校老师们的专业指导和他们的付出,非常能够感觉到国内一流院校老师们优秀的工作品质和作风;再有就是同学们勤奋的工作状态和吃苦耐劳的精神。总而言之,这是一次非常好的尝试,也是一个非常优秀的团队。感谢组织者,感谢大家,我很高兴能参与进来。

蒲仪军: 印象最深刻的就是同学们在整个活动中收获了友谊,也增加了对于辽阔中国多样性的认知。

杨来申: 经过我们设计营组委会辛勤的工作,经过老师和同学们不懈的努力,我最深刻的认识就是人们从原来的不明白、不支持、不理解转变为支持和赞赏,并理解我们活动的意义了。就是这一点,我们工作没有白做,我们的辛苦没有白费,当然这只是万里长征走出的第一步吧,后面的事情还有很多,任重道远。

附录5 2014再生设计营工作花絮及部分学生参营心得

1 设计营工作花絮

图1 设计营开营第一天指导老师讨论工作安排

图2 设计营小组讨论

图3 设计营小组讨论

图4   徐苏斌老师在小组讨论

图5   张松老师在画图

图6   朱晓明与学生讨论

图 7　大通东部新城开发办公室主任马云讲解新城规划

图 8　学生在 705 厂调研测绘

图9   705厂现任厂长许存武在讲解厂史

图10   学生在705厂调研测绘

图 11　多位指导老师在 705 厂原居住区里走访

图 12　青海大通工业遗产再生设计营最后成果汇报会

图13　设计营最后成果汇报会

图14　大通县韩生才县长听取设计营最后成果汇报

图15　杨来申主任主持再生设计营最后成果汇报会

图16　大通老爷山下花儿会现场人头攒动,气氛热烈

图 17　左琰老师与同济学生身着设计营 T 恤衫合影

图 18　指导教师参观青海同仁县

图19　部分师生在705厂前的农田里

图20　全体参营学生在青海油菜花田上留影

2 学生参营心得

董笑笑（*清华大学*）：短短的数天时间不仅让我领略了"美丽青海，魅力大通"的风采，更重要的是，我第一次参与到了工业遗产保护的实际工作，体验了工业遗产保护从实地调研到根据基地具体情况策划和设计的过程，试图提出与实际相符的保护方法、策略，以及工业遗产重生的方案，甚至在向当地居民、相关部门领导，以及各位老师的汇报中体会到与大通工业遗产息息相关的每个人对于这片土地的热爱及对工业遗产历史价值的珍惜。这短短数天已然成为我2014年最难忘的时段！

张之洋（*清华大学*）：2014年夏天，我们在美丽的青海大通县一起度过了为期9天的工业遗产再生设计营。设计营有来自全国著名建筑院校参加，同时也得到了当地政府和各大媒体的广泛支持。工作营行程安排紧凑，内容丰富，从接机到安排食宿，到与当地政府、院校的讨论和汇报，感谢组委会的辛勤付出。在他们的帮助下，我们查阅到一些珍贵的历史资料，包括大通县县志、705厂房原有施工图纸、保密资料等。最终的汇报成果十分丰富，五组同学提出了705厂的更新与改造方案，老师和同学们全心投入，白天同学们顶着烈日，呼吸着充满烟尘的空气，细心测绘厂房和收集资料，晚上各小组展开讨论并熬夜画图。记得有一天晚上，周老师一直陪着同学画图到12点多才回去，我回到住处却发现刘老师依然在与组员讨论方案，左老师和同学们整理资料也常到深夜。从各位老师和营员身上我被那份保护工业遗产深切的责任和信念所感动。

蔡长泽（*清华大学*）：在青海工作营度过了辛苦却愉快的一周，在这里学会了视频剪辑，结识了许多小伙伴，交流了工作方法，并一起在炎热的夏天领略了西域风光，至今难忘。

李欣（*天津大学*）：非常感谢主办方的单位、老师、同学，给我们创造了这么好的学习交流的机会。在青海，我们不仅领略了高原自然、人文之美，工业遗产之美，也有了将自己所学理论与实践结合的机会。虽然工作营的时间不算长，但这次的经历，这次所认识的老师、同学，会是我一生宝贵的财富。

张家浩（*天津大学*）：很荣幸能参加这次工业遗产再生设计营。活动地点在西宁市大通县705厂，一个曾经与核工业相关的军工厂，这也是最吸引我的地方。以前虽然跟随徐苏斌教授参与工业遗产课题研究调研了一些工厂，但核工业、军工厂这两个词在我心中总透着一种神秘。我们组的概念方案试图通过工厂本身具有的神秘特质与基地特性,将农业景观旅游、军工探秘、休闲娱乐和爱国主义教育等多种业态进行复合,打造既能保护工业遗产又与城市发展相协调的多元化保护模式。

刘春瑶(同济大学):"一次青海行,一生青海情。"青海工作营时间虽然不长,然而彼此之间感情并没有生疏。这里面有的人成了我最亲的同学,有的人成了我的室友,有的人成了旅伴,而不在身边的人偶尔跨过遥远的距离发发信息点点赞,人虽远情不减。我感谢给我这次机会,它来自左琰老师、杨来申主任与刘芸老师对设计营体贴细致的关怀,它来自每一个为设计营投入过辛勤汗水的指导老师与领导,它来自每个热情活力而灵感迸发的同学。因为有你,才有这难忘的夏天。

张萌(同济大学):10天的青海大通之行,对我来说不只是参加一次设计营,更是打开了一扇门,透过这扇门,我看到了从未看到过的东西。这些军工厂所凝聚的"三线"建设者的爱国奉献精神以及他们几代人的坚守,让人深深敬畏。如今荒废的厂房和设备只有从史料上才能被人们确定其价值,而这需要我们所有人铭记!这些军工厂需要保护!现实告诉我们,没有政策支持的保护是行不通的,庆幸的是大通的决策者们都希望保护这些遗产。正是如此,也才有了这次设计营,所有的老师都全力指导我们,并完成了几组方案,提出了工业遗产的未来发展思路。现实还告诉我们,没有经济回报的保护都是行不通的,这要求我们的设想不能天马行空,最终要落地,真真实实为大通做一点实事。

姜新璐(同济大学):在设计营中,我第一次接触到了与其他小组不同的工作——报道工作。工作性质的不一样使得我能够第一次从一个客观而有距离感的角度观察我们建筑同学日日夜夜的生活轨道,工作、画图、赶方案……心情有点奇特,有一点没有参与其中的遗憾,但也有一点对这样依然生活在"建筑围城"之中的我们的生活和工作方式的反思。带着这样的思考,设计营给我又带来了一些新工作所包含的新鲜感和对平日稳固工作状态冲击性的批判性思考。

胡鸿源(同济大学):参加这次青海设计营最大的收获就是认识了一群小伙伴,在欢乐的学习中建立了深厚的友谊。即便我们现在都回到了各自的城市,但友谊依然恒久不变。

蔡少敏(同济大学):青海大通工业遗产夏令营是一次学术界与政府的正面对接,通过教学研究对决策产生积极有力的影响,是对执行力量如何科学实践的一次有意义的探索。通常而言,学术研究能深刻地了解建筑的真实价值,对于继承发扬、改造创新的思路和方法有更深入具体的研究,执政机构依托学术思维进行决策,才能将最前沿的科学成果运用起来,更好地为社会主义事业的建设而服务。

黄瓒(同济大学): 不论高原之美、人民之美还是遗产之美,这些无可复制的魅力无一不是时间的连续积淀所形成的。被青海之美所感动,更要为守护青海之美而努力。因而要感谢主办方的大力协助,感谢老师们严谨细致的指导,感谢同学们一起热切的合作。希望青海之美能在大家的共同努力下,随着时间的流逝愈发散发出自然与历史的芬芳。

马建辉(东南大学): 特别荣幸参加本次设计营,跟随各位老师,结识诸位同学,受益良多,期间承蒙青海人民的热情,见识青海大美,留下了非常美好的回忆,感谢设计营的每一个人。

刘晓丹(哈尔滨工业大学): 一转眼距离那段在青海调研设计画图汇报的日子已经过去半年多了。还是难免落俗的说一下自己最大的收获——怎样在一个团队里和别人一起合作完成一件事情。

姜珍珍(兰州商学院): 通过这次青海活动让我认识了许多老师和同学,一起交流让我学习到了很多知识,使我在即将到来的毕业实习中受益匪浅。感谢主办方左琰教授给了我们这次学习的机会!

附录6 705厂原厂办主任马应孝的信

青海光明化工厂由辉煌到破产的前前后后

马应孝

青海光明化工厂始建于1965年,它的代号是"705",是我国第一座生产"重水"的军工企业。根据毛泽东主席"我们也要搞原子弹"的指示精神,由我们敬爱的周恩来总理亲自牵头,组成十五人领导小组,专门研究、部署、计划制定"重水"生产。按照靠山隐蔽"三线"建设的总体要求,从吉化、沈化、天化、太化四大化工企业中经严格审查,抽调精兵强将,从"五湖四海"调配技术骨干、筛选施工队伍,在青海大通县境内开始了"重水"生产筹建工作。

从1965年开始建设的过程中,遇上了史无前例的"文化大革命"运动,工程进度受到了严重影响和冲击,在"抓革命,促生产"的口号激励下,广大建设者发扬一不怕苦、二不怕死的大无畏革命精神,斗风沙、战严寒,排除干扰,克服高原缺氧等一切不利因素,凝心聚智,不辱反常,企业于1971年拿出了合格的"重水"产品,得到了党和国家领导人的高度评价和赞扬。通过国家权威机构检测"重水"产品先后获得了国家质量银奖和金奖,填补了青海工业企业零金牌的突破。

正是由于我们高质量的"重水"产品,我国"两弹一星"才能顺利研制并发射成功,壮了国威,提高了国际地位,为国防的强大做出了突出贡献,也为青海地方财政收入做出了重要贡献,我们的企业一跃成为青海的支柱企业,位居50强之首。

企业的知名度不断提高,参观访问调研的中央领导、有关部委、国际友人如粟裕、胡耀邦、罗干、陶铸、贺国强、齐奥塞斯库(罗马尼亚总理)先后亲临检查、指导。青海省委、省政府及有关厅局的领导也经常深入企业检查指导工作,有关新闻媒体的记者多角度、全方位向社会作了充分的报道。

我们的企业严格科学管理,精心按章操作,先后被化工部、国防科工委、省市相关部门评为先进企业,在设备管理、安全生产、环境保护等方面获得诸多荣誉称号。

"重水"生产20多年来,2700多名职工扎根高原,情系国防,克服了高原缺氧、交通不便、生活条件艰苦等各种困难,日复一日,年复一年,默默无闻地为我国的国防事业奋斗着,贡献着,有的同志甚至还牺牲了宝贵的生命,正所谓献了青春献终身,献了终身献子孙,不喊屈,不叫苦,任劳任怨。

到了20世纪80年代,随着国内外环境的变化(我国已加入国际原子能委员会），国家对"重水"产品实行了限产和关停政策，并于1985年专门下发了《1185》号文，要求企业走军转民之路。这样一来，曾一度辉煌名噪一时的光明化工厂，一下跌入深谷，开始了艰苦的军转民之路。先后靠贷款兴建了啤酒、玻璃制品、塑料制品、荧光材料、碳酸锶等项目，真是隔行如隔山，这些项目建成后，由于缺少专业技术管理人才，一切都得从头学起，加上不懂市场营销渠道。没几年，这些项目相继下马，负债累累，职工连生活费都无法保障。企业处于瘫痪状态。

鉴于这种情况，青海省人民政府决定企业破产重组。于1996年10月24日正式宣告青海光明化工厂破产。破产后，企业重组了"恒利化工有限公司"，该公司因没有主导产品，靠政府扶持和变卖生产设备、出租厂房维持生存。在这种情况下，省政府又采取按每年每人800元的费用，一次性买断安置，广大职工无奈全部下岗。

试想，干了半辈子的职工拿这点钱怎么生活？子女怎样入学？昂贵的养老金、医保费，如何缴纳？

总之，青海光明化工厂从辉煌到没落，经历了近半个世纪，这些曾为国防事业贡献了一生的人们，至今还居住在满目疮痍、破烂不堪的生活老区，他们曾做出的贡献，做出的牺牲，已被上级主管部门忘却，淡化。留在当地人们记忆中的只是"705"这个称号。目前，这个知名度极高的老军工企业，自从破产后无人问津，成了孤残单位。职工们的生存，正当诉求不知由谁来过问？

我们的处境引起了有关新闻媒体的高度关注，新华社的记者几次实地调查了解情况，并向国家有关部门反映了真实情况，国务院总理李克强等领导同志看后做了重要批示，要求青海省帮助解决，并拨了专项资金解决我们居住难的问题。

这本来是一件大快人心的好事，事实可是到了大通县，有关领导一不调查研究征求住户意见，二不采纳就地改建省钱省时的意见，耗时四年建成了廉租房，面积小、质量差、问题多、并向住户强行收取面积补差费，这还不算，为了强行让我们搬迁，他们动用防暴警察、公安干警蹲守等多种手段。我们深感遗憾，我们委屈，我们难过，不知何时才能让党和国家的惠民政策真正落实到我们光明人的头上，我们将拭目以待，热切期盼。

图21　705厂原厂办主任马孝应的信原件照片

附录7 国家计委给705厂原40位职工来信的回复

中华人民共和国国家计划委员会

对光明化工厂张秀儒同志等40名职工来信的答复

张秀儒同志等40名职工：

你们给家华同志的来信收悉。现就关闭光明化工厂重水生产线的有关问题答复如下：

一、光明化工厂是我国自行设计、自行建设的第一个采用硫化氢—水双温交换过程生产重水的大型化工厂。20多年来，全体职工生活在高原山区中，发扬一不怕苦、二不怕死的革命精神，克服了种种困难，培养了一支勇于拼搏、艰苦奋斗的职工队伍，为我国核工业的发展，为青海省的经济建设做出了重大贡献。

二、由于国防建设战略的转移，国务院、中央军委决定对军品生产能力进行调整，核电建设已确定走轻水压水堆型的技术路线，致使我国已建的重水生产能力明显过剩。因国内需求很少，用国家大量储备的方式维持重水生产是不合适的，必须下决心对现存的重水生产能力进行调整。今年国家计委、财政部联合发出《关于重水生产问题》（计国防【1990】827号）的文件中，同意关闭光明化工厂重水生产线。对国家做出的调整决定，望你们能给以理解。

三、1985年，国家计委发出《关于重水生产问题的复函》（计国防【1985】1135号）中明确提出转产民品问题。化工部和青海省对光明化工厂开展转产民品工作积极支持，先后建成了啤酒、制瓶、塑料等生产线。由于前期工作论证不够，再加上市场疲软，工厂亏损严重，职工生活面临很大困难。针对这一情况我们除请化工部和青海省加强对光明化工民品生产线管理工作，给予适当的优惠和扶持政策外，还希望广大职工积极努力，献计献策，设法调整民品生产线。使其尽快发挥经济效益。

四、为了解决光明化工厂重水生产经关闭后带来的问题，我们已请化工部和青海省考虑，要充分利用该厂公用工程及青海省丰富的水电和原盐资源优势加工石油副产品，按照技术改造和基本建设的程序，抓紧选定转产民品立项工作，并纳入化工部和青海省的"八五"计划。

五、光明化工厂全体职工长期以来，为国防建设做出了巨大的贡献。我们相信全体共产党员、干部和职工，在地方党委领导下，在工厂领导班子带领下，同心协力,群策群力,发扬艰苦奋斗的精神,一定能够度过暂时的困难。

抄送:中办国办信访局(2份)、化工部(1份)
青海省人民政府(1份)

国家计划委员会办公厅(公章)

1990年12月12日

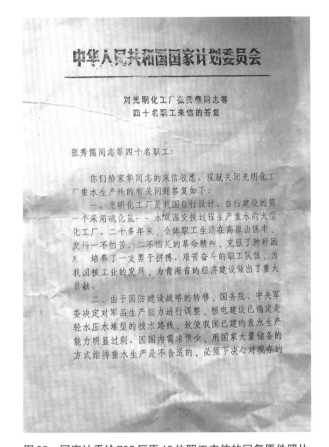

图22　国家计委给705厂原40位职工来信的回复原件照片

后记

　　终于要脱稿了，此刻我的心情却出奇的平静，关了灯，闭上眼，长长地吸了口气，让自己僵硬的双肩慢慢放松下来，3年来一幕幕场景如同电影一般再次浮现于眼前。写作就像一次远行，当目标锁定后，迈着坚定的步伐出发，沿途有许多风景和荆棘，有过疲劳、兴奋、感动，也经历过心痛、无奈和煎熬，收获的是满满的体验和心情。记得2013年11月在读博的蒲仪军老师的引荐下，我第一次在青海和705厂结了缘，第一次近距离地触碰到这段已被人们淡忘的"三线"历史。始于20世纪60年代的"三线"建设属于新中国重大的国家战略决策，投入巨大，覆盖了广大的西部地区，承载了共和国一代人的命运，15年后又走向脱险搬迁、涅槃重生，历经坎坷和曲折。

　　705厂，一个并不起眼荒废多年的"三线"军工企业却有着显赫的护国战功，为国家核武器生产提供自行研发的重水原料。这些在冷战时期应运而生的国防工厂像一个个叱咤风云的前朝老将军，骄傲地婆娑着胸前的勋章，在和平年代却因国家产业调整和体制改革等因素倒在自己的国土上，令人扼腕叹息。尽管历史已翻过了一页，但身可倒，魂犹存。成千上万的前辈们在国家危急时刻毅然赶赴西部建设边疆，不畏艰难困苦，为国家的安宁和富强做出奉献，这种崇高的精神品质深深打动了我们，促使我们站出来，有义务和责任保护和利用好这些工业遗址，既让我们的子孙后代铭记这段难忘的历史，同时也对缩小中西部经济差距、塑造西部城镇化体系具有深刻的影响。

　　在写作早期，青海模式在我眼里一直是一个模糊的概念，在今年巴西里约奥运会上中国女排勇夺金牌的那一刻，我突然明白了，原来它就是一种新时空下的新"三线"建设。如果说当年是从内地带着设备技术和人才去支援边疆，是物质的有形的支援，那两年前的工业遗产再生设计营是沿海和大城市的教学科研力量，以及口述史访谈是带着新思想和新观念去支援的，是无形和精神上的支援。在写作中，我越来越清楚本书的目的和意义，是要把青海"三线"精神找回来，接力传承下去，保留和再利用旧工厂遗址只是一种手段和方式，重要的是给曾经燃烧过青春和热血的一代人及他们的后代一段难忘的记忆，给政府一个模板参考，给社会大众一个直面历史的榜样。无论705厂的结局如何，我们真诚地希望城市建设和社会发展不要滋生更多的怨气和不平，挖掘和总结"三线"历史让我们强烈地感受到了一代人的奋斗精神，就像女排精神的回归是中国女排夺冠的制胜法宝，这是当前和谐社会所需要的,也是重铸伟大中国梦的信仰基础。

本书以2014年青海705厂保护与再生设计营的成果为基础,查阅了大量档案文献,增加了"三线"建设史、青海"三线"特别是化工历史的梳理,以及705厂的建厂历史背景,并借鉴国外冷战遗产保护的经验来探索"三线"工业遗产的未来出路。本书也强调研究的社会意义,从解决社会问题出发,走访了一些705厂原职工和技术管理人员,丰富口述史内容,力图在新的政策形势下结合具体实践,共同探讨西部振兴的政策与方法。

本书的分工如下:第1章、第3章的3.3、第6章为朱晓明执笔,其余章节为左琰执笔,杨来申负责青海当地职工和技术人员访谈,并协助提供青海相关的资料信息,全书由左琰校对、统稿。

本书的完成离不开诸多人的帮助和支持。首先要感谢16年来引领我在建筑遗产保护道路上不断前行的两位重要导师——中国科学院院士、同济大学博士生导师常青教授和被誉为"上海工业遗产保护之父"的中国台湾建筑奇才登琨艳先生。他们对待建筑遗产的态度和再生实践给了我莫大的启发和指引,感谢同济大学副校长吴志强教授、德国柏林工业大学的 Perter Herrle 教授及同济大学建筑与城市规划学院院长李振宇教授在我博士研究期间的热心指点和帮助,感谢日本国士馆大学乔治国广教授在几次合作项目中教会了我许多专业内外的能力,还有许多在我成长路上帮助过我的老师、同事、朋友及学生们,在此不一一列举,一并表示我深深的谢意。

感谢青海省大通县人民政府的信任和支持,为再生设计营提供了工作上的方便和经费保障,感谢韩生才县长、孔佑鹏副县长、何斌副县长、孙桂萍宣传部长,使我们对大通的过去和未来有比较清晰的认识和理解。

感谢青海省建设部门的领导:青海省人民政府参事、住房和城乡建设厅原副厅长李群、住房和城乡建设厅总工程师熊士泊及青海省勘察设计协会理事长王涛对于再生设计营活动的全程参与并指点,尤其李群参事积极组织包括省建设、文史、文物、规划、大通县人民政府、704厂等在内的相关部门领导与学者座谈研讨,并为本书慷慨写序,在此表示我们的敬意和感谢。同时也感谢出席座谈会的其他嘉宾:青海省文史馆名誉馆长谢佐、西宁市规划局总规划师廖坤、西宁市文物管理所所长曾永丰、青海省经信委材料工业处处长袁荣梅、黎明化工厂军品部长单正军、大通县东部新城指挥部办公室主任马云及青海省美术家协会会员朱树新。谢佐馆长文史渊博,在最后晚餐上为大家即兴作赋一首:

老爷山下苏木莲,文化走廊经北川。

诸君来青保遗址,再生蓝图步前贤。

莫道破产七零五,老爷娘娘二名山。

鹞子沟与察汗河,诸君功成衣锦还。

感谢CIID青海专委会主任杨来申和他的团队对再生设计营的鼎力支持和配合,杨主任热情好客、侠胆义肠,给人留下了深刻的印象,4年前他为705厂的保留奔走呼吁,打响了705厂保卫战第一枪,在本书的写作中又多次到大通联络有关人物进行访谈,获得了第一手资料;感谢善解人意的刘芸大姐为设计营的后勤工作忙前忙后,不辞辛劳,确保了设计营活动的有序展开;感谢上海济光职业技术学院蒲仪军副教授的最初引荐,并分担了设计营部分后勤联络和接待事宜。

感谢所有参加2014青海大通再生设计营的指导老师和学生们,清华大学刘伯英副教授和许懋彦教授,学生董笑笑、蔡长泽、张之洋,天津大学的徐苏斌教授及学生张家浩、张雨奇,同济大学的张松教授、朱晓明教授、陆地副教授及学生姜新璐、刘春瑶、叶长义、黄瓒、张萌、胡鸿源、田国华、蔡少敏,东南大学的董卫教授及学生马建辉、任佳前,哈尔滨工业大学的周立军教授及学生刘晓丹,兰州商学院的苏谦副教授及学生姜珍珍、苏子聪,青海建筑职业技术学院王刚老师及学生李青青、万马仁青、王浩、田启晶。正是他们忘我的投入和付出才能为当地政府和民众带来了许多有益可行的保护利用的思路和策略。

感谢同济大学《时代建筑》杂志主编、同济大学支文军教授和联合国教科文组织亚太地区世界遗产培训与研究中心李昕副秘书长对设计营的关心和支持,在最后的方案汇报会上给出了精彩的评点;感谢青海大学土木工程学院陈柏昆院长和韩秀茹老师为设计营提供了学术论坛的场地;感谢全程协助设计营车辆接送服务的西宁光影野外科考服务公司张炳宏先生;感谢青海省土木建筑学会、青海省勘察设计协会、青海省房地产业协会,以及包括新华社驻青海记者站、中央电视台驻青海记者站、青海广播电视台、青海新闻网、西宁广播电视台、西宁晚报等地方媒体为设计营活动提供了不同程度的支持和宣传,在此一并表示我们的感谢!

感谢705厂的原厂职工、技术管理人员及"三线"二代为本书的口述史研究提供了许多富有价值的历史信息和珍贵记忆,他们是许存武、洪小灵、王斌(2016年去世)、杨春生、李长平、王松岐、刘志新、于和生、邹国兴、纪子博。这份无形的精神遗产将作为历史档案保存给后代子孙,让他们铭记过去。

感谢设计营营员手册的同济制作团队:研究生蔡少敏、田国华、胡鸿源、黄瓒及朱晓明和陆地老师,他们辛勤的工作为设计营活动的顺利开展奠定了扎实基础,感谢研究生刘春瑶、姜新璐、张飞武、程城为本书所做的努力,大量的工作包括收集和整理资料、翻译美国冷战遗产报告、整理和绘制部分插图、后期视频制作等,在他们的协助下,本书的质量有了较大的提升。

最后要将这份特别的感谢送给默默支持我、给予我温暖和力量的家人和父母，向所有顶天立地、无私无畏、经历过"三线"建设岁月的高尚灵魂致以我最崇高的敬意！

左　琰

2016 年 9 月 22 日